高致病性猪繁殖与呼吸综合征的诊断与防治技术研究

冷 雪 著

中国农业大学出版社
·北京·

内容提要

本书为科研专著，主要介绍了猪繁殖与呼吸综合征的研究进展，以高致病性猪繁殖与呼吸综合征病毒TJ株为主要研究对象，对其致病性、传代致弱、遗传变异特性和免疫原性等进行系统分析。主要内容包括概述、高致病性猪繁殖与呼吸综合征病毒的分离鉴定研究、全基因组序列测定与遗传特征分析、TJ株致弱过程中的遗传变异和致病性分析、不同毒株RT-PCR鉴别检测方法的建立、致弱株经猪体内连续传代遗传变异和致病性分析，以及高致病性猪繁殖与呼吸综合征活疫苗的研制、活疫苗安全性和免疫保护效果研究、活疫苗临床免疫效果研究等九章内容。本书所涉及的研究成果一方面可以深入理解高致病性猪繁殖与呼吸综合征病毒的致病性、毒力变异、基因变异及病毒的免疫原性，具有较高的科学价值；另一方面对于高致病性猪繁殖与呼吸综合征疫苗的研发和疾病的防控提供了重要的理论依据，可以作为畜牧兽医专业学生和兽医从业人员的参考书。

图书在版编目(CIP)数据

高致病性猪繁殖与呼吸综合征的诊断与防治技术研究/冷雪著. —北京：中国农业大学出版社，2020.10

ISBN 978-7-5655-2469-1

Ⅰ.①高… Ⅱ.①冷… Ⅲ.①猪-繁殖②猪病-呼吸困难综合征-防治 Ⅳ.①S828.3 ②S858.28

中国版本图书馆CIP数据核字(2020)第217899号

书　名 高致病性猪繁殖与呼吸综合征的诊断与防治技术研究

作　者 冷　雪　著

策　划 王笃利　　**责任编辑** 田树君　许晓婧

封面设计 郑　川

出版发行 中国农业大学出版社

社　址 北京市海淀区圆明园西路2号　　**邮政编码** 100193

电　话 发行部 010-62733489,1190　　读者服务部 010-62732336

编辑部 010-62732617,2618　　出　版　部 010-62733440

网　址 http://www.caupress.cn　　**E-mail** cbsszs@cau.edu.cn

经　销 新华书店

印　刷 涿州市星河印刷有限公司

版　次 2020年10月第1版　2020年10月第1次印刷

规　格 787×1 092　16开本　10印张　260千字

定　价 39.00元

前　言

猪繁殖与呼吸综合征(PRRS)是由猪繁殖与呼吸综合征病毒(PRRSV)引起的一种以仔猪和育成猪呼吸道疾病和母猪繁殖障碍为主要特征的猪的主要传染病之一。该病 1987 年首次在美国发生,1991 年分离到病原,之后在全球快速蔓延,给养猪业造成了严重的经济损失。我国于 1996 年分离到 PRRSV,目前该病在我国大部分地区发生并流行,且发病率呈逐年上升趋势。2006 年以来,由该病毒变异株高致病性猪繁殖与呼吸综合征病毒(HP-PRRSV)引起的高致病性猪繁殖与呼吸综合征(HP-PRRS)在我国广泛流行,给养猪业带来了巨大的经济损失。与之前世界范围内流行的毒株相比,HP-PRRSV 具有更强的致病性,传统 PRRS 疫苗对 HP-PRRS 的防控效果不理想,这对各国 PRRS 的防治工作提出了更为严峻的挑战。近年来,针对 HP-PRRSV 致病机理和疾病防控方面的研究受到国内外学者的广泛关注。因此,探讨 HP-PRRSV 遗传变异、毒力、致病性、免疫原性和疫苗研制等对于 HP-PRRSV 的防控具有深远的意义和重要的科学价值。

本书以 HP-PRRSV TJ 株为主要研究对象,对其致病性、传代致弱、遗传变异特性和免疫原性等进行系统分析。本书内容包括概述、HP-PRRSV 的分离鉴定研究、HP-PRRSV 分离株全基因组序列测定与遗传特征分析、HP-PRRSV TJ 株致弱过程中遗传变异和致病性分析、PRRSV 不同毒株 RT-PCR 鉴别检测方法的建立、HP-PRRSV 致弱株经猪体内连续传代遗传变异和致病性分析、HP-PRRS 活疫苗的研制、HP-PRRS 活疫苗安全性和免疫保护效果研究、HP-PRRS 活疫苗临床免疫效果研究等 9 章内容。本书所涉及的研究成果一方面可以深入理解 HP-PRRSV 的致病性、毒力变异、基因变异及病毒的免疫原性,另一方面对于 HP-PRRS 疫苗的研发和疾病的防控提供了重要的理论依据。

全书由吉林农业大学冷雪博士撰写,在出版过程中得到了吉林省科技发展计划项目(20140307008NY、20190304004YY)和吉林省教育厅项目(JJKH20190941KJ)的资助,在此表示衷心的感谢。由于涉及内容较广,加之作者知识水平有限,本书难免存在一些疏漏与不足,诚望各位专家、同行、读者给予批评指正。

冷　雪

2020 年 3 月

目 录

第一章 概述 ………………………………………………………… 1
第一节 PRRSV 研究概况 ………………………………………………… 2
第二节 PRRS 流行病学研究概况 …………………………………… 10
第三节 PRRS 诊断方法研究概况 …………………………………… 18
第四节 HP-PRRS 研究概况 ………………………………………… 23
第五节 PRRS 疫苗研究进展 ………………………………………… 25
第六节 PRRSV 免疫学研究进展 …………………………………… 31
第七节 PRRS 的防制研究 …………………………………………… 36
第二章 HP-PRRSV 的分离鉴定研究 ………………………………… 41
第一节 材料与方法 …………………………………………………… 41
第二节 结果与分析 …………………………………………………… 47
第三节 讨论 …………………………………………………………… 52
第三章 HP-PRRSV 分离株全基因组序列测定与遗传特征分析 ……… 54
第一节 材料与方法 …………………………………………………… 54
第二节 结果与分析 …………………………………………………… 57
第三节 讨论 …………………………………………………………… 70
第四章 HP-PRRSV TJ 株致弱过程中的遗传变异和致病性分析 ……… 72
第一节 材料与方法 …………………………………………………… 72
第二节 结果与分析 …………………………………………………… 75
第三节 讨论 …………………………………………………………… 87
第五章 PRRSV 不同毒株 RT-PCR 鉴别检测方法的建立 ……………… 89
第一节 材料与方法 …………………………………………………… 89
第二节 结果与分析 …………………………………………………… 95
第三节 讨论 …………………………………………………………… 101
第六章 HP-PRRSV 致弱株经猪体内连续传代遗传变异和致病性分析 …… 104
第一节 材料与方法 …………………………………………………… 104
第二节 结果与分析 …………………………………………………… 106
第三节 讨论 …………………………………………………………… 108
第七章 HP-PRRS 活疫苗的研制 …………………………………… 110
第一节 材料与方法 …………………………………………………… 110
第二节 结果与分析 …………………………………………………… 112
第三节 讨论 …………………………………………………………… 115

第八章 HP-PRRS活疫苗安全性和免疫保护效果研究 …… 117
第一节 材料与方法 …… 117
第二节 结果与分析 …… 119
第三节 讨论 …… 121
第九章 HP-PRRS活疫苗临床免疫效果研究 …… 123
第一节 材料与方法 …… 123
第二节 结果与分析 …… 124
第三节 讨论 …… 125
参考文献 …… 127

第一章　概　　述

猪繁殖与呼吸综合征(porcine reproductive and respiratory syndrome,PRRS)在养猪国家是造成经济损失较为严重的猪病之一,又称"猪蓝耳病",主要引起仔猪和育成猪呼吸道疾病以及母猪的繁殖障碍。仅在美国,由 PRRS 造成的经济损失每年就可达 5.6 亿美元。该病的原发性抗原为猪繁殖与呼吸综合征病毒(porcine reproductive and respiratory syndrome virus,PRRSV),与马动脉炎病毒(equine arteritis virus,EAV)、小鼠乳酸脱氢酶增高症病毒(lactate dehydrogenase-elevating virus, LDV)和猴出血热病毒(simian hemorrhagic fever virus, SHFV),同属于尼多病毒目动脉炎病毒科动脉炎病毒属(*Arterivirus*)。该病 1987 年首次在美国发生,并迅速蔓延至世界各国,成为危害养猪业的极为重要的传染病。该病在美国的爱荷华州首先发生,导致该州 85 000 头猪死亡。1991 年该病在欧洲大规模流行,仅仅 1 年的时间损失猪只超过 100 万头。1991 年 Wensvort 等首次从发病猪体内分离到 PRRSV,将其命名为(lelystad virus,LV)。1992 年 Benfield 等在美国首次分离到该病毒,并命名为 VR-2332。2001 年,美国分离到具有特征性缺失特点的毒株,并命名为 MN184,同北美经典毒株 VR-2332 相比,其 NSP2 蛋白存在 131 个氨基酸的不连续缺失。随后,美国及韩国又相继分离到与"MN184"在 NSP2 具有同样缺失特点的 NADC30 株和 CA-2 株。1995 年 PRRS 在中国大陆暴发流行,北京地区因该病造成的直接经济损失高达 6 亿元人民币。1996 年由郭宝清首次分离到 PRRSV,证实了在我国部分地区已存在 PRRS,且在此后的一段时间里,该病在我国大部分地区的发生和流行呈上升趋势,至今已历经 20 余年的流行及演变。1992 年世界动物卫生组织(OIE)将该病列为 B 类传染病。

依据遗传特性、抗原性和致病的相似性可将 PRRSV 分为美洲型(american type)和欧洲型(european type)。当前,PRRSV 已传遍了世界主要的养猪国家,我国流行的 PRRSV 毒株几乎都为美洲型。2006 年 5 月,在我国的江西省暴发了"猪高热病",给江西省的养猪业造成了沉重的打击。此次疫病主要表现为高热、高发病率(50%～100%)和高死亡率(20%～100%)。该病自首次暴发后便在我国主要养猪省份迅速蔓延,导致超过 100 万头猪死亡,给我国养猪业造成了极大的经济损失。经研究证实,引起此次疫病的主要病原是变异的美洲型 PRRSV,称为高致病性猪繁殖与呼吸综合征病毒(highly pathogenic porcine reproductive and respiratory syndrome virus, HP-PRRSV),由其引起的疾病称为高致病性猪繁殖与呼吸综合征(highly pathogenic porcine reproductive and respiratory syndrome, HP-PRRS)。HP-PRRSV 与 VR-2332 相比,其 NSP2 蛋白存在 30 个氨基酸的不连续缺失,被作为该类毒株的分子遗传标记,且自该类型毒株发现以来,逐渐成为我国猪场流行的优势毒株。然而,自 2012 年周峰等在国内首次发现同 NADC30 高度相似的 PRRSV 变异毒株 HENAN-HEB 和 HENAN-XINX 以来,类 NADC30 毒株在我国多个省份陆续出现,并与田间原有的流行株产生重组，加大了本病的防控难度。PRRS 的诊断及防控依然任重而道远。

第一节 PRRSV 研究概况

一、形态和理化特性

PRRSV 粒子呈球形，有囊膜，直径为 48～83 nm。病毒核衣壳直径为 25～30 nm，为正二十面体，内部包含病毒核酸，外部围绕脂质双层膜，表面有明显突起（图 1-1、图 1-2）。PRRSV 粒子在氯化铯中浮密度为 1.19，在蔗糖中浮密度为 1.14。对哺乳动物，如猪、马、牛、羊、鼠和人等的 O 型红细胞不具有凝集性，但用非离子除垢剂处理后，再用脂溶剂处理，可凝集小鼠红细胞，经吐温-80 和乙醚处理后，凝集小鼠红细胞的活性大为增强；肝素（heparin）能抑制其血凝活性，PRRSV 不凝集经肝素酶（heparinase）处理的小鼠红细胞，并证明 PRRSV 抗血清的血凝抑制效价与中和抗体效价具有相关性，血凝素密度为 1.17 g/cm^3，推测核衣壳蛋白（N 蛋白）可能与其血凝活性有关；对热不稳定，将病毒于 56℃放置 15～20 min 或 37℃静置 48 h 可使其失去活性，于 4℃以上放置会逐渐失去感染性。试验证明，PRRSV 在较低温度条件下保存，有较好的稳定性，而干燥、温度较高的条件，则不利于病毒的保存，会使其迅速失活。PRRSV 在 pH 6.5～7.5 环境里还算稳定，在 pH 小于 5 或 pH 大于 7.5 的条件下，其感染力可下降 90%以上。用脂溶剂和去垢剂等处理均可使本病毒失活。

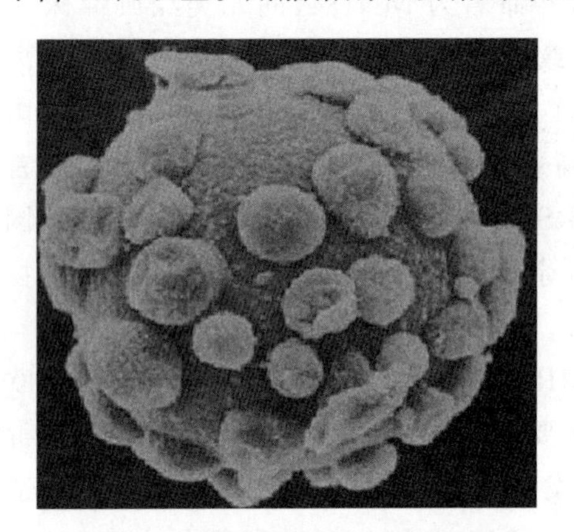

图 1-1 PRRSV 粒子电镜观察图

(Spilman, M S. et al. 2009)

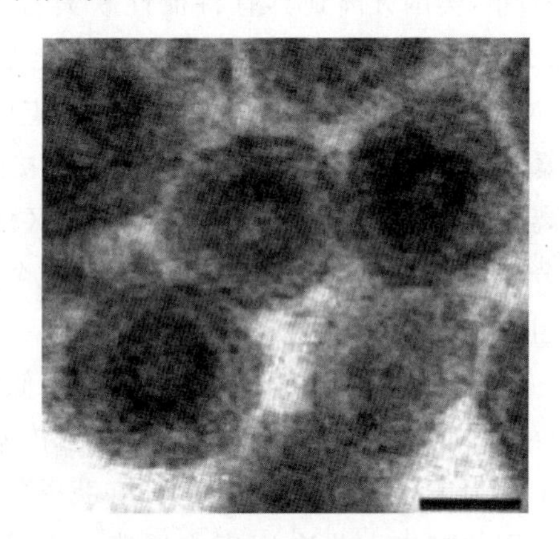

图 1-2 PRRSV 粒子电镜照片

(Snijder, 2013)

二、抗原性

PRRSV 可以分为 2 种基因型，即以 Lelystad virus（LV）株为代表的欧洲型毒株（Type1）和以 VR-2332 株为代表的美洲型毒株（Type 2）。两种基因型毒株的全基因组核苷酸序列的相似性仅为 60%左右，且美洲型毒株和欧洲型毒株间在免疫学上无较好的交叉保护性，尤其是在抗原性上差别较大。其中基因差别比较大的为 NSP2、*ORF*3 和 *ORF*5，因此，常在这些基因的基础上开展 PRRSV 基因组变异和分子流行病学调查的研究。目前，PRRSV 欧洲型毒株主要在欧洲大部分国家和地区流行，北美和亚洲一些国家也有流行。美洲型毒株主要流行于美洲和亚洲的一些国家和地区，也是我国 PRRSV 的田间优势毒株。PRRSV 变异速率快，在田间可发生遗传重组，从而使得 PRRSV 毒株间存在较大差异，Wensvoort 等研究发现 4 个欧洲分离株在抗原性上非常接近，而与美洲分离株差异较大，在美洲分离株之间也存在着抗原变异。另外，有研究发现 PRRSV 在体外培养的相邻两代之间也可以发生变异。由此看来，PRRSV 在复制过程中有着较高的突变率，从而引起毒力上的差异。PRRSV 毒力较强的毒株在肺脏、淋巴结和扁桃体等组织中分布的数量高于低毒力毒株。野毒株和减毒株均能穿过接种母猪的胎盘而感染子宫胎儿，不同毒力 PRRSV 株的致病性不同，接种野毒株的母猪所产仔猪存活率和生长速度都比对照组低。

三、增殖特性

PRRSV 在体内和体外都有严格的细胞嗜性。不同毒株对不同或同种细胞系的敏感度和致细胞病变效应（cytopathic effect，CPE）的能力都存在一些差别，并且病毒滴度的高低同样参差不齐，在 $10^{6.0}$～$10^{8.0}$ $TCID_{50}$/mL 之间。

在体内，病毒的主要靶细胞是生长情况良好的肺巨噬细胞（porcine alveolar macrophages，PAM）。PRRSV 感染时，病毒膜蛋白与 PAM 表面的受体结合，而后通过细胞内吞的作用进入宿主细胞体内。PRRSV 可以在 PAM 内进行迅速且大量地增殖，最终导致 PAM 被破坏而崩解。病毒在体内还可感染其他组织的间质巨噬细胞，如心脏、脾脏、胸腺、肝血窦和肾髓质间隙等。PRRS 病毒粒子从 PAM 中释放出来后，随血液循环扩散到全身各处，导致循环淋巴系统等免疫器官和黏膜屏障的广泛损伤，可引起继发性感染和免疫抑制。最初的 PRRSV 是经 PAM 细胞分离获得的，到目前为止，PAM 细胞依然是进行病毒增殖最有效的猪原代细胞。

在体外培养中，PRRSV 能够在猪的原代细胞上增殖，如肺泡巨噬细胞、外周血单核细胞、肺血管内巨噬细胞和猪睾丸细胞等。PRRSV 也可在传代细胞系 MA-104、CL2621 和其克隆株 Marc-145 等细胞中增殖。PRRSV 在 PAM 上较易增殖，因此，常用于野毒株的分离。PRRSV 在 PAM 上增殖相对迅速，CPE 出现也较早，病变特征主要表现为细胞变圆、聚拢和脱落。以 Lelystade 株为代表的欧洲型毒株对 PAM 最为敏感，对传代细胞敏感性差，而以 VR-2332 株为代表的美洲型毒株似乎可适应多种细胞，但某些毒株难以在特定的细胞系中增殖，说明 PRRSV 存在病毒突变体，因此对临床样品进行病毒分离时，应同时尝试原代细胞和传代细胞等不同的细胞系。研究表明，与 PRRSV 感染相关的受体有唾液受体、似肝磷脂蛋白受体、波形蛋白受体和清道夫受体，在 pH 较低的条件下，PRRSV 更容易感染细胞。

四、基因组结构特征

PRRSV 为单股、正链 RNA 病毒，基因组长约 15 kb，是目前发现的 5 种动脉炎病毒中基因组最大的一个。编码 10 个开放阅读框（*ORF*s），病毒基因组具有 5′端帽子结构和 3′端 polyA 尾巴，它们是参与病毒复制所必需的元件。PRRSV 基因组是多顺反子的，通过两种不同的转录机制表达一系列组件和结构蛋白。PRRSV 基因组共编码 10 个开放阅读框（*ORF*），分别为 *ORF*1a、*ORF*1b、*ORF*2a、*ORF*2b 和 *ORF*3～ORF7，以及包括 *ORF*5a 在内的 *ORF*5，且每个 *ORF* 编码的蛋白都已经确定。PRRSV 的 *ORF*s 结构与冠状病毒相似。欧洲型代表株 LV 基因组重叠区长度为 1 bp(*ORF*4 和 *ORF*5 之间)至 253 bp(*ORF*3 和 *ORF*4 之间)。美洲型毒株 *ORF*4 和 *ORF*5 之间有一个长 10 bp 的非编码的间隔区。*ORF*1 包括 *ORF*1a 和 *ORF*1b,占整个病毒基因组的 80%,编码病毒的 RNA 聚合酶。*ORF*1a 的 C-端与 *ORF*1b 的 N-端有 16 nt 的重叠。*ORF*1a 终止密码子 UAG 的上游含有一个 7 溴核苷酸的滑动序列“UUUAAAC”。在该滑动序列的下游含有一个伪结结构,对于 PRRSV 的 *ORF*1b 来说,通过核糖体框架转换机制进行表达是必不可少的。其中 *ORF*1a 编码 NSP1α、NSP1β、NSP2、NSP3、NSP4、NSP5、NSP6、NSP7α、NSP7β、NSP8 十个非结构蛋白。*ORF*1b 编码包括部分的 NSP8 和 4 个非结构蛋白,分别是依赖于 RNA 的 RNA 聚合酶(NSP9),含金属结合区和核苷酸三磷酸结合区的螺旋酶基元(NSP10),以及功能未知的 NSP11 和 NSP12。*ORF*2～*ORF*7 是病毒基因组的结构基因,总长约 3 kb,约占病毒基因组的 20%。*ORF*2～*ORF*7 主要负责编码病毒的膜相关蛋白和核衣壳蛋白,分别为 GP2a、GP2b、GP3、GP4、GP5、GP5a、M 和 N 蛋白。

PRRSV *ORF*2、*ORF*3 和 *ORF*4 编码病毒粒子相关蛋白,分别为 GP2、GP3 和 GP4。然而,一株 PRRSV 加拿大分离株的 GP3 为非病毒粒子相关蛋白,而是可溶性蛋白,这与乳酸脱氢酶病毒(LDV)*ORF*3 编码的蛋白相似。PRRSV *ORF*5、*ORF*6 和 *ORF*7 分别编码糖蛋白 GP5、膜蛋白 M 和核衣壳蛋白 N(图 1-3)。针对 GP4 和 GP5 的单克隆抗体具有中和活性。最新研究表明,*ORF*5 可编码一种新的结构蛋白 *ORF*5a 蛋白,对其功能仍有待于进一步研究。M 蛋白为非糖基化蛋白,约 18 ku,与马动脉炎病毒(EAV)具有相似的疏水性结构。N 蛋白为非糖基化蛋白。PRRSV 基因组的顺序为 5′UTR-*ORF*1a/*ORF*1b-*ORF*2a/*ORF*2b-*ORF*3～*ORF*7-3′UTR,与其同属的 EAV、LDV 和 SHFV 相似。

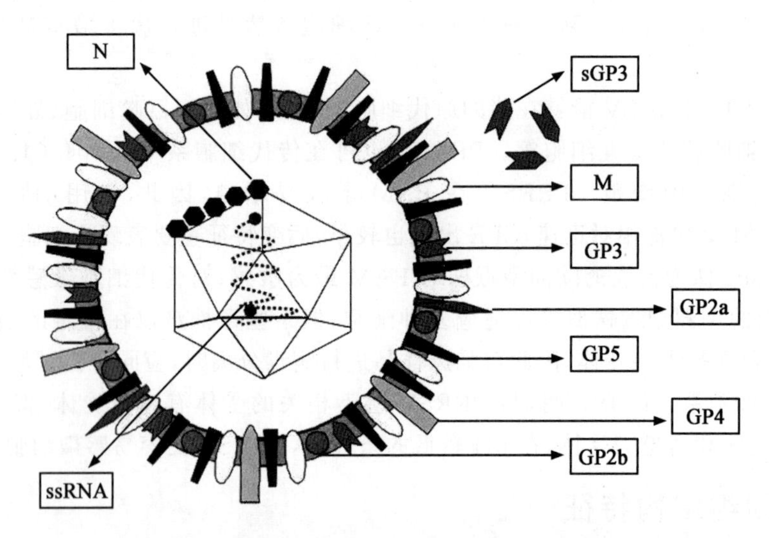

图 1-3 猪繁殖与呼吸综合征病毒粒子结构模式图

PRRSV 的表达和复制需要产生至少 6 个亚基因组 mRNA(messengar RNA,信使 RNA)。这些 mRNA 与病毒粒子基因组 RNA 一起形成一个 3′-端的槽式结构,每一个 mRNA 均含有共同的长约 200 bp 的引导序列。PRRSV 的 mRNA 引导序列含有一个链接区,将引导序列与 mRNA 链接,该链接区为含 6 nt 的保守序列(UCAACC)(图 1-4)。

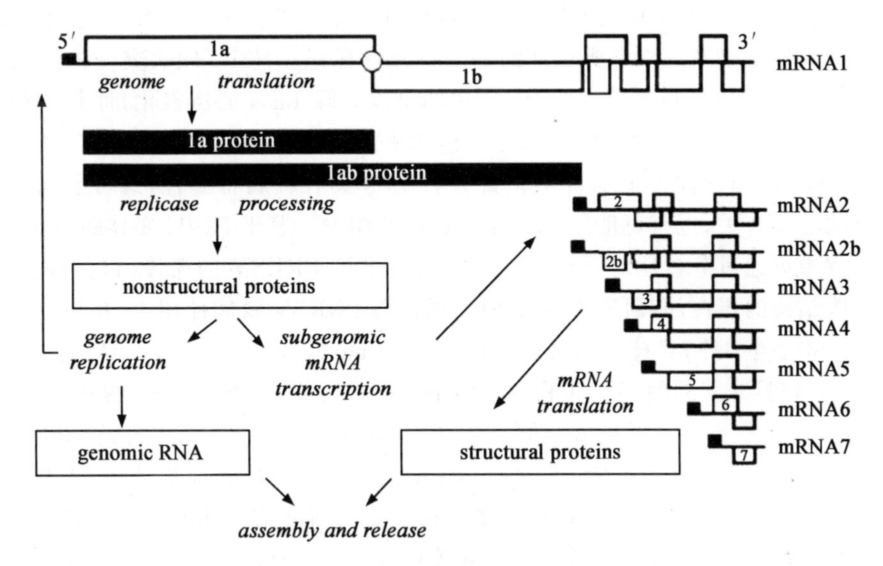

图 1-4　PRRSV 的转录机制与 sgRNAs 的形成

（引自 Snijder et al. 1998）

五、基因组编码产物及功能

PRRSV 基因组含有 10 个开放阅读框（*ORF*1a/*ORF*1b、*ORF*2a/*ORF*2b、*ORF*3～*ORF*7，以及包括 *ORF*5a 在内的 *ORF*5），分别编码病毒的非结构蛋白（NSP1α、NSP1β 和 NSP2～NSP12）和结构蛋白（GP2a、GP2b、GP3、GP4、GP5、GP5a、M 和 N 蛋白）。

（一）病毒基因组编码的非结构蛋白和功能

*ORF*1 位于 PRRSV 基因组的 5′端，包括 *ORF*1a 和 *ORF*1b，约占全基因组的 80%。*ORF*1a 编码多聚蛋白 pp1a，下游含有一个 7 溴核苷酸的滑动序列"UUUAAAC"和一个伪结结构将其与 *ORF*1b 链接，并通过核糖体的滑动实现 *ORF*1b 的翻译，产生多聚蛋白 pp1ab。PRRSV 编码的蛋白酶将多聚蛋白 pp1a 和 pp1ab 切割为 14 个非结构蛋白。*ORF*1a 编码的多聚蛋白被切割为 10 个非结构蛋白，分别为 NSP1α、NSP1β、NSP2、NSP3、NSP4、NSP5、NSP6、NSP7α、NSP7β、NSP8。*ORF*1b 编码的多聚蛋白被切割为 4 个非结构蛋白 NSP9～NSP12。*ORF*1a 编码的非结构蛋白中，NSP1α 和 NSP1β 具有木瓜样半胱氨酸蛋白酶（papain-like cysteine proteinase，PCP）的活性，侵入细胞后最先产生，可以在自身与 NSP2 之间通过顺式切割释放自身。Kroese 等研究表明，NSP1α/NSP1β 间及 NSP1β/NSP2 间的正确切割对于病毒基因组复制是至关重要的。研究发现 NSP1 对 1 型干扰素有抑制作用。NSP1 和 NSP2 是各基因中变异较大的两个基因，其同源性分别为 50.5%～54.3%和 24.4%～28.0%。NSP2 具有半胱氨酸蛋白酶（cysteine proteinase，CP）活性，该活性位于其 N 基端，且该功能在动脉炎病毒中较为保守。NSP2 切割产物在动脉炎病毒中变化较大，EAV 的 NSP2 长 571 个氨基酸，PRRSV 长度在 1 195 个氨基酸左右。NSP2 可协助 NSP4 将其从 NSP5 上切割下来。NSP2 是 PRRSV14 个非结构蛋白中最大的蛋白，因编码该蛋白的基因常发生碱基突变、插入与缺失，导致 NSP2 蛋白同时也是所有非结构蛋白中最易变异的蛋白。其免疫决定区表位呈现高

变异特性，一些 PRRSV 毒株缺失前后蛋白的抗原性和亲水性会发生较大变化，根据表达缺失部位蛋白可作为鉴别疫苗毒株和野毒株的一个特异性标记。NSP2 缺失突变体因缺失部位不同可影响其在猪体内的复制与感染能力。NSP2 可以去除 IκBα 的泛素化，抑制Ⅰ型干扰素产生，该功能在所有动脉炎病毒中均较保守。NSP2 在 PRRSVⅠ型和Ⅱ型间具有较大的基因差异性，其中氨基酸同源性仅为 40%左右。此外，NSP2 具有种属特异性，这可能与 PRRSV 对细胞和组织的嗜性有关，也有可能与病毒株的致病性相关。鉴于 NSP2 变异的特殊性，在流行病学调查过程中可通过分析比对 NSP2 基因序列来进行 PRRSV 的遗传衍化监测。NSP3 是一种具有跨膜结构的蛋白，有研究表明，NSP3 可能与 PRRSV 致病性相关，并与包内膜结构的形成相关。NSP4 是一种 3C 样蛋白酶(3C-like proteinase, 3CLpro)，可在自身两侧进行自我切割，并具有介导下游复制酶多聚蛋白体切割的功能，可将 *ORF*1b 编码的多聚蛋白切割成 NSP9～NSP12。这些蛋白可形成复制酶复合体(replicase complex)，共同完成病毒基因组的复制和亚基因组的转录。其中，NSP9 含有 RNA 依赖的 RNA 聚合酶基序，为病毒复制酶。该非结构蛋白保守性比较高，其 C-端末端含有病毒复制所必需的 RNA 依赖的 RNA 聚合酶结构域，在病毒基因组的转录和复制过程中起关键作用。NSP10 含三磷酸核苷结合 RNA 螺旋酶基序和金属结合域，具有解旋酶活性。NSP11 具有套式病毒特异性的核糖核酸内切酶活性。PRRSV 编码的非结构蛋白中，位于 *ORF*1a 的 NSP2 最易发生变异，主要表现为氨基酸的突变和缺失。例如，Shen 等报道了一株欧洲型 PRRSV，其 NSP2 存在一段长达 17 个氨基酸的缺失区。北美洲型的 HB-2 株在该区存在 12 个氨基酸缺失的现象。自 2006 年下半年以来，在我国主要养猪省份暴发的 HP-PRRS，其病毒显著的基因组特征即为其 NSP2 蛋白存在不连续的 30 个氨基酸的缺失。

(二)病毒基因组编码的主要结构蛋白和功能

GP5 由 *ORF*5 基因编码，为糖基化囊膜蛋白，分子量约为 25 ku，是 PRRSV 的一种主要结构蛋白与免疫保护性抗原，也是 PRRSV 变异最为显著的一个结构蛋白。欧洲型和美洲型病毒分别含 200 个和 201 个氨基酸，欧洲型和美洲型 GP5 核苷酸同源性仅为 51%～55%。欧洲型和美洲型 PRRSV 分别含有 2 个和 3 个糖基化位点。美洲型毒株的 3 个已鉴定的糖基化位点分别为 N34、N44 和 N51，其中 N44 对病毒复制来说是必不可少的。GP5 蛋白在 N-端含有一个约 32 个氨基酸的信号肽区域和两个抗原区，一个抗原区存在于胞外区(氨基酸 27～41 位)，另一个存在于蛋白的 C-端(氨基酸 180～197 位)。而且，GP5 蛋白 C-端的 50 个氨基酸对于维持蛋白的抗原性具有至关重要的作用，如果 GP5 蛋白 C-端失去这 50 个重要的氨基酸，那么 GP5 就会失去与血清的反应性。GP5 为 PRRSV 侵染细胞所必需的结构蛋白，含有 6 个抗原决定簇，3 个 B 细胞表位，可以诱导产生中和抗体，且其中和活性在其他结构蛋白中最强。GP5 蛋白至少含有 2 种中和性抗原决定簇，一种为线性决定簇，可以与大肠埃希菌表达的重组 GP5 蛋白反应；另一种是构象依赖性决定簇。GP5 胞外结构域中含有一个中和表位(B 表位，氨基酸 37～45 位)和一个非中和表位(A 表位，氨基酸 27～35 位)。A 表位位于非中和抗原位点，占主导地位，可抑制 B 表位被免疫系统所识别，因此，猪免疫后通常在 4～6 周以后才会产生具有中和活性的针对 B 表位的抗体。抗 B 表位的中和抗体效价与抗 A 表位非中和抗体效价呈负相关。低效价的中和抗体不但不能中和 PRRSV，反而会导致 PRRSV 感染能力或复制能力增强，即抗体依赖性的增强作用(antibody dependent enhancement, ADE)，造成 PRRSV 在猪体内持续感染。PRRSV 抗原漂移，是其逃避免疫监视的另一种主要机制。Suarez 等报道,GP5 蛋白在体内外均能诱导细胞凋亡,在体内主要导致肺和淋巴结细胞的大量死亡。

N 蛋白由 *ORF*7 基因编码,与病毒 RNA 相互作用共同形成病毒的核衣壳,该蛋白比较小,分子量为 14～15 ku,富含碱性氨基酸,是一个碱性的亲水性蛋白。N 蛋白可以表达最小的亚基因 mRNA(mRNA7),并且在 PRRSV 感染的细胞内,N 蛋白的表达水平最高,含量高达整个病毒粒子总蛋白的 40%,但 N 蛋白的所有单抗均与病毒的中和作用无关。欧洲型和美洲型毒株 N 蛋白分别包含 128 个和 123 个氨基酸,在两型毒株间较为保守。N 蛋白以同源二聚体(28 ku)与 M 蛋白或 GP5 形成异源二聚体的形式存在于病毒粒子中。N 蛋白具有较强的免疫原性,至少含 5 个抗原决定簇,有的对所有毒株均保守,有的具有型特异性,可针对其制备用于鉴别诊断的单克隆抗体。PRRSV N 蛋白刺激机体产生抗体较早,感染后 10 d 左右即可检测到,且维持时间较长,最长可维持半年以上。利用 N 蛋白的这种特点,再加上 N 蛋白主要的抗原决定簇非常保守,因此,可针对其建立诊断方法和用于 PRRS 疫苗免疫后的抗体水平监测。

M 蛋白由 *ORF*6 基因编码,也称基质蛋白,为非糖基化膜蛋白,分子量为 18～19 ku。M 蛋白有一个非常突出的特征,即其蛋白 N-端有 3 个特别明显的疏水区,位于 M 蛋白的跨膜区,即第 17～88 位的氨基酸残基处。而且疏水性分析表明,M 蛋白可能存在一段很短的氨基酸(第 10～18 位氨基),并且暴露于病毒粒子的表面。有研究发现,M 蛋白可与 GP5 通过二硫键形成异源二聚体,研究表明,该异源二聚体的形成是病毒粒子装备的关键。欧洲型和美洲型毒株 M 蛋白含有氨基酸的个数分别为 174 个和 173 个,是所有结构蛋白中最为保守的,两型毒株间氨基酸同源性为 78%～81%,同型毒株间氨基酸同源性高于 96%。有研究表明,PRRSV 的 M 蛋白在病毒组装和出芽过程中起重要作用。M 蛋白具有很强的免疫原性,病毒感染后 10 d 即可激发机体产生抗体,表达的重组 M 蛋白可以作为血清学试验的靶抗原。有研究表明,M 蛋白上具有中和表位。

(三)病毒基因组编码的次要结构蛋白和功能

GP2 蛋白,由 *ORF*2a 基因编码,分子量约为 30 ku,含有 2 个糖基化位点。GP2 可以通过二硫键和其他结构蛋白结合进一步形成同源或异源多聚体形式,在第 40 位氨基酸和第 41 位氨基酸之间存在一个裂解位点。GP2 蛋白 N-端有一段信号肽序列,C-端锚定在膜上,具有离子通道功能和跨膜蛋白功能。

GP3 蛋白,由 *ORF*3 基因编码,是可溶性非结构糖蛋白,是弱的膜相关蛋白,分子量为 42～50 ku。在欧美毒株间氨基酸同源性为 54%～60%,是 PRRSV 中变异较大的蛋白之一。GP3 蛋白高度糖基化,共有 7 个 N-端糖基化位点,且这些糖基化位点在欧美毒株间高度保守。试验研究表明 GP3 N-端糖基化位点与病毒感染、介导细胞免疫有关。研究表明,该蛋白可分泌到细胞外,使 GP3 在猪体内具有较高的免疫能力。GP3 存在构象依赖性表位,经去污剂处理后,与其单抗不发生反应 。Drew 等研究表明,美洲株和欧洲株 GP3 在 C-端表现出不同的亲水性。有研究表明,GP3 表达产物接种妊娠母猪后进行攻毒,可部分保护母猪,接种猪体内检测不到针对 GP3 的中和抗体,由此推断 GP3 可能与细胞免疫有关。而对于 GP3 蛋白在免疫学反应方面的作用还需进一步研究。

GP4 蛋白由 *ORF*4 编码,分子量为 31～35 ku。该蛋白属于 N-糖基化膜蛋白,是典型的Ⅰ型跨膜蛋白。GP4 含有 4 个糖基化位点,这 4 个位点在欧洲型毒株和美洲型毒株中较为保守。GP4 蛋白 N-端和 C-端均含有高度的疏水区,C-端末端有跨膜区域,对病毒黏附发挥重要作用,糖基化位点位于 N-端末端的外部。有研究推测其 GP4 的 N-端末端为信号肽序列。PRRSV 美洲型标准株 VR-2332 和欧洲型标准株 LV 的 *ORF*4 长度分别为 537 nt 和 552 nt,分别编码 178 个和 183 个氨基酸,氨基酸序列同源性为 70%。Meulenberg 等证实,LV 病毒的 GP4 蛋白可刺激机体产生具有中和活性的抗体,由此可以推测该蛋白质至少有部分暴露在病毒粒子的表面,与病毒和细胞间的相互作用有关。GP4 单抗具有一定的中和病毒的作用,但 GP4 单抗中和病毒的能力与 GP5 单抗相比,前者要逊色于后者。但由于不同基因型之间及同一基因型不同毒株之间变异较大,GP4 是否具有与中和作用有关的抗原位点,还难以下定论。

E 蛋白由包含于 *ORF*2a 内的 *ORF*2b 基因编码,是一种小的非糖基化疏水性囊膜蛋白,分子量约为 10 ku,存在于所有动脉炎病毒粒子中。其起始密码子 AUG 位于 *ORF*2a 的起始密码子下游,仅间隔 2 nt,因此将这一小的 *ORF* 命名为 *ORF*2b。*ORF*2a 和 *ORF*2b 均来源于 mRNA2,是被证明存在于动脉炎病毒中的第一个双顺反子 mRNA。Lee 等证明 E 蛋白对于病毒复制是必需的,但在病毒组装过程中是非必需的。有研究表明 E 蛋白在欧美毒株间高度保守,因此推测该蛋白在 PRRSV 诊断上具有重要意义,但该蛋白分子量较低,在 PRRSV 感染的细胞中是否表达还有待进一步证明。

六、基因组遗传变异

PRRSV 为单股、正链 RNA 病毒,不同基因型及相同基因型的不同分离株之间基因组遗传变异程度较为明显,导致其抗原性具有明显差异,这是 PRRSV 的一个主要特征。依据血清学试验和病毒基因组结构可将 PRRSV 划分为 2 种基本的基因型,即以 LV 株为代表株的欧洲型和以 VR-2332 株为代表株的北美洲型,二型病毒株间核苷酸同源性约为 60%。欧洲型毒株主要在欧洲地区流行,北美洲型毒株主要在北美洲和亚太地区流行。

PRRSV 容易变异,在猪体内持续感染的过程中,会有准种或病毒亚群出现。近年来,PRRSV 变异株不断出现,给养猪业造成了巨大损失,也为 PRRS 的防控带来了巨大的挑战。PRRSV 各型毒株间发生变异的主要机制是基因重组。在我国,由于 PRRSV 弱毒疫苗在全国范围内的使用,PRRSV 的疫苗株和野毒株在自然界的流行中发生遗传重组,形成了新的毒株。有研究表明,Em2007 毒株可能是 CH-1R 的疫苗株在使用过程中和自然环境中野毒的基因发生了重组所形成的新毒株,并且通过动物实验验证后证明,新产生毒株的临床毒力比疫苗株大。近几年流行的 NADC30-like 毒株,也是由不同类型的 PRRSV 经重组形成的。对国内 15 株 NADC30-like 毒株进行遗传进化分析的结果表明,除 1 株病毒外,其他的 14 株毒株均是由美洲的 NADC30 毒株经重组后形成的,且经典型毒株和 HP-PRRSV 均参与了此类毒株的重组。此外,NADC30-like 毒株主要是在病毒非结构蛋白和次要结构蛋白基因上发生重组。以上证据证明 PRRSV 基因间发生重组是病毒发生变异从而产生新毒株的主要方式,并且是对病毒毒力增强起着决定性作用的因素之一。PRRSV 内 RNA 的合成需要 RNA 聚合酶,但 RNA 聚合酶的性质为低保真,且 RNA 聚合酶没有对 3′～5′端的校对功能,因此,在基因复制的过程中易出现错配,从而使 PRRSV 毒株发生变异。另外,在 PRRSV 入侵机体后,机体的防御机制会产生一些酶,使病毒变异的概率增加。

(一)5′非编码区(5′UTR)、3′非编码区(3′UTR)的遗传变异

PRRSV5′UTR 和 3′UTR 对病毒的复制和转录是必不可少的。欧洲型毒株 5′UTR 长

221～223 个核苷酸，美洲型毒株的 5′UTR 长 190 个或 189 个核苷酸，两型毒株间 5′UTR 差异很大，同源性约为 50%。5′UTR 在 PRRSV 的复制中起重要作用，对疫苗株及其亲本毒株的 5′UTR 序列进行比对发现，部分弱毒疫苗株的 5′UTR 在 12 nt 起始的引导基元序列前缺失 1 个 U 碱基，但欧洲型 LV 株也存在该缺失，因此，现有资料无法说明这一缺失是否与毒力有关。Wang 等研究表明，5′UTR 或 3′UTR 的变异均可引起病毒毒力的减弱。

（二）*ORF*1 的遗传变异

*ORF*1 可分为 *ORF*1a 和 *ORF*1b，其中 *ORF*1a 的变异较大，而 *ORF*1b 的序列相对较为保守。*ORF*1 在欧洲型毒株和美洲型毒株间基因组核苷酸序列差异较大，同源性约为 60%。*ORF*1a 编码 10 个推测的非结构蛋白，分别为 NSP1α、NSP1β、NSP2、NSP3、NSP4、NSP5、NSP6、NSP7α、NSP7β 和 NSP8，其中 NSP1β 和 NSP2 变异较为明显。通过氨基酸序列的比对发现，RespPRRS/Repro 疫苗株和 16244B 强毒株在 NSP1β 中的 331 位和 NSP2 中的 668、952 位氨基酸分别为 Phe、Phe、Lys 和 Ser、Ser、Glu，推测这 3 个位点的氨基酸很可能和该病毒的毒力相关。*ORF*1a 中 NSP2 变异最为明显，在欧洲型和美洲型毒株间的氨基酸序列同源性仅为 32%，即使在遗传关系很近的毒株间也可有较大差异，能够允许一定数量氨基酸的突变、插入和缺失。由于 NSP2 具有种特异性，且与 PRRSV 对细胞或组织的嗜性有关，故有学者建议可根据 NSP2 序列的差异对美洲型 PRRSV 进行分类。2006 年以来，中国暴发了以高热、高发病率和高死亡率为主要特征的高致病性猪繁殖与呼吸综合征，引起该病的病原为 HP-PRRSV，2006 年至今，分离到的 HP-PRRSV 在其 NSP2 基因上均存在不连续的 30 个氨基酸的缺失。*ORF*1b 在欧洲型和美洲型毒株间序列保守性相对较高，编码 4 个非结构蛋白分别为 NSP9～NSP12。其中 NSP12 变异较为明显，VR-2332 与 LV 株的氨基酸同源性仅为 48%。由于 *ORF*1 编码病毒的复制酶，因此与催化活性有关的序列基元较为保守，特别是 NSP9（编码依赖于 RNA 聚合酶）。

（三）结构蛋白编码区的遗传变异

PRRSV 结构蛋白编码区含有 8 个开放阅读框，*ORF*2a、*ORF*2b、*ORF*3～*ORF*7，以及 *ORF*5a。其中 *ORF*5～*ORF*7 编码病毒主要结构蛋白 GP5、M 和 N，*ORF*2a、*ORF*2b、*ORF*3 和 *ORF*4 编码病毒的次要结构蛋白 GP2、E、GP3 和 GP4，*ORF*5a 编码 GP5a。结构蛋白中 GP3 和 GP5 变异最为明显，M 和 N 较为保守。目前的研究结果普遍认为，欧洲型和美洲型毒株的差异是由同一个原始毒株在两个大陆长期演化形成的。GP3 在此两型毒株间同源性为 54%～60%，属于 PRRSV 保守性较差的蛋白之一，氨基酸变异主要发生在 N-端末端，但其糖基化位点相对保守。此外，两型毒株间 GP3 较为明显的区别是美洲型毒株在其 C-端存在 12 个氨基酸残基的缺失。对欧洲型 PRRSV 研究发现，GP4 的 N-端存在一个疏水性的高变区，位于 *ORF*3 和 *ORF*4 两部分的重叠区域。此外，推测 *ORF*3 第 83 位的 Gly 突变为 Phe 可能与疫苗株的毒力反强及致弱现象有密切关系。

GP5 为主要的糖基化囊膜蛋白，美洲型和欧洲型毒株 GP5 分别含有 200 个和 201 个氨基酸，含有一个由 31 个氨基酸组成的信号肽和 3 个跨膜区（62～83 位、90～106 位、113～130 位）。同型毒株 GP5 推导氨基酸序列相似性在 88%～99%之间。而欧洲型和美洲型毒株 GP5 推导氨基酸的同源性在 51%～55%之间。有研究表明，位于 GP5 蛋白高变区的第 34 位氨基酸由 Asp 突变为 Asn 可作为病毒亚群（或准种）鉴定的标准。将美洲型强毒株 VR-2332

与由其致弱的疫苗株 RespPRRS MLV *ORF*5 基因编码氨基酸序列进行比较发现，GP5 蛋白第 13 位(Arg→Asn)和第 151 位(Arg→Gly)氨基酸的突变可能与疫苗株毒力致弱有关。张彩勤等对近年来我国分离的 PRRSV *ORF*5 基因序列与国内外毒株进行比较，结果核苷酸同源性为 88.6%～99.5%，推导氨基酸的同源性为 87.1%～99.5%。研究发现，16244B 株存在潜在的糖基位点，但并没有证据证明，该处的表位就是构象型表位。GP5 上存在 3 个或 3 个以上的线性抗原表位，分别位于 27～30 位氨基酸(非中和性)，37～45 位氨基酸(中和性)和 180～197 位氨基酸(非中和性)处。而欧洲型毒株的 GP5 蛋白，则至少存在 3 个线性表位，并且证实在 38 位氨基酸之前的区段并无线性或非线性表位存在。另有研究表明，*ORF*5 在传代过程中表现出明显的突变，如 TJ 株和由其致弱的 TJM 毒株(F92)存在 4 个位点的氨基酸变异(F23-S23，G80-V80，R151-K151 和 Q196-R196)，氨基酸同源性为 98%，其中 Q196-R196 的突变与 HUN4/HUN4-F112 毒株一致，可以作为分子标记区分针对 HUN4 的衍生疫苗或针对野生型 PRRSV 的疫苗。使用 TMHMM2.0 在线软件来预测 GP5 蛋白质的跨膜螺旋，发现 TJ 株 GP5 蛋白存在 3 个跨膜区(氨基酸 15～32 位，66～88 位以及 103～125 位)，而 TJM 株存在 2 个跨膜区(氨基酸 66～88 位和 103～125 位)，这可能是由于 F23S 突变引起的，并进一步影响 GP5 的免疫功能。

M 蛋白在欧洲型和美洲型毒株间最为保守，同源性为 78%～81%，同型毒株间氨基酸同源性高于 96%。推测美洲型毒株 M 蛋白第 16 位氨基酸(Asp→Asn)的突变与疫苗株的毒力致弱有关。

N 蛋白为核衣壳蛋白，在美洲型毒株间氨基酸的同源性为 96%～100%，欧洲型毒株间氨基酸的同源性为 94%～99%，但在两型毒株间同源性较低，为 59%左右，此差异是由大量核苷酸的置换、插入和缺失造成的。

第二节　PRRS 流行病学研究概况

欧洲地区在 20 世纪 80 年代中期出现 PRRSV 感染情况，美国和加拿大猪群在 1985 年以前发现 PRRSV 感染。荷兰于 1991 年首次成功分离到欧洲型 PRRSV，并将其命名为"LV"株。美国于 1992 年分离到美洲型 PRRSV，命名为"VR-2332"株。随后，西班牙、法国、比利时、德国、英国和韩国等多个国家暴发了 PRRS 疫情。我国于 1995 年底首次报道了 PRRS 的发生，并于 1996 年分离到 PRRSV，且出现了不同毒力的毒株。2006 年 5 月，在我国南方地区的猪群首先出现了以发热、高发病率和高死亡率为特点的高致病性猪繁殖与呼吸综合征，随后几个月内，该病迅速在河南、河北、山东和陕西等全国大部分养猪地区暴发流行，给我国的养猪业造成巨大的经济损失。引起此次疫病流行的毒株为 HP-PRRSV，其基因组特征为非结构蛋白 NSP2 上存在不连续的 31 个氨基酸的缺失。有研究表明，2005—2007 年，对湖北、江西、江苏、上海、广东、广西和海南等几十个地区养猪场的感染情况进行检测，结果 PRRSV 感染阳性率在 81.3%～96.1%，血清中 PRRSV 抗体阳性率普遍较高，且有逐年上升的趋势。2015—2016 年以来对江苏、浙江、山东、河南、安徽、四川、河北、上海、广东、广西和江西等 12 个省份发病猪 PRRSV 的阳性检出率为 52.8%，其流行毒株存在基因多样性，HP-PRRSV 是优势毒株，且存在经典毒株变异的新毒株。有研究表明，2014—2016 年我国相继出现关于 NADC30-

Like 毒株的报道，并且感染数呈现逐年上升趋势。此毒株与北美洲 NADC30 毒株属于同一亚群，其 NSP2 基因缺失了 131 个氨基酸，与国内 HP-PRRSV 毒株存在重组现象。

一、分布及流行特点

目前，PRRS 呈世界性分布，由于 PRRSV 具有较强的传染性，能够在短期内感染猪场内所有的猪，且能够引起猪体免疫抑制，使猪群免疫力下降，容易引起其他细菌和病毒的继感染。有资料表明，PRRS 在世界各主要养猪国家如美国、英国、中国、荷兰、德国、日本等都有流行。目前，只有澳大利亚和瑞典猪群中未检测到 PRRSV。PRRS 在大多数养猪国家均呈地方性流行，是危害养猪业的主要疫病之一，给世界各国养猪业造成了巨大的经济损失。1991 年在欧洲和美洲的一次大流行造成 100 万头猪的死亡，被形象地称为"流产风暴"。自 2011 年起，PRRSV 基因重组、缺失和插入的发生较之前更为频繁，且影响了 PRRSV 的分化。目前，我国 PRRSV 分离株主要有欧洲型 PRRSV、经典北美型 PRRSV 1 亚群、经典北美型 PRRSV 2 亚群、HP-PRRSV 1 亚群（HP1 亚群）、HP-PRRSV 2 亚群（HP2 亚群）、JXA1-P80-like 亚群（HP3）以及 NADC30-like 亚群 7 个分支，HP-PRRSV 仍然是目前国内主要流行的毒株。而一些呈区域性流行的毒株小分支不包括在这 7 个分支之中。

猪是本病的易感动物，不同年龄、品种和性别的猪均可感染 PRRSV，尤其是妊娠母猪和 1 月龄以内的仔猪对该病毒的易感性最强，并表现出较为典型的临床症状。感染猪病情的严重程度与猪群的健康状况、免疫状况、毒株的毒力及饲养管理水平密切相关，且慢性和亚临床感染较急性感染更为多见。人工感染试验表明，某些禽类如珍珠鸡、绿头鸭也可亚临床感染，其中绿头鸭对 PRRSV 特别易感。感染 PRRSV 的发病猪和隐性感染猪为最主要的传染源。感染猪可通过鼻腔分泌物、唾液、粪尿、乳汁以及患病公猪的精液等途径向外界环境排毒。怀孕母猪感染 PRRSV 后，可经胎盘将病毒传递给胎儿，形成垂直传播，导致流产、早产、死胎、木乃伊胎等严重的繁殖障碍，死胎率高达 30%。对人工感染公猪的检测发现，精液带毒期可长达 43 d，并可经精液在猪群间水平传播。可见人工授精可使本病的传播范围进一步扩大，因此，对人工授精的公猪必须进行严格的免疫监测。由于公猪及母猪在流行中起主导作用，因此在引种时应引起高度重视。PRRSV 具有高度的传染性，引入感染猪尤其是隐性感染猪是造成该病暴发流行的重要原因之一，感染猪和隐性感染猪可排出大量病毒感染易感猪，进而引起该病的暴发流行。本病的主要感染途径为呼吸道，猪只间的密切接触和感染猪的流动是其主要传播方式。此外，PRRSV 还可通过污染的器具、气溶胶以及运输过程进行传播，昆虫也可以携带病毒进行传播。PRRSV 感染的猪向体外排毒具有周期性、间歇性的特点，易在猪群内反复循环，难以清除，且传播迅速。空气传播与猪场规模大小存在密切联系，1991 年德国发生 PRRS 后，主要是通过季候风将 PRRSV 散播到欧洲各国，间隔距离可达 20～30 km。PRRSV 的传播力很强，一旦发生感染可迅速在猪群传播。Wills 等证实将 PRRSV 接种猪后，14 d 时可从尿液中检出 PRRSV，42 d 时从唾液中仍可检测出 PRRSV。Christopher 等研究发现 PRRSV 感染猪能周期性向外排毒，且排毒具有间歇性。Swenson 等对人工感染 PRRSV 的公猪进行检测，发现精液中可长期带毒，持续至感染后 43 d，通过人工授精的方式可以将 PRRSV 传播给母猪。

近年来，临床上 PRRS 的发生和流行较为常见，且疫病的流行情况日益复杂，防控难度不断增加，表现出如下几个新的特点：一是新毒株传入猪场造成了 PRRS 防控的不稳定，暴发和流行已成为常态，即使在活疫苗免疫的猪场也不例外；二是PRRS阴性猪场越来越少，PRRS已成为许多猪场的常在性疫病。一些阴性猪场使用PRRS减毒活疫苗后变成阳性猪场，保持完全阴性的猪场屈指可数；三是PRRSV毒株的多样性日益增加，变异和毒株间的重组更加频繁，新毒株层出不穷；四是类NADC-30毒株已在我国广泛流行，造成不少地区猪场发生PRRS，成为近年来的流行毒株之一；五是高致病性减毒活疫苗毒株引发的临床发病及其回复突变和毒力返强现象已成不争的事实，从不少发病猪场可分离或检测到疫苗病毒，已分离到源自疫苗毒的回复突变毒株；六是高致病性减毒活疫苗的随意、普遍和过度使用，导致无法区分发病猪场是野毒感染还是疫苗毒免疫所致。

二、临床症状及病理变化

(一)临床症状

PRRSV感染的潜伏期长短差异较大，引入感染后易感猪群潜伏期最短为3 d，最长为37 d。PRRSV感染表现在临床上的症状差异也很大，主要可分为繁殖障碍型和呼吸障碍型。猪群感染PRRSV后，发病程度与感染毒株毒力、猪的年龄、免疫状况、饲养管理条件和应激等因素密切相关。低毒株可引起猪群无症状流行，而强毒株能够引起严重的临床疾病。但更为主要的是目前毒株流行种类繁杂并夹杂着与其他病原菌的混合感染，导致感染PRRSV后临床症状的多样与复杂。根据发病的程度和病程不同，PRRSV引起不同猪群的临床症状主要表现如下：

1. 母猪群临床症状

PRRSV在母猪群内感染和传播，以散发到大暴发等多种形式流行。成年母猪病初表现为精神倦怠、发烧、厌食、嗜睡，偶尔在皮下和后肢出现水肿，并有神经症状及皮肤损害，如耳部皮肤呈蓝紫色等，急性感染母猪临床症状主要表现为食欲降低、发热、呼吸困难、流产、死胎及木乃伊胎等，感染母猪有时无乳，并伴有1%～4%的死亡率。妊娠母猪感染PRRSV主要造成晚期流产和早产，产死胎、木乃伊胎或弱仔，且弱仔数增多，部分母猪皮肤“毛孔出血”。母猪妊娠早期对PRRSV有一定的抵抗力，一旦感染可导致妊娠率低下或妊娠中止，少数猪在妊娠116～118 d才分娩。发病率平均在13%以上(4.1%～22.5%)，产黑仔、死胎、木乃伊胎的母猪占分娩母猪数的50.3%，妊娠后期表现为早产、流产、死胎和木乃伊胎，这种现象往往持续数周，而后出现重新发情的现象。在断奶后期，患病母猪主要表现为从断奶期到发情期的时间延长，且发情次数减少。

2. 公猪群临床症状

公猪在急性感染早期，临床症状主要表现为厌食、昏睡和消瘦，较少出现发热现象，少数公猪出现呼吸道和皮肤发绀等症状。此外，公猪感染PRRSV后2～10周通常表现出性欲低下和精液质量下降。根据对长白猪、大约克夏猪和夏洛克猪3个品种公猪的研究证实，约克夏猪比长白猪对精液中的病毒具有更强的抵抗力。Swenso等对4头感染公猪进行观察，发现感染猪表现出温和的呼吸道症状，包括流涕和咳嗽，但其食欲、行为和精液质量都正常。Fietsma等在人工授精中心对230多头猪进行观察，结果有25%的公猪出现食欲下降、发烧，但在1周内可恢复，这些猪的精子数目没变化，只是活力降低。病毒感染导致的繁殖障碍性疾病，可引起公猪精液质量下降，进而导致公猪品种质量下降。

3. 新生仔猪临床症状

1月龄内哺乳仔猪对PRRSV具有较高的易感性，临床症状主要表现为体温升高、呼吸困难、嗜睡、厌食或食欲废绝、腹泻、肌肉震颤、共济失调、眼睑水肿、皮肤发绀和被毛粗乱等，死亡率可高达100%。早产仔猪在出生时至出生后几天内死亡，耐过的仔猪表现为长期消瘦，生长缓慢。杂种猪常存在弱仔或死胎现象。

4. 育肥猪临床症状

育肥猪对本病易感性相对较低，临床症状较温和，通常表现为食欲不振、呼吸加快、精神萎靡或过度兴奋、体温升高到40～41℃等。猪的年龄与疾病的严重程度密切相关，在自然条件下，年龄越小病情越严重。单个群体的猪在感染期间若存在其他病原，则病情更严重。试验感染条件下，抵抗力强的猪没有或仅表现为轻微症状，很少死亡。亚临床感染现象普遍存在。PRRSV感染后常伴随一种或多种细菌及其他病毒的混合感染，使发病猪的临床表现更为复杂，死亡率明显升高。

（二）剖检变化

剖检PRRSV感染猪眼观的病变差异较大，这些差异与感染的毒株不同有关，同时也受遗传及应激等因素影响。肺脏是检测PRRSV感染的最佳样本，无继发感染病例的呼吸道病理变化为温和或严重的间质性肺炎，有时有卡他性肺炎，并可见弥散性褐色实变。Pol等用LV株病毒鼻内接种6日龄的SPF仔猪，接种1 d后剖检发现肺尖叶出现2 cm×2 cm的肺炎病灶，接种3 d后剖检可见肺脏轻度实变，接种5～8 d后剖检可见整个肺叶几乎全部出现实变。其他剖检变化主要包括淋巴结明显肿大、出血或坏死；肾炎及多发性心肌炎；肝脏表面有灰白色节结，有的胆囊充盈；大脑软脑膜血管充血；有的病猪出现皮下与眼周水肿。当存在细菌和其他病毒混合感染时，肺脏及其他脏器的病变则更为复杂，主要表现为肺脏膨胀，表面凸凹不平，可见出血点或出血斑，质地较硬实，间质增宽，两侧肺组织均可见病变。心包膜增厚，心脏横径增宽，心肌质地较软，冠状沟脂肪减少并呈黄色胶冻样。肾脏被膜易于剥离，被膜下有散在的出血点或出血斑。肝脏质地较脆，色泽不均一。脾脏质地较软，表面不平，呈不同程度肿大。扁桃体出血、肿胀，表面有灰白色病灶。淋巴结肿大，表面和切面灰红色或暗红色，切面不平整。患病仔猪剖检时脐带处会伴有出血，并发黑肿胀，大小超出正常健康脐带的几倍。母猪突发感染后，大多表现出子宫内膜炎和子宫内膜水肿，还有一些会出现脑部出血、脑积液增多等症状，严重的伴有化脓性症状，怀孕晚期感染PRRSV，可引起胎儿自溶。

（三）病理变化

PRRSV感染后引起的病理组织学变化主要见于肺脏和淋巴组织，主要是由PRRSV感染这些部位的巨噬细胞而引起的炎症反应。PRRSV感染可引起鼻黏膜上皮细胞变性，纤毛上皮消失和支气管上皮细胞变性。肺脏病理学检测主要表现为间质性肺炎，其间质内伴有巨噬细胞、淋巴细胞和单核细胞浸润，肺泡壁增厚，肺泡上皮细胞变性，偶尔可见合胞体细胞。肺脏的病变被认为是PRRSV感染猪的特征性病变。在与细菌混合感染时，常引起复杂的肺炎，有些感染病例还可见胸膜炎。淋巴结表现淤血和出血，皮质下窦和小梁周围窦由于单核细胞和淋巴细胞浸润而增宽，生发中心肥大、增生和坏死。马德慧等研究发现，感染PRRSV猪的脾脏可见坏死性炎症变化，动脉周围和淋巴鞘的淋巴细胞减少，细胞核破裂和细胞空泡化。心脏病变在PRRSV感染的晚期较为常见，表现为心肌纤维轻度肿胀，部分横纹消失或出现颗粒变性。脑组织病变在脑干、中脑及大脑可见，表现为亚急性单核细胞性脑炎和血管周围炎，可见“血管套”。肾脏肾小球上皮细胞变性、坏死，核固缩、碎裂或溶解，有的脱落积聚在管腔内，可见肾小球囊扩大，在肾小球的周围和细尿管之间出现巨噬细胞和淋巴细胞浸润。肝脏主要表现为肝细胞颗粒变性、脂肪变性，间质内有淋巴细胞、巨噬细胞和中性粒细胞等炎性细胞浸润，血管壁疏松、增厚，部分细胞坏死。妊娠母猪感染 PRRSV 后生殖道有轻微的淋巴浆细胞炎症或无明显病变。患病公猪生殖道无任何病变，但精液质量明显下降。流产胎儿血管周围出现以巨噬细胞和淋巴细胞浸润为特征的动脉炎、心肌炎和脑炎，脐带发生出血性扩张和坏死性动脉炎。

三、致病机理

（一）PRRSV 感染的免疫抑制

尽管人们对 PRRSV 的致病机理进行了深入研究，但仍有一些问题不十分清楚。猪肺泡巨噬细胞(PAM)对 PRRSV 具有较强的易感性，病毒在 PAM 中可以迅速进行复制，进而引起巨噬细胞的大量破坏，导致其数量急剧下降，可由正常细胞数的 95%下降至 50%左右，同时这些巨噬细胞的功能也会相应发生改变。PRRSV 感染猪后可在 PAM 细胞、单核细胞和小神经胶质细胞内增殖，影响 PRRSV 的递呈和清除，使动物机体免疫力下降，从而引发免疫抑制，并诱发继发感染。PRRSV 感染机体后，能够短时间内诱导产生高水平的特异性抗体，但随着感染时间延长，感染猪的细胞免疫功能明显受到抑制。PRRSV 初次感染后，发病猪一般表现为急性症状，耐过猪在经过大约 1 个月的急性感染期后转入慢性持续感染阶段，此时感染猪体内病毒滴度维持在较低水平，但并未完全消除。感染早期，PRRSV 可降低猪 PAM、树突状细胞和外周血单核细胞表面 MHC-Ⅰ(SLA-Ⅰ)类分子和 MHC-Ⅱ(SLA-DR)类分子的表达量，进而影响机体细胞对 PRRSV 的抗原递呈。还有研究发现，PRRSV 感染猪后可通过调节 IL-10 的表达量来发挥对宿主免疫系统的抑制作用。此外，PRRSV 可以通过减弱宿主的几个免疫反应过程来逃避宿主免疫应答，这其中主要包括抑制干扰素产生和信号传导，操纵凋亡反应、调节适应性免疫和调节细胞因子表达。有研究表明，干扰素 IFN-α/IFN-β 可抑制 PRRSV 的感染，而 PRRSV 可以通过抑制干扰素、白细胞介素等细胞因子的产生，进而抑制机体的先天免疫应答。PRRSV 通过降低巨噬细胞和树突状细胞中细胞因子的表达和调控相关抗原的递呈引起免疫抑制。同时，随着 PRRSV 感染时间的延长，其产生的免疫抑制或免疫干扰，在感染后期增加继发或混合感染的风险。

（二）抗体依赖性增强作用

大部分病毒感染宿主细胞时，表面抗原能同靶细胞膜上的特异性受体结合，同时诱导机体产生中和抗体，通常此中和抗体能与病毒结合使其丧失感染性。但在有些情况下，抗体能与病毒结合产生抗原抗体复合物，帮助病毒侵入靶细胞，令其复制及感染能力明显提高，这种现象称为抗体依赖性增强(antibody dependent enhancement，ADE)作用。研究表明，PRRSV 在体内或体外复制时均存在该现象，其 GP5 上的抗原表位可刺激动物机体产生特异性抗体，抗体与 PAM 上的 Fc 受体结合后促进 PRRSV 被巨噬细胞或单核细胞内吞，并对其功能造成损坏。ADE 在 PRRS 的发病机制及免疫学研究上具有重要意义，高水平的母源抗体对仔猪可起到较好的免疫保护作用，但当母源抗体水平下降至不足以对仔猪提供保护时，就会促进 ADE

的出现，进而增加仔猪对 PRRSV 的易感性。因此，ADE 作用可能是引起妊娠后期母猪流产及仔猪对 PRRSV 易感的主要原因。此外，ADE 作用也是 PRRSV 疫苗研发时需要考虑的一个问题。在进行弱毒疫苗免疫时，也会出现同样问题，因为弱毒苗接种猪后初期诱导产生的抗体同样不具备中和病毒的活性，此抗体可能会对野毒株在猪体内的复制起到增强作用，从而影响疫苗的免疫保护效果，这也进一步说明了体液免疫的保护作用对 PRRSV 的清除有限，而细胞免疫在这一过程中可能发挥更大作用。

(三)炎症反应

猪群感染 PRRSV 后常伴随明显的炎症反应。革兰氏阴性菌细胞壁主要成分脂多糖(LPS，或称内毒素)可经猪肺部释放至环境中。在 LPS 的协同作用下，刺激患病猪肺部产生炎性细胞，表现为呼吸困难、咳嗽等呼吸道症状。有研究表明，PRRSV 感染猪后，可促进肺部 LPS 两种受体(CD14 和 LBP)的表达，进而促进炎症反应的发生。PRRSV 感染不同组织的巨噬细胞后都会出现一些损害和不同类型及程度的炎症反应，如间质性肺炎、淋巴结病、脑炎、心肌炎或/和动脉炎。同时这种反应受毒株、猪的品种和年龄、有无细菌或病毒的继发感染以及环境应激等因素影响。

(四)PRRSV 的持续性感染

持续性感染(persistent infection)是 PRRSV 流行病学的一个重要特点，也是动脉炎病毒的重要特征。持续性感染是指病毒感染猪后可在其体内长期存在，同时可在感染猪群内持续存在。PRRSV 感染猪后，可侵染猪的免疫系统，在 PAM 内增殖，使该细胞受到损伤，破坏其抗原递呈功能，造成免疫应答效果不明显，且 PRRSV 感染初期产生的抗体对 PRRSV 清除起到的作用微乎其微，导致病毒在猪体内表现为缓慢和相对持续的感染过程。产生病毒血症或感染 PRRSV 的猪只可长期向外传播病毒，使猪群持续感染 PRRSV，有时甚至长达数年之久。断奶易感仔猪或易感育种猪群持续感染 PRRSV 均可引起持续性感染。其产生可能受感染猪年龄、品种和应激等因素影响。研究证实，感染 PRRSV 后，猪群自身可获得部分免疫保护力，新生仔猪也可直接通过母源抗体获得被动免疫。但是由于个体差异，部分康复猪体内仍会带毒，并伴有病毒血症。有资料显示，PRRS 病毒血症可在猪群中存在 6～7 周，甚至可以长达 16 个月。Benfield 等报道，在感染 PRRSV 210 d 后，仍可从猪体内检测出病毒 RNA。部分康复猪在一些应激因素的刺激下会通过唾液、鼻腔分泌物、尿液和粪便等排毒，从而感染新生仔猪造成新的感染。病毒血症的持续存在是造成 PRRSV 持续性感染的重要因素之一。此外，病毒感染后亚临床感染猪在 PRRS 的流行中起主要传播介质的作用。Benifield 等认为，PRRSV 的持续感染受宿主品种、病毒类型、疫苗接种情况、饲养管理条件以及环境等因素的影响。有研究表明，在 PRRS 暴发 1～2.5 年内从保育猪群和育肥猪群采集的血清样品中检测到了 PRRSV 抗体，这一研究结果可以充分证明，PRRSV 在猪群中可长期存在，危害较大。

有研究表明，将美洲型致弱疫苗株接种猪，9 个月后，对该猪场的免疫猪群和对照猪群采集样品进行病毒分离，结果均可分离到该致弱疫苗毒株，说明疫苗接种猪可向外界排毒感染易感猪，使病毒在猪群内长期存在。同时，从再次发生繁殖障碍母猪的流产胎儿体内，也分离到了该致弱疫苗株，结果显示，在选择压力的作用下，猪体内的致弱疫苗毒可能会发生毒力返强，这也可能是导致 PRRSV 持续性感染的原因之一。有部分研究推测，PRRSV 在猪体内可以通过不断变异来逃避或适应宿主的免疫清除作用。但是，Chang 等的研究表明了不同的观点，即

PRRSV连续感染猪后，在猪体内发生变异的概率很低。PRRSV核酸和其病毒粒子可在PAM里长期持续存在且不丧失感染性，通过逃避宿主的免疫清除和识别，导致病毒的持续性感染。这被认为是PRRSV在猪群内长期存在的关键，而在激活免疫应答的条件下，病毒持续感染的机制还有待进一步研究。

受PRRSV污染的猪场，其净化是一个难题。潜伏感染的猪在一些应激因素的作用下，可引起发病并向易感猪排毒，从而造成新一轮的感染。综合多方面因素，将感染猪场内PRRSV持续性存在的主要原因概括为如下4个方面：一是在已经感染的猪群中引入易感猪；二是潜伏感染猪群在应激条件下向外界排毒污染易感猪群；三是易感猪群在感染急性期接种不足量的疫苗；四是感染母猪所产仔猪母源抗体水平较低，不足以提供保护。综上所述，我们可以看出，PRRSV持续性感染的出现是由多方面原因共同作用的结果，这使PRRS的防治更为困难，因此，必须采取综合性防治措施才能对PRRS起到有效的防控效果。PRRS的发生呈明显的季节性，尤以寒冷季节多发。持续感染是其流行病学的重要特征，病毒可在猪体内持续存在数月甚至更长时间，但并不一定持续增殖和引起临床症状，当机体免疫机能下降时，则导致发病并表现出临床症状。有研究表明，在PRRS暴发后一年，病毒在育肥猪和保育猪群的血清中长期存在，并具有感染性。通过对持续感染猪群进行分离检测，发现以1周龄仔猪分离率最高。这表明在猪群中存在持续感染，给控制和净化带来重大挑战。

(五)细胞凋亡

细胞凋亡(apoptosis)又称程序性细胞死亡(programmed cell death，PCD)，是指在一定生理和病理情况下，机体为维护内环境的稳定，通过基因调控而使细胞自主诱发死亡的过程。细胞凋亡在维持器官、组织的形态和功能中具有重要意义。在电子显微镜和光学显微镜下，已经确定了凋亡过程包括3个阶段：第一阶段，可以通过光学显微镜观察到细胞萎缩。随着细胞的缩小，细胞体积变小，细胞质变厚，细胞器堆积得更紧密，染色质浓缩；第二阶段，细胞发生广泛的质膜起泡，之后出现凋亡小体，凋亡小体由细胞质和紧密堆积的细胞器组成。细胞器的完整性仍然保持，所有细胞器都被完整的质膜包裹；第三阶段，细胞被巨噬细胞、实质细胞或肿瘤细胞吞噬。

细胞凋亡不仅可以介导细胞死亡，同时还具有抵御微生物入侵的功能。在病原入侵的某个阶段，机体经由细胞凋亡杀死被病毒侵染的细胞，以阻止病毒的进一步感染。PRRSV引发细胞损伤的机制主要包括感染细胞的凋亡、诱导产生炎性因子以及巨噬细胞吞噬清除功能削减等。猪PAM细胞可以吞噬消除入侵的病原微生物，保护肺脏的防御和免疫功能。而PRRSV入侵机体后，重点侵害肺脏以及淋巴结等组织的巨噬细胞，尤其对尚未成熟的PAM具有更强的亲嗜性，导致机体防御功能降低。然而，在免疫压力作用下PRRSV不断进化，可通过抑制机体的抗病毒防御机制进行感染和传播，具体作用机制尚不清楚。Mu等通过研究PRRSV GP5蛋白的表达对易感细胞的增殖与周期、细胞凋亡相关指标以及病毒复制的作用发现，GP5蛋白的表达并不诱导细胞凋亡，但可以促进病毒的增殖复制。另有研究发现，PRRSV可释放炎性细胞因子，诱导PAM坏死或凋亡，同时还诱导肺脏及淋巴器官的淋巴细胞和其他巨噬细胞凋亡。

He等研究发现PRRSV诱导的细胞凋亡是引起胸腺萎缩及胸腺细胞衰竭的主要因素。伴随着PAM大规模裂解死亡，PRRSV可通过血液以及淋巴循环在血液巨噬细胞以及单核细胞里进行增殖传播，导致相应组织器官不同水平的损伤，主要表现为特征性的间质性肺炎，淋巴结和扁桃体的弥散性出血和水肿。Cao 等通过研究 HP-PRRSV 引发猪高热性疾病的机理发现,病毒可越过血-脑屏障进入中枢神经系统,然后导致神经元和神经胶质细胞损伤,这些结果为了解 HP-PRRSV 入侵脑组织的途径及非化脓性脑炎的发病机制奠定了基础。

PRRSV 感染 PAM 后可降低其依赖于超氧负离子所发挥的非特异性杀菌作用,进而影响呼吸系统消除病原微生物的功能,这有利于条件致病菌及其他病毒感染猪体,导致出现慢性疾病或病情加重;还可损害呼吸道的假复层纤毛上皮,破坏纤毛输送系统。作为首要的呼吸道疾病感染病原及猪呼吸道疾病综合征(PRDC)的诱发因子,PRRSV 可导致疫情更加复杂化。临床数据显示,PRRSV 与 PRDC 和猪圆环病毒相关疾病(PCVAD)并发感染的频率较高,且 PRRSV 与猪圆环病毒 2 型(PCV2)共同感染后可导致严重的肺脏损伤和仔猪死亡率升高。试验研究表明,猪体在 PRRSV 和猪肺炎支原体混合感染情况下,其肺脏出现更加严重的病理变化,病程持续时间较长;当 PRRSV 和支气管败血波氏杆菌并发感染时也可导致病情加重。因此,阐明 PRRSV 感染导致继发感染疾病复杂化的致病机制,对临床诊断及疫病防控具有重大意义。

四、我国 PRRS 流行的三次高峰期

PRRS 传入我国的具体时间和途径并不明确,在我国的流行历史大致经历过 3 次高峰期。第一次流行高峰出现在 1996—2000 年,国内暴发流行的是早期 PRRSV 毒株,主要分为 2 个亚群,其中一个亚群与国内最早分离的 CH-1a 株相近,另一个亚群与北美洲型疫苗毒株同源性较高。但全基因组序列分析结果表明,CH-1a 株与美国的 VR-2332 株差异较大。有研究表明,通过对不同年代 PRRSV 全基因组进行遗传进化分析显示,CH-1a 株与北美流行毒株遗传距离相对较远。

第二次流行高峰出现在 2006—2008 年,我国暴发由 HP-PRRSV 引起的 HP-PRRS,临床主要表现为高发病率、高死亡率和妊娠母猪严重的繁殖障碍,此次疫情给我国养猪业造成了巨大的经济损失。HP-PRRSV 基因组分子特征为其非结构蛋白 NSP2 存在 30 个不连续氨基酸的缺失。随后该毒株在我国普遍流行,逐渐成为优势流行毒株。有研究表明,此次流行的 PRRSV 变异毒株可能是由早期毒株变异、演化而来的。

第三次流行高峰为 2013 年至今,2006 年年初暴发的 HP-PRRSV 疫情,增强了政府对该病的重视,国家逐渐对 PRRS 实施了强制免疫。2010 年开始,相继有 HP-PRRS 活疫苗投放市场。截至 2017 年,中国兽医药品监察所公布数据显示,国内有资格生产 PRRS 疫苗的企业共有 22 家,能够生产活疫苗的生产企业共 17 家,国外企业 1 家。活疫苗获得批号时间主要集中在 2011 年前后。此外,政府统一采购疫苗也主要以 HP-PRRS 活疫苗为主。国内 PRRS 活疫苗及进口疫苗的普遍使用,使国内疫苗市场更加复杂,减毒活疫苗存在的散毒和毒力返强问题日益凸显,甚至一度成为引起猪群临床发病的主要毒株。此外,由于从国外引种及国内种猪交易频繁,同时我国目前对种猪的检疫并不严格,增加了外来 PRRSV 引入的机会,也提高了病毒在各省间传播的风险。从国内发生的 3 次大的流行高峰期推测 PRRS 是由引种传入我国的。2012 年周峰等首先报道了类 NADC30 毒株在河南地区流行。此后,陆续有类 NADC30 及其重组毒株的报道,截至目前,我国已有近 20 个省市检测到该毒株的存在,逐渐成为田间的优势流行毒株。NADC30 毒株于 2008 年在美国分离获得,其与美国 2001 年分离毒株 MN184A 同源性较高,并且两个毒株在其 NSP2 基因区存在 111 氨基酸+1 氨基酸+19 氨基

酸不连续氨基酸的缺失特征。而我国目前流行的 NADC30 毒株在其 NSP2 区域存在相似的缺失特征。有数据显示，2012 年是我国种猪引种的一个高峰年，全年引种数量达到了 12 000 头以上，是继 2008 年以后，引种最高的一年。因此，普遍认为 NADC30 毒株是由引种传入我国的。

第三节 PRRS 诊断方法研究概况

PRRS 是危害我国养猪业最为严重的疫病之一，给我国养猪业造成巨大的经济损失，当前 PRRS 的流行呈上升趋势。由于该病没有特征性的临床症状和病理变化，在临床上与猪的其他传染病如猪伪狂犬病、猪细小病毒病、猪瘟等引起的母猪繁殖障碍和仔猪呼吸道症状相类似，有时还伴随着细菌或其他病毒的混合感染和继发感染，增加了该病确诊的难度。因此，建立有效且实用的 PRRS 诊断技术是预防和控制 PRRS 流行的一个重要环节。目前该病的诊断方法主要分为病原学方法和血清学方法 2 类，病原学方法主要包括病毒分离、RT-PCR 诊断技术、免疫胶体金技术和亲和素-生物素免疫过氧化物酶试验等；血清学方法主要包括间接免疫荧光试验（IFA）、酶联免疫吸附试验（ELISA）、免疫过氧化物酶单层细胞试验（IPMA）和血清中和试验（SN）等。特别是 2006 年以后，HP-PRRSV 在我国出现和流行，因此，建立用于区分 HP-PRRSV、经典强毒株、经典致弱疫苗株和今后研制的预防 HP-PRRSV 的致弱疫苗株的鉴别检测技术，对于该病的防控及疫病的清除将具有更重要的意义和临床应用价值。

一、临床诊断

临床上可根据临床症状和剖检变化等对 PRRSV 感染病例进行初步诊断，主要包括如下几个方面：一是临床上 PRRSV 一般只感染猪，且各年龄段猪均易感，通过水平和垂直方式进行传播和扩散，可分为急性、慢性和隐性感染。二是患病猪主要症状为：妊娠母猪厌食，体温可升高至 40～41℃，妊娠后期出现早产、流产、死胎和木乃伊胎等繁殖障碍性疾病；各年龄段猪均发生呼吸系统疾病，仔猪症状较明显，表现出严重的呼吸困难、流涕、呕吐、腹泻和多发性关节炎，断奶前仔猪的死亡率高达 50％～60％；易出现继发感染。三是病理剖检可见患病猪肺组织淤血、肉变、淋巴结肿大出血；肺间隔增宽并充满坏死性渗出物；胎盘易与子宫剥离，上皮细胞坏死脱落；血管内有炎症反应；多处组织发生水肿、充血。四是引起猪表现出相似临床症状的病原体有很多，大多数为混合感染。且不同养殖场感染 PRRSV 的临床症状存在很大差别，因此，必须依赖更为精确的试验室检测方法来进一步确诊。

二、试验室诊断

1. 病毒分离

病毒分离是诊断 PRRS 最确切的方法。Wensvoort 等早在 1991 年就分离并鉴定了 PRRSV，我国郭宝清等于 1996 年首次在国内分离和鉴定了该病原。应用病毒分离方法进行诊断，关键的是样品的采集部位、采集时间、运输方式和保存条件以及病毒分离用细胞的选择等。对于 PRRSV 分离来说，最适宜分离病毒的样品为发病及病死猪的肺脏、血清、淋巴结及流产或死胎的胸腔积液，对于发病母猪可采取肺脏、白细胞和血浆。最适宜于 PRRSV 分离的细胞为原代猪肺泡巨噬细胞（PAM），传代细胞系中 MA104、Marc-145 和 CL2621 等也可用于

PRRSV 的分离,尤其是 2006 年以后在我国流行的 HP-PRRSV 对细胞的嗜性明显增强,可使用传代细胞系进行有效的病毒分离。将上述采集的组织样品处理后接种于易感细胞进行病毒增殖,通过观测细胞病变效应(CPE)进行初步诊断,而后再进行病毒的理化特性、病毒形态观察等方面的鉴定,即可确诊为 PRRS。但是,随着 PRRSV 的不断变异,有些分离株对 Marc-145 细胞的适应性较差,需要多次传代后才能出现病变,有的甚至不能在该细胞上增殖。此外,PRRSV 在不同的 Marc-145 细胞系上增殖能力也有差异,试验证明,用来自不同试验室的 Marc-145 细胞增殖同一株病毒,其病毒滴度可以相差 10 倍甚至更多。因此,动物回归试验在判定一株 PRRSV 是否具有致病性,毒力大小、临床特征、防治效果等性能时是更有效的评价方法。但是,出于试验成本、诊断时间和动物福利等方面考虑,人们仍需要开发更准确、快速、灵敏和特异的诊断方法。

2. 反转录-聚合酶链反应(RT-PCR)

RT-PCR 技术是应用于 RNA 病毒检测和鉴定的新型分子生物学技术,该方法操作简便、快捷、特异性高,无论是急性感染或持续感染均能在感染 24 h 后直接从样品中检测到病毒 RNA,并且适用于难以进行病毒分离的组织样品。目前 RT-PCR 已经逐渐成为 PRRSV 的病原学诊断的主流方法。近年来,人们对基于不同基因位置的 RT-PCR、多重 PCR、荧光定量 PCR 等诊断方法进行了大量研究,国内外先后出现了很多报道。Oleksiewicz 等设计型特异性引物建立 RT-PCR 方法,可用于美洲型和欧洲型毒株的鉴别检测。任慧英等针对 *ORF*6 和部分 *ORF*7 基因序列设计特异性引物,用于检测美洲型 VR-2332 株和欧洲型 LV 株,结果该方法能够准确区分。李勇等用 RT-PCR 法检测 PRRSV,证实了 PRRSV 感染在湖北省的存在。目前,我国已针对美洲型 PRRSV 的 *ORF*6 和 *ORF*7 基因,设计出跨保守序列的套式引物,研制出了套式 RT-PCR 检测试剂盒,该试剂盒较常规 RT-PCR 方法的敏感性高 100 倍,但所需时间长且易被污染出现假阳性。目前商品化的 PRRSV 检测试剂盒可以在一次 RT-PCR 中同时完成病毒的检测和分型。Kono 等建立了巢式 RF-PCR 方法,对 PRRSV 进行了检测,结果表明,该方法检出率高于病毒分离,可比常规 RT-PCR 高 100 倍,而且敏感性高。PRRSV 基因组容易发生变异,在病毒感染的早期诊断时,用常规 RT-PCR 方法往往会遇到检测谱有限,漏检变异株的情况,降低了早期诊断的检出率。人们尝试采用多对引物组建立的实时定量 PCR 进行同时检测,来弥补这一不足,但这往往带来检测成本的增高和分析难度的加大。如果能够找到一对可以广谱检测各个基因型 PRRSV 的引物,则能够有效降低试验成本,增加方法的可行性。荧光 RT-PCR 检测法的灵敏度更高,应用较广泛。一步法 TaqMan 探针实时荧光定量 RT-PCR 方法的建立可以成功检测到含量较低的模板 RNA,灵敏度比常规 RT-PCR 方法高 10 倍以上,且重复性较好。利用长度较短的 TaqMan-MGB 荧光探针,目的基因更易被找到,由于此探针本身不会产生荧光,从而降低了 PCR 反应中前 15 个循环荧光信号的强度,在识别错配碱基与信噪比等方面占优势,该探针所建立的荧光定量 RT-PCR 方法可检测到下限为 1 $TCID_{50}$ 的病毒。Christoph 等建立了 TaqMan RT-PCR 方法,应用该方法对欧洲型和美洲型毒株混合接种的一个猪群进行鉴别诊断,试验结果表明,应用 TaqMan RT-PCR 方法敏感性高,可在很短时间内确诊,重复性好,同时也能够避免交叉污染。国内流行的 HP-PRRSV 变异株在其非结构蛋白 NSP2 基因中存在不连续 90 nt 的缺失,根据这一特点,Xiao 等建立了实时荧光定量 RT-PCR 方法,该方法具有高敏感性和高特异性的优点,可用于 HP-PRRSV 与经典美洲型毒株的鉴别诊断。为进一步改善 PRRSV 荧光定量 RT-PCR 检测方法，研究者根据国内主要流行毒株全基因序列，将探针经筛选、优化后进行引物设计，成功建立了一种新的 PRRSV 通用型荧光定量 RT-PCR 检测方法。Sina 等尝试建立了一种实时荧光定量 RT-PCR 方法，并用该方法检测了来自 Purdue 大学动物疾病诊断试验室（ADDL）保存的多份阳性病料（基因差异大于 40%，已经采用 Tetracore 公司试剂盒验证均为阳性），检测符合率为 100%。西班牙 Redondo 等建立了一种可以快速检测并鉴别Ⅰ型和Ⅱ型 PRRSV 的一步法实时 RT-PCR，该方法设计了一套通用检测引物，通过一步法实时 PCR 结合 SYBR Green 溶解曲线法对样品进行检测，根据 T_m（熔解温度）值的差异可有效区分Ⅰ型和Ⅱ型 PRRSV。该方法可以有效减少检测时间，无须测序即可区分基因型，具有较好的应用价值。应用该方法检测了含 15 个毒株的 40 份样品，正确率 100%。

3. 环介导恒温扩增技术(LAMP)

近年来，逐步发展和应用了一项新式恒温核酸扩增方法，即环介导恒温扩增技术（loop-mediated isothermal amplification，LAMP）进行 PRRSV 检测，且当前我国研究人员已将该技术应用于 HP-PRRSV 的诊断。环介导恒温扩增技术是利用特异性的引物和酶，在恒温反应条件下对模板进行扩增的快速诊断技术。该技术不需要昂贵的设备，在普通水浴锅内即可完成，具有灵敏度高、特异性强、反应时间短、操作简单等特点，被广泛应用于疾病的诊断、动物或食品中病原微生物的检测等。RNA 病毒的快速检测，则需要在原反应液中加入适量逆转录酶和 Bst DNA 聚合酶，即逆转录环介导恒温核酸扩增技术（RT-LAMP）。研究者已经针对美洲型 PRRSV 及其 *ORF*5 基因保守区分别建立了 RT-LAMP 方法，可以现场对疾病进行诊断。但是，LAMP 对环境要求较高，极易被污染，从而影响结果的判定。

4. 基因探针

在一定条件下，有一定同源性的两条核酸单链通过碱基互补配对成为双链的过程被称为核酸原位杂交技术。根据检测物的不同，可分为细胞内和组织切片内原位杂交，包括固定、预杂交、杂交、冲洗和显示 5 个过程，具有高度特异性（该技术是用地高辛标记方法制备了特异性 PRRSV cDNA 探针，用于病毒检测）。Larochelle 等建立了检测 PRRSV 核酸的原位杂交技术，应用该方法可以从固定的细胞培养物和福尔马林固定的组织中检测到 PRRSV。任慧英等针对 PRRSV *ORF*6 基因，应用该基因的 cDNA 为模板，制备地高辛标记的探针来建立原位杂交技术。该探针对 PRRSV 的 PCR 产物具有较强的特异性，应用其检测 PRV、CSFV 和 PPV 核酸结果均为阴性，该探针对同源 RNA 的最小检出量为 4 pg。Chuch 等建立了敏感荧光原位杂交技术。该技术将抗地高辛抗体碱性磷酸酶与原位 RNA/ RNA 杂合体结合，制备了地高辛标记的 RNA 探针，可用荧光显微镜观察。有研究者针对 PRRSV N 蛋白基因的 cDNA 制备成特异性探针，通过原位杂交（ISH）法检测出石蜡切片中的病毒，该技术快速、灵敏，在病毒感染的早期和晚期均能检测，可用于临床诊断和抗原定位。

5. 基因芯片技术

基因芯片技术具有快速、敏感、高效、平行化和自动化等特点，不仅可以应用许多不同的探针来检测同一靶分子，大大降低假阳性率，而且可以通过集成多种病原的基因探针来对病原体进行快速的诊断、鉴别诊断以及基因分型。基因芯片技术将已知的基因序列与相应的互补序列进行杂交，结果产生不同强度、不同分布特点的杂交信号，通过这些杂交信号完成对待检样品的定性和定量分析，从而获得遗传信息。该技术能够同时完成大批量样品的序列检测，有高度特异性，使用的探针是已知固定的，故又被认为是反向杂交。高淑霞等报道应借助多重

PCR、核酸杂交以及酶标技术,建立由上述多种病毒引发的猪病毒性繁殖障碍病低密度基因芯片诊断方法。

6. 免疫胶体金技术

免疫胶体金技术(immune colloidal gold technique)将层析分析技术、胶体金标记技术、免疫学反应相结合,以纤维层析材料为固相,样品通过毛细作用,与材料上相应的抗原或抗体发生免疫反应,反应物与结合后的复合物在液-固界面被分离开来,目测胶体金标记物以判定试验结果。该方法具有检测速度快、特异性强、灵敏度高、成本低和操作简单等优点,在猪病的诊断中已得到广泛应用。此法可用于接种组织中 PRRSV 抗原的检测。病毒与标记胶体金的单克隆抗体结合后,在电镜下观察到的病毒形态更为明显。李军等将兔抗 PRRSV IgG 进行纯化,而后使用红色胶体金进行标记,应用该标记抗体建立了一种在微孔滤膜上进行的 PRRSV 斑点免疫金渗滤法(DlGFA)。试验结果表明,该方法具有微量、特异、敏感、快速和简便等优点,适于 PRRSV 的检测。李新生等建立了在固相载体上进行的彩色免疫金银染色法(colour immune-gold silver staining assay,CIGSS),该方法具有操作简便、敏感性高和重复性好的优点,可用于对 PRRSV 进行检测。Magar 等用胶体金免疫电镜法检测经乙醇固定的试验感染 PRRSV 的仔猪组织样品,结果可见聚集成堆的标记病毒的颗粒。

7. 亲和素-生物素免疫过氧化物酶试验

Patrick 等应用针对 PRRSV 的单克隆抗体建立了亲和素-生物素酶标系统检测法,并应用该方法用于接种组织或细胞中 PRRSV 的检测。该方法与免疫胶体金技术相似,可用于感染猪组织脏器制备的冰冻切片或福尔马林固定组织样品中 PRRSV 的检测。本方法可以进一步了解 PRRSV 的发病机理,适用于 PRRSV 的抗原定位研究,但该方法的最大缺点是操作较为烦琐,对于大批样品的检测不适用。

8. 间接免疫荧光试验(IFA)

免疫荧光技术是将免疫学方法与荧光标记技术相结合的一种方法。在保证活性不受影响的前提下,用荧光色素标记于抗体或抗原上,经特异反应后,在荧光显微镜下即可检出荧光,从而对抗原或抗体进行细胞定位。Yoon 等于 1992 年首先报道建立 IFA 方法用于 PRRSV 抗体检测,可用 PAM、Marc-145 和 CL-2621 细胞培养物进行试验。该方法具有较好的特异性和敏感性,现广泛应用于北美洲和欧洲。根据稀释方法不同,通常将血清抗体滴度达 16 或 20 作为阳性判定的标准。该方法的特异性与敏感性与 IPMA 方法相似,能够从感染后 6 d 的动物体内检测出 PRRSV 抗体。我国郭宝清等应用 IFA 方法对在国内不同地区采集的 150 多份血清样品进行检测,结果阳性率达到 58.6%,进一步证实了 PRRSV 感染在我国不同地区的猪群内广泛存在。孙颖杰等报道建立了一种检测 PRRSV 抗体的微量 IFA 方法,该方法应用微量培养板代替载玻片作载体,与美国的载玻片 IFA 相比特异性和敏感性相同,且符合率达 100%。尹训南等用 IFA 对人工接种 PRRSV 的 8 头 30 d 龄猪进行病毒的体内定位检测,结果表明,特异性荧光主要出现在巨噬细胞及血管内皮细胞的细胞浆中,且以脾脏中特异性荧光细胞出现的频度、数量及荧光度最为明显。PRRSV 感染 7 d 后即可用 IFA 方法检测出相应的抗体,由于需要培养细胞和使用倒置荧光显微镜,且结果也需要肉眼观察,故不适于临床大规模应用,推广上有一定难度。

9. 酶联免疫吸附试验(ELISA)

酶联免疫吸附试验(enzyme-linked immunosorbent assay,ELISA)利用抗原与抗体可发

生特异性结合的特点，将抗原或抗体吸附于固相载体上进行免疫酶反应，最终通过酶标仪判定结果。该方法因特异性较好，敏感性较高等特点，被广泛用于病毒抗体的检测。常用的方法有间接 ELISA 法、阻断 ELISA 法、Dot-ELISA 法和双抗体夹心 ELISA 法等。

ELISA 方法主要用于 PRRSV 抗体的检测，如美国 IDEXX 公司的商品化 ELISA 抗体检测试剂盒，是将 PRRSV 重组后的 N 蛋白作为包被抗原，可以检测病毒感染初期机体的抗体水平。该产品具有较好的敏感性、稳定性和可重复性，已经成为一些部门 PRRSV 抗体检测的标准。但由于 N 蛋白不能诱导产生中和抗体，无法反应机体的免疫状态，因此该产品不适用于检测疫苗的免疫效果，具有一定的局限性，且产品价格昂贵，限制了其在临床上的使用。由法国 LSI 公司研制的试剂盒主要利用 PRRSV 重组囊膜蛋白（M 蛋白、GP2、GP3、GP4、GP5）包被抗原，既能检测野毒感染的情况，又能弥补 N 蛋白作为抗原试剂盒的缺陷，能够很好地评价感染猪群的抗体水平，且抗原用量少，成本相对较低，可用于规模化检测。研究人员还成功建立了一种针对 PRRSV 抗体的 NSP7-ELISA 检测方法，可以区分 PRRSV 感染抗体及灭活疫苗免疫抗体，特异性和敏感性较好。国内一些研究人员也用 ELISA 方法研发了用于 PRRSV 抗体检测的试剂盒，但这些产品在检测灵敏度以及试剂盒保存条件等方面仍有待提高。我国吴延功等以纯化的重组 N 蛋白作为包被抗原，建立检测 PRRSV 抗体的 ELISA 方法，对临床上采集的 899 份猪血清样本进行检测，同时使用 IDEXX 公司商品化试剂盒对采集样品进行重复检测，比较两种检测方法，结果表明，这两种方法的符合率为 91.73%。夏向荣等报道了应用 PRRSV 重组核衣壳 N 蛋白建立竞争 ELISA 方法来检测 PRRSV 的方法，该方法特异性强、灵敏度高，可用于 PRRS 的临床诊断。另有研究者建立了一种间接竞争 ELISA 方法，包被抗原是原核表达的 PRRSV-N 蛋白，3 h 内即可完成检测，具有特异性强、稳定性和重复性好的特点。有研究将 HP-PRRSV NSP2 蛋白缺失的 30 个氨基酸合成多肽，制备出缺失 NSP2 的单抗 1E9，并用该单抗研制出液相阻断 ELISA 试剂盒，用于快速检测和区分 PRRSV 与 HP-PRRSV 感染。间接 ELISA 的酶标抗体为二抗，可与待测抗体结合；阻断 ELISA 的酶标抗体为一抗，可与待测抗原相结合，且可放大测定结果，易于判断，便于在 PRRS 的诊断中同时进行定性和定量分析。

10. 免疫过氧化物酶细胞单层试验（IPMA）

免疫过氧化物酶单层细胞试验（immunoperoxidase mono-layer assay，IPMA）是最早检测 PRRSV 抗体的血清学诊断方法，具有敏感性较好，特异性较强的特点。该方法最初由荷兰中央兽医研究所建立，主要利用 CL-2621 和 PAM 等细胞来培养病毒，将检测血清直接添加至细胞中，用辣根过氧化物酶（HRP）来标记二抗，底物 AEC 显色，生成红色沉淀产物，最后肉眼直接观察结果。此法至今仍是欧洲和美洲国家广泛使用的血清学诊断方法。血清中 PRRSV 抗体在感染后 7～15 d 即可检测到 PRRSV 特异性抗体，与 IFA 一样，IPMA 可检测出感染后 1 周至 12 个月的抗体，但以感染后 2～3 个月内的检测结果比较准确。王刚等于 1996 年应用建立的 IPMA 方法检测了从北京地区 2 个猪场采集的 94 份血清样品，结果 PRRSV 抗体阳性率为 51%。Nodelijk 等采用 IPMA 和 ELISA 两种方法对采集的血清样品进行检测，结果表明，应用 IPMA 方法检测出 PRRSV 抗体水平较 ELISA 方法早 2～3 d，特别是在母源抗体的检测方面。有研究者针对 PRRSV 抗体建立了一种 IPMA 检测试剂盒，该试剂盒具有较高的特异性和敏感性，但由于其检测耗时、昂贵等缺点，未被广泛使用。

11. 血清中和试验(SN 或 NT)

中和试验可用于 PRRSV 抗体的检测及疫苗免疫效果的评价。由于中和抗体在感染后产生时间较迟,所以该方法不能检出急性感染期抗体,在感染初期其敏感性不如 ELISA,不适用于 PRRS 早期诊断。有研究表明,通过在血清和病毒的混合液中加入补体,可以提高该反应的敏感性,应用这种改良后的方法在猪感染 PRRSV 8 d 后即能检出 SN 抗体,检测感染后 11～21 d 和 41～45 d 的抗体,都具有较高的效价。本法的缺点是操作烦琐,在检测前需培养细胞,若操作不当容易造成污染,不适宜大规模推广应用。

12. 荧光微球免疫检测方法(FMIA)

近几年,荧光微球免疫检测方法(fluorescence microsphere immunoassay, FMIA)在国外得到较多的关注,并被开发应用到多种病毒的检测中。FMIA 方法可以从一个样品中同时检测多种病毒或多种抗体,对于临床上混合感染、免疫效果评价、野毒株鉴别诊断具有重要意义。Langenhorst 等将重组 NSP7 蛋白和 N 蛋白共价偶联到 Luminex 荧光微球上,建立了一种可以即时检测猪唾液和血清中 PRRSV 抗体的荧光微球免疫检测方法,该方法既可以用于大量样品的初步筛选,又可以用于抗体消长情况的实时监控,目前已经初步应用到 PRRSV 的研究中。Kerrigan 等应用 FMIA 方法检测 Hawaii 州和 Texas 州猪群中 PRRSV、PCV2 和 SIV 血清学情况,分析结果表明,2007—2010 年间,Hawaii 州每年 PRRSV 的血清阳性率持续维持在 1%～5%的水平,Texas 州 2010 年检测到 PRRSV 血清阳性率为 1.5%。

13. 乳胶凝集试验(LAT)

乳胶凝集试验(latex agglutination test,LAT)是以化工产品聚苯乙烯细小颗粒作为载体和病原抗体反应的指示剂,将病原吸附于聚苯乙烯颗粒上,依靠病原抗体反应使细小颗粒凝集成肉眼可见的大颗粒来判断抗体的有无。因此法具有操作简便、快速、敏感性高、特异性好以及操作人员无须特殊培训等优点,在疾病的诊断上深受欢迎,并且可以达到早期检测的目的。

第四节 HP-PRRS 研究概况

自 2006 年 5 月,在我国南方一些主要养猪省份的猪场暴发了一种被称为“猪高热病”的疾病,发病猪主要特征为持续高热(高于 41℃),高发病率(50%～100%)和高死亡率(20%～100%),给我国的养猪业造成了巨大的经济损失。患病猪表现食欲不振甚至废绝,腹部、耳部及后躯发红,部分猪出现神经症状。该病传播迅速,在不到半年的时间内,全国有 22 个省份 425 个县(区、市)发生该疫情,发病猪数量达 379.8 万头,死亡猪数量达 99.2 万头,死亡率近 30%,主要为仔猪。怀孕发病母猪症状主要表现为大批流产、产弱仔及死胎等,流产率达 30%以上,部分育肥猪也发现了发病死亡的现象。经研究表明,引起此次“猪高热病”的病原主要是具有高致病性的 PRRSV 变异株,即 HP-PRRSV。该病毒属于美洲型 PRRSV,其基因组特征为在 *ORF*1a 处 NSP2 序列存在 30 个不连续氨基酸的缺失。

一、流行病学

HP-PRRSV 对各品种和年龄的猪具有易感性,且以妊娠母猪和 1 月龄内的仔猪易感性最强。潜伏期为仔猪2～4 d,怀孕母猪4～7 d。主要感染途径为呼吸道,传播方式包括水平传播和垂直传播,患病猪和带毒猪是其主要传染源,可通过粪、尿以及腺体分泌物长期向周围环境散毒。本病多呈地方性流行,一年四季均可发生,高温、高湿季节发病明显增加,且波及范围广,传播速度快。

二、临床症状

HP-PRRS患病母猪主要表现为高热(40～41℃)、精神沉郁、厌食、呼吸困难和流产,尤其是怀孕晚期流产率较高。患病仔猪主要表现为高热(41℃以上可持续5～7 d)、呼吸加快、咳嗽、气喘,有时呈腹式呼吸;耳部、腹部、尾部发绀,皮肤发红,部分患猪背部皮肤毛孔有铁锈色出血点;患病猪出现结膜炎、眼睑水肿、眼分泌物增多;部分病猪后肢无力、抽搐或震颤,后期出现共济失调,最后全身抽搐而死。育肥猪表现临床症状比仔猪轻,主要表现为体温上升到40℃以上,食欲减少或废绝,呼吸困难。临床上常因猪传染性胸膜肺炎及猪瘟等病的混合感染而导致发病猪死亡率升高。

三、剖检变化

HP-PRRSV感染后,剖检可见肺部呈现弥散性间质性肺炎,有出血点,肺水肿、变硬、间质增宽,呈斑驳状至褐色大理石样病变。淋巴结可见出血、肿大,特别是腹股沟淋巴结、肺门淋巴结和颌下淋巴结,部分可呈现出红白相间的大理石样外观。肾脏肿大,呈土黄色或褐色,表面可见针尖大小出血点及淤血现象。病死猪肝脏肿胀,质地较硬,呈土黄色,表面有多处灰白色小节结,胆汁充盈呈浓稠渣样。

四、组织病理变化

HP-PRRSV感染后,组织病理变化主要表现为如下几个方面:肺脏的肺泡壁巨噬细胞、纤维细胞增生,支气管和细支气管周围有淋巴小结样增生,血管中形成透明血栓,呈典型的间质性肺炎症状。扁桃体中出现大量脱落的嗜中性粒细胞,淋巴细胞数量减少。脾小体的淋巴细胞坏死,红髓发生充血和出血。淋巴结出现水肿和出血,淋巴细胞坏死,巨噬细胞显著增多。脑组织出现小胶质细胞坏死和"血管套"现象等。肝脏、肾脏、心脏和消化系统发生颗粒变性、出血和淋巴细胞浸润。血管内皮细胞肿胀,周围浸润的淋巴细胞形成"袖套",静脉内形成血栓。母猪的特征性病理变化主要发生在子宫、输卵管、肺脏及淋巴结。在妊娠前期和中期,子宫黏膜水肿,嗜酸性粒细胞轻微浸润;妊娠后期,子宫黏膜上皮坏死脱落、充血、炎性细胞浸润,动脉发生炎症,血管周围出现程度不同的"袖套现象",输卵管发生不同程度的水肿。

五、疫苗免疫及防治措施

对HP-PRRS的防控应坚持预防为主的原则,采取综合性的防控措施。当前国内市场上用于PRRS防控的疫苗包括经典PRRS弱毒活疫苗、灭活疫苗及HP-PRRS弱毒活疫苗和灭活疫苗,经典PRRS疫苗在HP-PRRS的防控上虽然起到了一定的作用,但免疫保护作用有限。因此,应用HP-PRRSV经体外细胞传代致弱获得的弱毒活疫苗对HP-PRRS的防控,必将发挥更好的作用。

六、HP-PRRSV 在中国范围内的流行情况

纵观 PRRSV 毒株在我国的流行历史，可以清楚地看到 PRRSV 毒株自 1996 年被确认在我国存在以来，在全国范围内迅速蔓延，造成了大范围的流行，表明该病毒具有良好的适应性。在该病发生的初期阶段，PRRSV 毒株毒力适度，虽然也造成了较大的经济损失，但发病率和死亡率均在一定范围内。特别是 2005 年之前，PRRSV 疫情总体处于较为平稳的状态。然而，自 2006 年起，由于 PRRSV 毒株本身高度变异性等特点，一些能够引起高发病率、高死亡率并使发病猪表现出明显高热的 PRRSV 毒株开始在中国南方各省出现，并在短时间内迅速席卷全国，对中国养猪业造成了巨大冲击。研究发现，与之前的经典 PRRSV 毒株相比，这类新出现的病毒在其基因组的非结构蛋白 NSP2 区序列具有特异性的 30 个不连续氨基酸缺失的特征。由于该病毒能够引起病猪高热、高发病率和高死亡率，因此将其称为高致病性猪繁殖与呼吸综合征病毒（HP-PRRSV）。典型的 HP-PRRSV 代表性毒株包括 JXA1（Genbank ID：EF112445），TJ（Genbank ID：EU860248）和 HuN4（Genbank ID：EF635006），它们分别也是减毒疫苗株 JXA1-R，TJM-F92 和 HuN4-F112 的亲本毒株。2006 年 HP-PRRS 的暴发是中国 PRRS 流行史上一个重要的节点，HP-PRRS 为中国养猪业带来了近乎毁灭性的打击。至此，HP-PRRSV 持续流行，并在短时间内成为我国田间流行的优势毒株，并最终与经典毒株、疫苗毒株等共同造成了多种类型 PRRSV 毒株在我国共存的复杂局面。

第五节　PRRS 疫苗研究进展

猪繁殖与呼吸综合征（PRRS）是目前危害养猪业最为重要的传染病之一。因存在持续性感染、亚临床感染和免疫抑制等特点，该病的防控和清除较为困难。由于该病造成的经济损失巨大，引起了各国政府的高度重视。目前，北美和欧洲采取销毁整个感染群体，再重新繁殖的方法来控制该病，但由于采取这种措施需要巨大的经济成本，所以疫苗接种仍是我国大多数猪场预防和控制 PRRS 的主要途径。目前，非典型 PRRS 在中国的流行还没有完全得到控制。一些小型和中型猪场，经常会出现 HP-PRRSV 的感染病例，且在猪群中，仍然可以观察到高死亡率和发病率。感染病毒的猪场生产性能不稳定，特别是在哺乳和保育猪中。因此，HP-PRRSV 将继续影响中国养猪业的发展。源于 HP-PRRSV 的高致病性病毒的减毒疫苗可以对猪群提供有效保护，并在中国一直批准使用，但其安全性应予以考虑，并对毒力返强予以重视。HP-PRRSV 的持续传播以及减毒活疫苗的广泛使用，丰富了 PRRSV 的遗传多样性，并进一步加剧了 PRRS 的复杂性。在我国控制 PRRS 仍有很多工作要做，特别是在不同地区实施正确的措施来控制和预防 PRRSV 的传播。同时，考虑到中国 PRRSV 的遗传多样性，应该开发安全有效的疫苗来控制和预防 PRRS。目前正在研制或已批准上市的疫苗主要包括灭活疫苗、弱毒疫苗和基因工程疫苗。但应用于市场的商品疫苗只有灭活疫苗和弱毒疫苗。

一、灭活苗

灭活疫苗具有安全无毒，便于保存和运输，不散毒等特点。国内外有研究认为灭活疫苗能够预防病毒所致的繁殖障碍，减少病毒血症的发生，刺激机体产生针对 GP5、M 和 N 的抗体，

能够有效预防 PRRS 的发生。但更多的研究指出,灭活疫苗有部分保护作用甚至没有保护作用。PRRS 阴性猪场不适宜接种弱毒活疫苗,故只能依靠接种灭活苗预防 PRRS 的发生。目前已有多个国家(如法国、西班牙、加拿大、美国和中国等)研制出商品化的 PRRS 灭活疫苗,并已在世界市场投入使用。Plana-Duram 等应用西班牙毒株研制出的疫苗已经用于免疫经产母猪和后备母猪,经 50 万头份的田间试验证明该疫苗安全有效,可提高母猪的繁殖力,有效改善死胎状况等。Nilubol 等使用美国 Intervet 公司的灭活疫苗进行的研究表明,对于健康仔猪免疫后并不能有效地减轻病毒血症,产生中和抗体。但是对感染过的仔猪免疫,可以提高中和抗体滴度。对于亲缘关系较远的毒株,灭活苗的免疫效果并不理想。灭活疫苗免疫仔猪后攻毒,病毒血症的持续时间和病毒的滴度与非免疫组差异不明显,疫苗不能对仔猪起到保护作用,这表明 PRRSV 灭活苗不适合仔猪免疫。有研究表明,PRRSV 灭活苗免疫猪仔后,可以刺激中和抗体的产生。Merijn 等采用 UV 或 BEI 灭活的 PRRSV 与弗氏不完全佐剂或者油佐剂混合作为灭活疫苗,可诱导中和抗体的产生。我国郭宝清等用在国内某地区分离的 PRRSV 经典强毒株(CH-1a 株)研制出了油乳剂灭活疫苗,该疫苗对猪具有较好的安全性和保护效果。赵坤等应用蜂胶作为疫苗佐剂与灭活的 PRRSV 抗原混合乳化后,研制出了 PRRS 蜂胶佐剂灭活疫苗。接种后,保护效果较好。占松鹤等报道,在接种部分厂家生产的 PRRS 灭活疫苗后检测发现,其抗体维持时间均较短,保护效果并不好。免疫效果不理想的原因主要是这些疫苗产生的免疫主要以体液免疫为主,体液免疫对清除 PRRSV 感染的巨噬细胞效果不佳,特别是在 PRRSV 不断变异时,其作用更是受到了极大的限制。

灭活疫苗通常是通过物理或化学方法灭活病毒后添加适当佐剂制备而成。常用的 PRRSV 灭活方法有以下几种:一是通过改变 pH 或提高温度使其变性。在强酸、强碱或高温条件下会使病毒蛋白变性,从而使其失活。二是伽马射线或紫外线灭活。这种灭活方法主要通过破坏病毒的核酸使其丧失活性。伽马射线会直接损伤基因组,紫外线照射会使 RNA 上尿嘧啶形成二聚体,阻止基因阅读。三是通过化学交联的方法灭活。常的交联剂有:甲醛、戊二醛。这种方法灭活病毒后会使 RNA 与衣壳蛋白交联,从而破坏基因组的阅读。四是使用烷基化剂。BEI 作为一种烷基化剂可以使病毒 RNA 腺嘌呤和鸟嘌呤发生烷基化,阻止基因组的阅读。有研究比较了几种不同的方法灭活 PRRSV,结果表明:使用伽马射线、紫外线或者烷基化 BEI 灭活 PRRS 病毒后,由于其主要是破坏了病毒的核酸而非蛋白质,所以不会影响病毒的吸附和内化。通过甲醛、戊二醛或强酸条件灭活病毒,则病毒粒子不能正常地吸附和内化。因此,采用紫外线或者 BEI 来灭活 PRRSV 是较好的疫苗灭活方法。

PRRS 灭活疫苗的优点为安全,不散毒,毒力也不会返强,便于运输和存储,不会造成新的疫源,对母源抗体的干扰性也不敏感,因此,在我国的市场上有一定的使用量。但其也具有较明显的缺点,灭活苗刺激猪只主要产生体液免疫,对仔猪的保护力低,且对猪群并不能建立十分持久的免疫力,因此需进行多次免疫,增加了疫苗免疫的成本。同时灭活疫苗的使用会产生抗体依赖性增强作用,导致在使用灭活疫苗免疫后产生了低水平的抗体从而容易引起野毒的感染。此外,灭活疫苗免疫次数多、免疫剂量大、成本高、效果不确定、免疫产生所需时间长,对不同基因型毒株保护力弱,不能为猪群提供稳固的保护性免疫。因此仅利用灭活疫苗难以达到对 PRRS 的完全预防。

二、弱毒疫苗

弱毒疫苗是目前预防 PRRS 的常用疫苗。弱毒疫苗具有免疫效果较好和免疫期长等优点，在引起体液免疫的同时可以引发细胞免疫反应，对猪只产生一定的保护作用。这种疫苗免疫后，疫苗病毒在猪体内复制可以保持相当长一段时间，因此能够使猪的免疫系统反复接触到完整的病毒抗原刺激。因为 PRRSV 的中和抗体产生缓慢，病毒可以利用这段时间进行复制，与许多其他病毒的免疫相比，这段时间对于 PRRS 的免疫显得尤为重要。市场上应用的商品化 PRRS 弱毒疫苗较多，主要有 Ingelvac PRRSATP(Boehringer Ingelheim)、Porcilis PRRSV (Intervet)、Ingelvac PRRS MLV、AMERVAC-PRRS(西班牙)、PrimePacPRRS(Schering-Plough)、PRRS 弱毒疫苗 CH-1a 株(中国)和 PYRSVAC-183(西班牙)，以及在我国市场上使用的针对高致病性猪繁殖与呼吸综合征的活疫苗 HUN4-F112、TJM-F92 和 JXA1-R 等。1995 年，美国 Boehringer Inglehein 公司推出了基于美洲型毒株的弱毒疫苗 RespPRRS/Repro，主要用于 3～18 周龄猪的免疫接种。该疫苗只需肌内注射一次，即有较好的保护效果。接种该疫苗 110 d 后，用同源强毒攻击，免疫猪的肺部损伤及临床症状与对照组相比显著减轻，动物可以得到完全保护。Nielsen 等研究证明 RespPRRS/Repro 疫苗对公猪的免疫效力同样较好，可以显著降低病毒血症水平和病毒血症的持续时间，减少精液带毒量，对同源强毒攻击可获得完全保护，对异源强毒攻击也可产生部分保护作用。与此同时，由 Schering-Plough 公司推出的 PRRS 弱毒活疫苗 Prime Pac® PRRS 在 1996 年上市，该疫苗的主要用途是预防性接种，用于母猪或后备母猪配种前 3～6 周的预防免疫。Alexopoulos 等报道以欧洲分离株制备的弱毒疫苗 Porcilis PRRS 免疫母猪后，能够显著提高母猪的产仔率，在母猪怀孕早期和晚期产生保护作用，同时无任何副作用。Mengeling 等研制的一种减毒活疫苗可用于 3～18 周龄猪和后备母猪的免疫接种，具有一定的免疫效果，并且与幼龄仔猪相比，育成猪接种疫苗后的病毒血症水平较低，持续时间较短，肺部病变较少。我国研究人员用 PRRS MLV 疫苗接种仔猪后，用 HP-PRRSV 攻毒，结果该疫苗可以明显减轻高致病性毒株攻毒引起的临床症状，并且降低由持续高热引起的高死亡率。何信群等研制出一种 PRRS 减毒活疫苗，该疫苗接种猪后第 14 日即可从采集的血清样品中检测出 PRRSV 中和抗体。我国市场上应用的 PRRS 弱毒疫苗包括 CH-1R 株、HuN4-F112 株、TJM 株、R98 株和 JXA1-R 株等。其中 HP-PRRS 疫苗 HuN4-F112 株、TJM 株和 JXA1-R 株针对 HP-PRRSV 强毒攻击均具有较好的免疫保护效果，且已在国内推广应用。减毒活疫苗可在体内增殖，刺激机体产生体液免疫与细胞免疫，在相同亚群的毒株间具有较好的保护效果。

弱毒疫苗与灭活疫苗相比，具有能够引起更强的体液免疫以及细胞免疫应答和免疫效果更好的优点。然而弱毒疫苗也有其不容忽视的缺点，如毒力容易返强，存在散毒的危险，不易保存和运输等。同时，PRRS 弱毒疫苗对与疫苗株遗传差异较大的异源毒株的攻击所产生的保护非常有限。Opriessnig 等在一个有 Ingelvac® PRRS MLV 接种史的 PRRS 暴发猪场分离出 1 株 PRRSV 98-38803，该毒株可引起母猪 PRRSV 相关的流产和呼吸系统疾病；研究证实该毒株来源于 Ingelvac® PRRS MLV，表明 PRRS 弱毒疫苗存在毒力返强的可能性。Storgaard 等和 Allende 等分别证实欧洲型和美洲型疫苗毒均可发生毒力返强，而 NSP2 基因的某些位点突变与病毒的致病力相关。弱毒疫苗病毒可从免疫母猪传播给非免疫母猪，并随后出现由疫苗病毒诱导的繁殖障碍。疫苗病毒还可以通过胎盘引起先天性感染。据报道，用美洲型毒株致弱后制备的弱毒疫苗接种猪9个月后，在同一猪场的免疫猪群及对照猪群中，都能分离到这种致弱毒株，并且这种毒株还导致猪群再次发生繁殖障碍，并从流产胎儿分离到了该病毒。在猪群中无论是否存在PRRSV感染，怀孕母猪在最后4周免疫弱毒活疫苗都很可能导致繁殖障碍。Catherine等发现使用PRRS活疫苗接种妊娠期母猪，可导致母猪生产力下降，表现为仔猪成活率较低等。Botner等研究发现疫苗病毒可以在免疫猪体内增殖，并向非免疫母猪传播。弱毒疫苗在公猪中存在持续感染并有可能通过精液散毒。Christopher-Hennings等证实，接种PRRS活疫苗后39 d还能从精液中检测到病毒，甚至与强毒一样在猪体中持续存在数周乃至数月。同时弱毒疫苗免疫公猪后，公猪精液质量显著下降，使母猪的受孕效率明显降低。疫苗毒还可感染与免疫猪同居的非免疫猪，Mortensen等调查发现疫苗病毒可通过多种方式，如贸易、配种和邻近原则等传播至其他非免疫猪群。

控制和根除PRRS是一个全球性的问题。就疫苗的免疫保护效果而言，弱毒疫苗要优于灭活疫苗，可以提供更为持久的免疫保护力。新生仔猪在免疫弱毒疫苗后可以迅速产生抗体，母猪在免疫弱毒疫苗后也可以使新生仔猪获得被动免疫，但弱毒疫苗存在毒力返强的危险，且在临床上难以区分是弱毒免疫还是野毒感染。因此，对弱毒疫苗的使用范围应有所限制，妊娠期的母猪和保育猪禁止使用弱毒疫苗，部分国家以法律进行制约并在其本国全国范围内禁止弱毒疫苗的使用。从安全角度考虑，阴性猪场一般不建议使用弱毒疫苗，而建议接种更加安全的灭活疫苗。由于PRRSV具有高度变异的特性，而现有疫苗对于异源毒株或同源关系较远的毒株保护效果较差，因此使用当地流行毒株制备的多价灭活疫苗是更为明智的选择。针对我国暴发的HP-PRRS，以传统美洲型毒株为基础的疫苗免疫效果并不理想，应选择使用由HP-PRRSV致弱研制的灭活疫苗或弱毒活疫苗进行预防接种。

三、基因工程疫苗

为了减少防治PRRS消耗的人力、物力，新型疫苗研究成了热点。目前专家学者们致力于研发的新型基因工程疫苗主要有亚单位疫苗、DNA疫苗、活载体疫苗及标记疫苗。DNA疫苗简单来说就是将PRRSV某一段特定的基因连接到用真核系统表达的质粒上，将此种重组真核质粒当作疫苗给健康猪群免疫，该质粒将会在猪体内表达，同时插入的特定基因片段编码的蛋白也会被表达，由于该蛋白是外源性蛋白，会引发机体产生相应的抗体，从而起到免疫的效果。该疫苗和其他疫苗相比具有安全、高效，研发耗时短的优点。亚单位疫苗安全性高、纯度好且产量高。PRRSV活载体疫苗相对其他疫苗的突出优势在于活载体疫苗可以主动感染宿主细胞，使外源基因进入宿主细胞的效率大大提高，且能够诱导长期的免疫应答。

1. 亚单位疫苗

PRRSV糖蛋白GP5和GP3均是该病毒的主要保护性抗原，GP5可诱导动物机体产生中和性抗体。将PRRSV的*ORF*5和*ORF*3基因插入杆状病毒表达载体制备表达GP5和GP3蛋白的亚单位疫苗，接种实验动物后可刺激机体产生较好的保护性免疫。Plana等用杆状病毒表达的GP3接种猪，该蛋白刺激动物机体产生的免疫保护效果甚至比由GP5蛋白刺激动物机体产生的免疫保护效果更好，进一步将重组的GP3～GP5蛋白分别免疫怀孕20～30 d的妊娠母猪，首次免疫后21 d加强免疫，然后在妊娠母猪怀孕70～90 d用PRRSV强毒(每头$5\times10^{6.1}$ $TCID_{50}$/mL)攻击，用母猪所产活仔数和断奶前健康仔猪数作为评价亚单位疫苗免疫效果的指标，结果显示，GP3可产生68.4%的保护率，GP5可产生50%的保护率；用GP3和

GP5 共同免疫母猪，所产仔猪断奶后血清抗 PRRSV 的抗体阴性，证明通过 GP3 和 GP5 联合免疫组能够阻止病毒在体内复制；用表达 N 蛋白免疫的母猪产生了较强的体液免疫应答，所产仔猪没有获得被动免疫保护。该研究表明 GP3 和 GP5 可以作为研制 PRRS 亚单位疫苗的良好候选抗原。有研究表明，用牛结核分枝杆菌表达 PRRSV 的 M 蛋白和截短表达了部分 GP5，利用二者制成疫苗免疫猪，免疫后 30 d 检测到了特异性抗体，免疫后 60 d 检测到有 3/4 的猪产生了中和抗体，攻毒后免疫组比对照组的毒血症持续时间显著缩短。对于 GP5 免疫效果也有负面的报道，Dea 等用大肠杆菌表达法系统表达的 GP5 不能刺激机体产生中和抗体，分析由于 GP5 是糖基化蛋白，其中和表位是构象依赖性的，而原核表达的 GP5 不能有效地进行多肽链的折叠、二硫键的形成和翻译后的修饰，因此，原核表达的 GP5 不具有中和活性。目前亚单位疫苗的不足之处主要表现在免疫原性相对较低，免疫次数多，需要高效佐剂与之配伍，在研制此类疫苗时，对免疫抗原表达系统的选择和适合的免疫佐剂研发提出了更高的要求。

2. DNA 疫苗

基因疫苗也叫作 DNA 疫苗，是利用基因工程技术将编码病原保护性蛋白的基因导入宿主细胞内，利用宿主细胞的转录系统合成病原保护性抗原，进而刺激机体产生免疫应答抵抗病原的感染。DNA 疫苗不仅可以刺激机体产生体液免疫反应，而且可以产生细胞免疫反应，可诱导动物机体产生较为全面的免疫应答。同时 DNA 疫苗易于构建、稳定性好、成本低廉、免疫剂量小、安全性好和易于进行修饰等诸多优势使其成为新型疫苗研究的热点，并取得较好的研究进展，展示出良好的开发前景。针对 PRRSV 的核酸疫苗的研究主要集中在 *ORF*4 和 *ORF*5 上，特别是 *ORF*5 基因，因其含有 PRRSV 主要的 B 细胞表位，能诱导机体产生特异性中和抗体。Pirzadeh 等研制出针对 PRRSV GP5 的 DNA 疫苗，接种小鼠和猪后均可检测到中和抗体，且针对强毒攻击可有效降低病毒血症和肺脏的损伤。江云波等构建了一种共同表达 PRRSV GP5 和 M 蛋白的 DNA 疫苗，二者以异二聚体(PCI-*ORF*5/*ORF*6)形式存在，该疫苗用于 PRRSV 预防的研究。Kwang 等构建了表达 PRRSV 疫苗株 *ORF*4、*ORF*5、*ORF*6 和 *ORF*7 的 DNA 疫苗，将构建好的质粒接种动物后通过 ELISA 和病毒中和试验等检测 PRRSV 抗体，结果可在 71%的免疫动物中检测出 PRRSV 特异性抗体。梁欠欠等以甲病毒复制子为基础成功地构建了一种 PRRS DNA 疫苗，该疫苗可以使动物产生一定的保护力，表明 PRRS DNA 疫苗在未来有可能用于临床。Kwang 等制备了分别表达 PRRSV 的 *ORF*4、*ORF*5、*ORF*6 及 *ORF*7 共 4 种结构蛋白的 DNA，将该疫苗接种实验动物，通过 ELISA、中和试验和 Western-blot 方法检测，发现 71%的猪产生了病毒特异性抗体，86%的猪产生了明显的细胞免疫反应，试验表明该 DNA 疫苗可诱导体液免疫和细胞免疫的产生。Sui 等在真核表达载体 pIRESlneo 的 CMV 启动子下游插入 *ORF*5 基因，然后用 PCV2 的 *ORF*2 基因替换 pIRESlneo 中的 neo 基因，构建了重组表达质粒 p IRES-*ORF*2-*ORF*5，用该质粒免疫小鼠后，发现构建的 PRRSV 和 PCV2 二联核酸疫苗能够诱导小鼠产生较好的体液免疫反应和细胞免疫反应。Hou 等用含编码 *ORF*5 的质粒免疫猪，接种猪产生抗 GP5 的特异性中和抗体，强毒攻击免疫猪没有出现全身性病毒血症和肺部病变，并且间质性肺炎和支气管肺泡炎明显减轻。PRRS 核酸疫苗作为一种新型疫苗，它摒弃了常规疫苗在安全和免疫效力上的缺点，又具有免疫剂量小、生产工艺简单的优点，成为当前 PRRS 新型疫苗的研究热点。但其接种方法烦琐、免疫效果不确切、外源基因导入引起的免疫耐受、免疫抑制等问题有待解决。

3. 病毒活载体疫苗

病毒活载体疫苗是利用基因操作技术将异源性病毒的保护性抗原基因及启动子调控序列插入到另一种载体病毒的基因组非必需区中而构建的疫苗。病毒活载体疫苗与弱毒苗相似，能诱导强而持久的免疫反应，通常在进行疫苗载体构建时，会对病毒载体进行改造，其安全性较传统常规弱毒疫苗大为提高。有研究构建融合表达的重组腺病毒，与单独表达一种结构蛋白的腺病毒相比，免疫小鼠后能够引起更强的免疫应答，除了使用腺病毒载体外，伪狂犬病毒和痘病毒等也被用来构建疫苗。PRRSV 疫苗开发的另一种方法是用病毒或细菌载体表达 PRRSV 结构蛋白。特别是 GP3、GP5 和 M 蛋白，可用于构建重组载体疫苗。Duran 等使用杆状病毒分别表达 PRRSV 的 *ORF*2、3、5 和 7 基因。*ORF*3 和 *ORF*5 基因产物(GP3 和 GP5)能够提供母猪 68.4%和 50%的保护，因而被确定为主要的候选开发疫苗。研究人员还发现，*ORF*7 基因产物(N 蛋白)是 PRRSV 的免疫原性最好的蛋白，但诱导母猪产生的抗体都是非保护性抗体甚至可能干扰免疫。Gagnon 等应用复制缺陷型的人 5 型腺病毒载体表达 PRRSV 的 GP5 蛋白，用构建后的病毒皮内接种猪后再使用同源强毒株进行攻毒，用 Western-blot 和病毒中和试验检测攻毒后 10 d 的血清，可以检测到针对 GP5 的特异性抗体，表明该重组后的病毒可以诱导产生特异的免疫记忆。Bastos 等应用牛结核分枝杆菌 BCG，将 PRRSV GP5 和 M 蛋白基因插入 BCG 中，构建了重组活载体疫苗，将该疫苗接种小鼠后均检测到了特异性抗体。李玉峰、汤景元和张治涛等利用腺病毒载体系统表达 PRRSV 的 GP5 和 M 蛋白，将该载体接种猪后可诱导产生病毒特异的中和抗体，而且发现两种蛋白共同表达具有协同作用。仇华吉等应用猪伪狂犬病毒 Bartha-K61 株为载体，构建表达 PRRSV 主要免疫原性蛋白 GP5 的重组疫苗，将该疫苗接种猪后可以对 PRRS 强毒攻击产生有效保护作用。

Zheng 等利用重组改良型痘苗病毒安卡拉(rMVA)表达 GP5 和 M 蛋白，认为 rMVA 共表达 GP5 和 M 可能比 rMVA 单独表达 GP5 或 M 蛋白会产生更好的体液和细胞免疫。他们建议，GP5 和 M 蛋白共表达在 rMVA 可以部分地模仿病毒粒子 GP5/M 形成，从而提供更好的免疫保护。另外，有研究报道以猪传染性胃肠炎病毒(TGEV)为载体表达 PRRSV GP5 蛋白，免疫猪体内产生了免疫效果。接种 rTGEV-GP5-N46S-M 病毒的猪产生了高水平的抗 TGEV 和 PRRSV 的抗体，但针对 PRRSV 攻毒只具有部分的免疫保护作用。类似地，还有研究者成功构建了表达 PRRSV GP5 和 M 蛋白二聚体的重组马动脉炎病毒(rEAV)，rEAV 病毒能感染 EAV 易感细胞系，但不能感染 PRRSV 易感细胞系，rEAV 病毒也可能成为 PRRSV 疫苗构建中的一种有潜力的复制型载体。

使用 2 个重组腺病毒(rAd)验证 GP3 的免疫原性，其中 rAd-GP3 表达完整的 GP3，rAd-tGP3 表达截短的 GP3。将重组 rAd-GP3 和 rAd-tGP3 免疫小鼠，观察 PRRSV 特异性中和抗体、T 细胞增殖反应和细胞毒性 T 细胞反应，结果发现，虽然生产中和抗体较为缓慢，但 rAd-GP3 比 rAd-tGP3 引起的免疫应答更强。引起这种现象的机理目前尚不清楚，但它可能会删除 GP3 序列内一些不利诱导因素。为了增强宿主针对 PRRSV 的免疫应答，研究人员进一步研制表达一种或几种病毒蛋白的重组载体疫苗。Jiang 等利用复制缺陷型腺病毒表达 GP5、M 和 GP5-M 融合蛋白，并通过免疫小鼠探究其免疫原性，结果，小鼠接种表达 GP5-M 融合蛋白产生的中和抗体滴度更高，淋巴细胞增殖反应和抗 PRRSV CTL 反应比单独免疫重组腺病毒 GP5 和 M 蛋白小鼠更强。Jiang 等证明重组腺病毒表达 GP3-GP5 融合蛋白或 GP3-GP4-GP5 也可以增强接种小鼠的体液免疫和细胞免疫反应。沈国顺等利用重组鸡痘病毒共表达 GP5

和 GP3 作为疫苗候选，结果表明，与对照组相比重组鸡痘病毒能防止部分猪感染 PRRSV，免疫组病毒血症和支气管淋巴结病毒载量较低。也有研究者用鸡痘病毒表达了两种分别未融合 IL-18 及融合 IL-18 的 PRRSV GP3 和 GP5 重组蛋白（rFPV-*ORF*5-*ORF*3 和 rFPV-IL-18-*ORF*5-*ORF*5），免疫这两种蛋白的猪体内产生了特异性的 PRRSV 抗体和中和抗体以及淋巴细胞增殖反应。与未免疫组相比，免疫组用 PRRSV 攻毒后，产生更低的病毒血症和淋巴结中的病毒载量。

4. 标记疫苗

PRRSV 疫苗的弊端之一是不能通过血清学方法区分免疫动物和自然感染动物，因此，研究有缺失标记的疫苗对 PRRS 的防控和清除至关重要。DIVA（Differentiating Infected from Vaccinated Animals）疫苗，它是利用反向遗传学技术缺失野毒或疫苗毒中的一个或几个可检测到的 B 细胞表位而制成的疫苗。与之相配套的 DIVA 试验，是能够在血清中检测到针对野毒（或其他疫苗）表位的抗体，而 DIVA 疫苗不产生这种抗体。因此，通过 DIVA 试验可判断动物是否被野毒感染，从而能将感染病毒的动物和阴性动物区分开来，利于 PRRSV 的清除。1998 年，首个美洲型的 PRRSV 感染性克隆构建成功。目前，至少已成功构建 20 多种针对不同毒株的 PRRSV 感染性克隆，这个数目仍在不停地增长。运用 PRRSV 反向遗传技术，将 PRRSV 序列进行随机的组装以产生新的免疫原性强的毒株是新型 PRRSV 疫苗研究的方向。PRRSV 的糖蛋白 GP5 中潜在的糖基化位点会影响中和抗体的产生，降低免疫原性，突变 GP5 中的两个糖基化位点得到感染性克隆 FL-12，将拯救的病毒用 BEI 灭活后免疫仔猪，GP5 糖基化位点未突变的灭活病毒做对照，前者免疫两次后即可产生中和抗体且能提高针对同源病毒的攻毒保护效力。有研究人员构建了 PRRSV 感染性克隆 P129，其是缺失了 P129 毒株 nsp2 中的 131 个氨基酸构建而来，可用作 DIVA 疫苗，利用血清学试验能区分野生型的 P129 和标记疫苗。但是，PRRSV 野毒在细胞中盲传时，有时会产生自发性的基因缺失或插入，这为基因标记疫苗的应用带来困难。

第六节　PRRSV 免疫学研究进展

目前，人们对 PRRSV 的免疫机制仍未完全清楚，但通过国内外学者的不懈努力，已在 PRRSV 感染对机体免疫功能影响方面开展大量的研究工作，并取得了较好的进展。研究表明，PRRSV 对猪的免疫系统具有双重作用，一方面，由于 PRRSV 的靶细胞是具有重要免疫功能的肺泡巨噬细胞和血液中的单核细胞，PRRSV 的复制直接引起肺泡巨噬细胞的碎裂溶解，延缓其对 PRRSV 的抗原处理和递呈作用，导致宿主发生免疫调节紊乱，不能迅速建立对 PRRSV 的免疫；另一方面，PRRSV 经过长时间与宿主的相互作用后，动物机体会产生免疫应答，进而获得针对 PRRSV 的免疫保护。因此，宿主的免疫系统在 PRRS 发展和防御方面起到双重的作用。

一、抗体依赖性增强作用

抗体依赖性增强作用（ADE）是 PRRSV 的一个重要的免疫学特性。分析其原因可能是特异性抗体可变区与病毒结合，Fc 端与猪肺泡巨噬细胞（PAM）表面的 Fc 受体结合，促进了病毒进入细胞内部。ADE在PRRSV的发病机制上具有重要意义，同时还影响着疫苗的研制。即接种PRRS疫苗所产生的抗体会增强野毒的复制能力，同时野毒感染产生的抗体也可能会增强疫苗病毒的复制。研究发现，在PAM培养物中加入一定滴度的PRRSV阳性血清，PRRSV在PAM中的复制能力明显增加。将PRRSV与阳性血清混合后接种妊娠中后期母猪，PRRSV在胎儿体内的复制水平显著高于单独接种病毒的对照组。猪体内PRRSV中和抗体水平的高低与PRRSV的ADE密切相关，猪的体内试验证明，强毒攻击前注射一定滴度的PRRSV抗血清，猪体内病毒血症的持续期将会延长。而注射高滴度的中和抗体则能明显抑制病毒在体内的复制。目前PRRSV的致病机理尚未完全清楚，针对其他RNA病毒ADE机制的研究发现，ADE可通过自分泌和旁分泌产生IL-10，使机体形成抗炎和免疫抑制环境，有助于病毒的传播。ADE还能抑制机体的先天免疫，尤其是宿主的Ⅰ型IFN系统。PRRSV感染猪的支气管肺泡中IL-10显著升高，可能是上调了PAM中IL-10的表达，使IFN-α及其他炎性因子的分泌水平降低，从而消除了免疫诱导。

二、PRRSV感染的靶细胞

PRRSV感染后在肺泡和淋巴组织（包括胸腺、脾脏和扁桃体等）复制和增殖。巨噬细胞尤其是猪外周血巨噬细胞是病毒复制的最初靶细胞。PRRSV能够逃避先天免疫，病毒的某些蛋白能够作用于IFN信号级联通路，从而逃避最初靶细胞的免疫识别。Sang等报道猪单核细胞活化后具有抗病毒应答能力，从而发挥功能性调节作用，证明PRRSV对单核细胞具有感染能力。病毒在不同类型的树突状细胞中增殖能力不同，可以在骨髓分化的树突状细胞和单核细胞分化的树突状细胞中生长，但不能在肺泡树突状细胞中增殖。Nauwynck等研究结果表明，东欧Lena和亚洲高热病PRRSV株能够感染一群大型唾液酸黏附素阴性的上皮单核细胞和上皮下单核细胞，这类细胞与黏膜树突状细胞形态相似，具有多个细长的细胞伪足。

三、PRRSV相关受体

研究表明，PRRSV的细胞受体、共同受体或介导因子主要有3种，即可结合病毒的硫酸乙酰肝素受体，具有识别和内化作用的唾液黏附素受体，以及血色素清除受体CD163。硫酸乙酰肝素和唾液黏附素受体可以介导病毒识别和内化，但对病毒在非巨噬细胞中的脱衣壳和感染性复制没有作用。将PRRSV受体CD163转染到人U937细胞系和Vero细胞系中，发现PRRSV可以在这些转染后的非敏感细胞中感染复制，该研究结果表明CD163分子可能与病毒在细胞中的脱衣壳有关。近期有试验表明转染CD163的非敏感细胞对Ⅰ型和Ⅱ型PRRSV毒株均有感染性。Marc-145细胞可以表达CD163，但不能表达唾液黏附素，Kim等认为是Marc-145细胞中的猴波形蛋白发挥了唾液黏附素作用。$CD4^{+}$细胞在IL-10诱导作用下分化可有效促进CD163的表达，从而提高病毒感染性，同时CD163还是肿瘤坏死因子的受体，可以激活NF-κB途径。有研究者认为，CD151是PRRSV感染的协助因子，它作用于病毒3′UTR端。近年来，出现了不少应用CD163增强病毒感染能力的研究，先后建立了多株重组CD163的细胞系，如重组Vero、PK细胞系，用于PRRSV致病机理研究及疫苗的研制。

四、PRRSV感染相关细胞因子与免疫调节因子

PRRSV感染机体不能产生有力的中和抗体应答，且PRRSV感染后机体并不能像其他某

些病毒感染一样形成有效的保护性免疫反应。在临床情况下，机体接种 PRRS 疫苗后会对同源病毒感染引发保护性免疫反应，而对异源病毒感染仍然会表现出临床症状。这给临床防控 PRRS 带来较大的难度。通过感染试验研究发现，PRRSV 感染的这一特性与其和相关细胞因子、免疫调节因子等的相互作用有关。一些 Toll 样受体(包括 TLR3，TLR7/8 和 TLR9)与机体的抗病毒反应有关，它们能够诱导机体产生 IFN 等细胞因子，但是关于猪繁殖与呼吸综合征 TLR 调节机制的报告非常少。其中，TLR3 可以识别双链 RNA，可能与 PRRSV 发生作用。Chaung 等研究表明，PRRSV 体外感染 PAM 或未成熟 DC 时可以短期抑制 TLR3 和 TLR7 的表达，而体内感染的结果恰恰相反。Miguel 等将 PRRSV 感染 8 周龄仔猪，经检测发现脑组织 TLR3、TLR4 和 TLR7 的量增高。Liu 等报道感染猪淋巴组织中 TLR3、TLR4、TLR7 和 TLR8 的表达量均有所升高。Sang 等报道，PRRSV 感染仔猪 2 周，其 PAM 的 TLR3 表达量有所增高。TLR3 在控制病毒复制中发挥重要的作用，通过化学因子或双链 RNA 等激活 TLR3 信号后可以有效抑制病毒复制，而激活 PAM 细胞中 TLR4 信号则对 PRRSV 感染不产生影响。Calzada-Nova 等认为 PRRSV 不能诱导浆细胞大量分泌细胞因子，可能与 TLR7 和 TLR9 信号的干扰有关。

PRRSV 感染可以调节Ⅰ型干扰素分泌，影响其抗病毒活性。Loving 等报道 IFN-α 可以减少 PRRSV 复制，但并不影响病毒的内化作用。Miller 等研究发现 PRRSV 可以抑制 Marc-145 细胞表达Ⅰ型干扰素，在加入双链 RNA 诱导的情况下也不能改变其抑制作用，因此预测 PRRSV 可能干扰了 TLR3 相关信号途径。另有研究表明，PRRSV 与 IFN-α 的相互作用在不同病毒分离株之间存在差异，即与其病毒基因变异有关。PRRSV 可以通过抑制 IFN-β 启动刺激因子 IPS-1 而抑制 IFN-β 在 Marc-145 细胞中的表达。但有研究认为不同 PRRSV 毒株对 IFN-β 的敏感度不同，在使用 2-氨基嘌呤(2-AP)的情况下可以阻断双链 RNA 依赖性蛋白激酶(PKR)的作用，可以不同程度的恢复各毒株在 Marc-145 细胞上的复制能力，但不能恢复其在 PAM 细胞上的复制能力。目前的研究结果认为，PRRSV 分离株或克隆株可能通过正反馈调节作用提高其干扰素应答，因此，在转录因子 IRF-7 的积累作用下，微弱的 IFN-α/β 信号可以促进 IFN-α/β 的合成。研究表明，PRRSV 的非结构蛋白尤其是 NSP1α、NSP1β、NSP2、NSP4 和 NSP11 具有较强的抑制 IFN 分泌活性。NSP1α 可以抑制干扰素调节因子 3(IRF-3)介导的 IFN-β 促进因子活性，而 NSP1β 可以抑制双链 RNA 介导的 IRF-3 磷酸化和核转运作用，同时 NSP1β 还可以抑制 JAK-STAT 信号途径和 STAT1 核转运作用，从而导致信号传递和 IFN 的合成均受到抑制。PolyI:C 作为一种 TLR3 配体，可以提高 PAM 细胞对某些 PRRSV 分离株的 IFN-α 分泌量，但不同分离株对此 TLR 信号传递的影响程度不同。Beura 等报道 PRRSV NSP1β 可以抑制 IRF-3，从而影响 TLR3 活化和干扰素的分泌。不同分离株 NSP1β 的差异可能影响 IRF-3 调节，但其作用机制尚不明确。

五、PRRSV 感染细胞因子调节研究

研究表明，PRRSV 感染猪后的第 2 日，IFN-α 成倍增长，IL-4、IL-10 和 IL-12 的水平也明显升高，但 IFN-γ 水平增长不明显。除可抑制干扰素分泌外，PRRSV 还能影响其他细胞因子的分泌，主要包括 TNF-α、IL-1 和 IL-8。PRRSV 可削弱细胞分泌 TNF-α 的能力，但不影响 IL-1 的水平。HP-PRRSV 中 NSP2 的变异或缺失可能会导致感染 PRRSV 的 PAM 或 PBMC 中 TNF-α mRNA 表达水平的上调或下调。多数研究表明，PRRSV 可以诱导 IL-8 的产生，而

对 IL-6 的诱导结果尚无统一认识。有研究表明,PRRSV 感染可以提高 IL-10 的水平,Genini 等通过转录研究发现,PRRSV 感染 PAM 细胞后 12 h 可以提高 IL-10 水平,Chang 等发现 PRRSV 感染 DC 细胞可诱导 IL-10 的产生,但也有一些研究并未发现 IL-10 水平有显著变化。Campa 等研究证实 PRRSV 诱导 IL-10 能力的差异取决于试验所用的病毒分离株特性,IL-10 的产生与病毒对细胞的适应性有关,与 IFN-γ 应答形成一种平衡,PRRSV 通过 TGF-β 而不是 IL-10 诱导调节 T 细胞。Fu 等发现 PRRSV 的 N 蛋白可通过 NF-κB 信号通路诱导 IL-15 分泌。Lawson 等将 IL-1β 重组到 PRRSV 基因中,构建的新病毒感染细胞后能够有效上调 IL-1β、IL-4 和 IFN-γ 的表达水平。Dong 等发现重组猪 IFN-α 可降低 Marc-145 细胞的 CPE,且 CPE 程度与 IFN-α 浓度有关。体内试验证明,使用重组猪 IFN-α 后可显著降低 PRRSV 对机体的免疫损伤,提高细胞毒性 T 细胞的增生水平。

六、PRRSV 感染免疫相关细胞表面因子研究

PRRSV 可能会改变巨噬细胞和树突状细胞中细胞因子的分泌,修饰抗原递呈分子的表达,从而抑制抗原递呈细胞的先天免疫应答,推迟甚至消除抗 PRRSV 体液免疫或细胞免疫。Wang 等研究发现 PRRSV 在单核细胞源 DC 中复制并抑制 MHC-1、MHC-2、CD11b/c 和 CD14 水平,但可以上调 CD80/86,也有研究报道 PRRSV 会下调 MHC-1 和 CD80/86 水平。

七、PRRSV 感染与体液免疫

PRRSV 感染后,机体会产生针对病毒不同蛋白成分的特异性抗体,且不同抗体出现时间的早晚、产生抗体效价的高低、持续时间的长短及中和活性的高低等均不相同。PRRSV 感染最早可在 5 d 后检测到抗体,但该抗体主要以 N 蛋白和 M 蛋白诱导的为主,且无中和活性。PRRSV 感染后 7～10 d 开始出现中和抗体,但中和抗体滴度极低,针对不同毒株的中和抗体,其出现时间也有较大差异。在中和抗体存在的情况下,PRRSV 仍可在体内持续感染,体外试验研究表明,中和抗体与反应抗体均可增强 PRRSV 在巨噬细胞内的复制,同样,病毒血症也可在中和抗体缺失的情况下消失,所以中和抗体能提供的免疫保护作用仍存在异议。但是针对中和抗体具有免疫保护作用的报道相对较多,中和抗体阻断病毒感染是通过减少病毒的吸附及内化两种途径共同作用的结果。通过对 GP5 基因的突变、单克隆抗体的分析、嵌合体突变的分析及多肽图谱的分析等,研究 PRRSV 蛋白诱导产生中和抗体的能力,结果表明 M、GP2a、GP3、GP4 和 GP5 蛋白的多肽均能诱导中和抗体的产生。研究表明,PRRSV 感染 7 d 后开始出现抗 E 蛋白的抗体,14 d 后出现以 IgM 为主的 M、N 蛋白抗体,抗体滴度在 14～21 d 时达到高峰,之后下降,感染后 28～42 d 即消失。病毒感染后 7～14 d,IgG 开始出现,21～28 d(也有报道是在 45 d)达到高峰并维持数周。研究表明病毒感染早期产生的抗体多为非中和抗体。根据不同毒株的抗原差异,中和抗体产生的时间也不同,一般是在感染后的 5～6 周才能检测出来,18 周时达到峰值。中和抗体分别可以针对 GP5、GP4 与 M 蛋白上的抗原表位,但以针对 GP5 蛋白表位为主,后两者次之,GP5 单抗的中和作用比 GP4 单抗要高。研究表明,GP5 蛋白的糖基化能够抑制中和抗体的产生。也有研究表明,GP3 在 PRRS 的保护性免疫中起重要作用。另有研究结果表明,中和抗体可以阻断 PRRSV 通过胎盘传播,同时也可使怀孕母猪获得完全的保护。PRRSV 感染后产生中和抗体的时间晚且抗体滴度较低,因此其在预防和控制 PRRSV 感染中的作用有限。临床研究表明,PRRSV 感染猪群中存在长期的

持续性感染现象,说明体液免疫不能完全保护机体并将病毒清除出机体。猪在感染 PRRSV 后所发生的免疫反应为其再次感染提供了保护作用,然而实际情况中猪在 PRRSV 感染后会出现长期的病毒血症和持续性感染,并继续成为病毒传播的媒介,还有复发的风险。Molitor 对比未免疫母猪和免疫母猪所产仔猪后发现,后天获得 PRRSV 抗体不能对该病毒产生保护,而先天获得的免疫可以给仔猪提供保护。仔猪从初乳中被动获得的母源性免疫虽然可以减轻临床症状和病毒血症,但当这种保护消失后难以在初乳中检测到中和抗体。

八、PRRSV 感染与细胞免疫

人和动物机体的免疫系统在受到外来抗原物质刺激后,免疫细胞对抗原分子进行识别并产生一系列复杂的免疫连锁反应,表现出一定的生物学效应。其中,T 淋巴细胞在细胞免疫和免疫调节中起主要作用。T 淋巴细胞表面有许多膜分子,其中有些膜分子是区分 T 细胞及 T 细胞亚群的重要标志。20 世纪 70～80 年代,应用单克隆抗体在人和动物的 T 细胞表面鉴定了 CD3、CD4 和 CD8 分子。CD3 分子分布于所有成熟 T 细胞的表面,是其特异性表面标志,几乎可以反映外周血中 T 细胞的总量,而外周血 T 淋巴细胞亚群是反映机体免疫状态的较好指标。$CD4^+$ T 细胞是免疫应答的主要反应细胞,$CD4^+$ T 细胞的功能为调节免疫反应,又称辅助性 T 细胞(Th),可分为 Th1 和 Th2 两个亚群,Th1 通过释放一些细胞因子促进细胞毒性 T 淋巴细胞(CTL)和自然杀伤细胞消灭靶细胞,发挥细胞免疫作用。Th2 主要是辅助激活 B 细胞,分泌抗体,发挥体液免疫作用。$CD8^+$ T 细胞主要是细胞毒性 T 细胞(CTL),大量研究表明,CTL 介导的细胞免疫是人和动物机体抗病毒或抗肿瘤免疫的主要机制。细胞免疫应答在机体应对 PRRSV 感染中起着重要作用,由胸腺依赖性抗原(TD)引起,包括抗原递呈细胞如巨噬细胞、树突状细胞或病毒感染的组织靶细胞,效应 T 细胞(T_D 或 T_{DHT}),细胞毒性 T 细胞(T_C 或 CTL)和辅助性 T 细胞(Th)。PRRSV 感染后第 4 周出现抗原特异性的淋巴细胞增生,在第 7 周达到高峰,第 11 周出现下降,淋巴细胞的增生依赖于 $CD4^+$ T 淋巴细胞,以 $CD4^+$ 细胞增殖和迟发型变态反应为主,可被相应的抗 $CD4^+$ 及 MHC Ⅱ 类抗原的抗体所阻断。PRRSV 感染猪后,诱导其体内的淋巴细胞亚群发生改变,表现为外周血中的 $CD4^+$、$CD8^+$ 细胞的含量显著降低,但是由于毒株的毒力及遗传基因差异有可能会产生相反的结果。研究表明,猪感染 PRRSV 后,其外周血白细胞数量与淋巴组织中淋巴细胞数量会显著降低,导致继发感染概率增加。人工感染 PRRSV 后,可引起 $CD4^+$、$CD8^+$ 细胞的持续减少,特别是 $CD4^+$ 细胞。也有研究表明,猪自然感染 PRRSV 后,外周血淋巴细胞中 $CD4^+$、$CD8^+$ 细胞以及淋巴细胞总数增多,而 $CD4^+$ 细胞数和 $CD4^+/CD8^+$ 细胞比例下降。Nielsen 等证明 PRRSV 感染后可在短时间内引起不同类型 T 细胞数量减少,但在感染 8～10 d 后,这些 T 细胞的比例又可恢复正常。

细胞免疫在抗 PRRSV 中发挥着重要作用。研究发现,动物机体感染 PRRSV 后会产生 Th1 细胞介导的抗原特异性,剂量依赖性的细胞免疫应答。近来研究发现,NSP2 与病毒的致病力有关,且可调节免疫应答。Kim 等利用反向遗传技术敲除 PRRSV 经典毒株 VR-2332 中 NSP2 的某一段基因,可使该毒株的致病力明显下降。Faaberg 等用 PRRSV NSP2 rΔ543-726 接种易感猪后,血液中 IFN-γ 水平持续升高,表明 NSP2 基因的缺失可消除 PRRSV 潜在的免疫抑制性。梅林等研究发现,PRRSV TJM-F92 株在 NSP2 连续缺失 360 bp 后,其所诱导的某些细胞因子表达水平发生了明显变化,使动物机体感染 PRRSV 后细胞免疫不应答的状态得以改善。单悦等研究发现,免疫 CSF 的试验猪再接种 PRRSV NSP2 基因缺失弱毒疫苗(即 PRRSV TJM-F92 株活疫苗)后,细胞免疫应答正常,未见由 PRRSV NSP2 基因缺失弱毒疫苗所引起的免疫抑制现象。

九、PRRSV 感染引起的免疫抑制

PRRSV 具有高度的宿主依赖性,主要侵害猪巨噬细胞,特别是肺泡巨噬细胞,导致其功能改变、比例下降,造成免疫系统紊乱,导致免疫力降低,引起免疫抑制,使继发感染增多,引发多系统、多器官疾病,如间质性肺炎、坏死性淋巴结炎、脑炎等。PRRSV 进入血液循环和淋巴循环后,还可引发病毒血症和全身淋巴结感染。PRRSV 感染可直接导致宿主免疫调节紊乱,使感染猪机体抗病毒细胞因子水平下调。研究表明,PRRSV 对Ⅰ型干扰素(IFN-α/β)的合成有抑制作用,猪感染 PRRSV 后,仅产生低水平的 IFN,且其在血清中出现的时间较晚。TNF-α 可协同 IFN-γ 抵抗病毒感染细胞。大量研究表明,猪感染 PRRSV 后,TNF-α 表达受到抑制,表达量减少,这可能是 PRRSV 逃避宿主免疫应答的机制之一。PRRSV 感染后可破坏免疫细胞功能,降低免疫细胞数量,下调细胞因子表达水平,使免疫系统处于免疫麻痹或耐受状态,进而使感染猪易发生混合感染或继发感染猪瘟病毒、伪狂犬病毒、圆环病毒、猪流感病毒、链球菌和肺炎支原体等其他病原体。

十、调节细胞凋亡

细胞凋亡在病毒感染的发病机制中起重要作用,并且被认为是抑制病毒复制、消除病毒感染的一个关键防御机制。因此,许多病毒已经进化出策略来防止或推迟凋亡,从而确保细胞存活,直到有足够的子代病毒产生。PRRSV 刺激巨噬细胞抗凋亡途径在病毒早期阶段。有研究表明,PRRSV 感染过程中,活化的 c-Jun 氨基末端激酶(JNK)信号通路是非常重要的诱导宿主细胞凋亡通路。病毒诱导的细胞凋亡利于促进病毒传播,逃避免疫应答。诱导宿主细胞凋亡是 PRRSV 的发病机制中重要的细胞活动。在 PRRSV 感染的猪肺和胸腺都已经观察到凋亡。在 PAM 和 Marc-145 细胞感染后期 PRRSV 也触发细胞凋亡。NSP4 是一个关键的细胞凋亡诱导剂,并对 Caspase-9 具有活化作用。当 NSP4 His39、Asp64 和 Serl18 突变,NSP4 诱导细胞凋亡的能力显著受损,揭示 3C 样蛋白酶的活性是 NSP4 触发细胞凋亡所必须的。PRRSV 感染 Marc-145 细胞激活 JNK 途径,PRRSV 通过 JNK 途径下调 Bcl-2 家族抗凋亡蛋白 Bcl-XL。这些研究已经表明 JNK 信号途径可能在 PRRSV 诱导宿主细胞凋亡中发挥重要作用。

第七节　PRRS 的防制研究

PRRSV 在世界范围流行,对养猪业发达的国家和地区造成了巨大的打击。再加上病毒变异速度快,强毒力毒株不断产生变异,对该病的防控提出了很大的挑战。鉴于 PRRSV 的生物学特性和流行病学特征,消灭该病的难度很大,我国国家动物疫病防控中长期规划中指出,在我国原种猪场净化 PRRS,给我们的防控提出了目标。目前,该病尚无有效治疗手段,预防是关键。各地区或猪场应结合当地的实际情况,采取综合措施,对 PRRS 进行防制。

一、加强猪场的管理

饲养管理的总体原则就是减少易感动物，增强机体的免疫力。切实做好环境卫生的消毒工作，降低其他细菌病或病毒病混合感染的机会。合理饲喂，提高群体免疫力。在后备母猪配种前进行驯化，驯化的目的是使后备母猪在配种前感染与经产母猪群相同的PRRSV毒株，并在混入经产母猪群之前完全康复。从健康猪场引种，加强检疫工作，严格做到全进全出。对猪舍、设施用具进行定期全面消毒。合理选择建厂地址；将猪的排泄物以及饲养垃圾及时进行无害化处理。猪舍注意通风、卫生，减少应激因素。及时处理患病猪，被感染猪舍应全面严格消毒。为避免公猪受到感染可进行人工授精。疫情发生后及早确诊、扑杀、无害化处理病死猪及带毒的排泄物、死胎、胎衣等。

猪场需进行全方位的封闭，预防外界病原侵入猪场。对于易传入病原的装猪台、出入口、物料出入口和污水排出口要加强管理，保证生产区与外界环境良好的隔离状态。在猪场外设立密闭的熏蒸消毒专用仓库，猪场所用饲料等产品经严格消毒后再转入猪场使用。猪场内应做好文娱体育和生活设施的安排，尽量减少员工外出的机会。谢绝疫区所在地人员到猪场参观或拜访，外出回场人员必须经淋浴消毒净化2～3 d后才能进入生产区工作。做好猪场的灭鼠和灭蚊蝇等工作，尽量避免猫、狗等动物进出猪场。高度重视清洁卫生和消毒工作。经常与省兽医防检站、当地防检部门联系，参加行业活动，以便及时了解疫情的最新动态，做到及早采取相应的措施，防止病情的传入和发生。加强营养供应，提高猪群免疫力和抵抗力。当猪场存在免疫抑制性疾病时，应增加猪群饲料中维生素的添加量。在天气炎热的情况下，因猪群对维生素等营养物质的需求增加，应额外在各阶段饲料中添加富含维生素A、维生素C、维生素D和维生素E等多种制剂，以提高猪群抵抗力和抗应激能力。猪长期摄入霉菌毒素可使机体免疫功能和抵抗能力降低，容易发生疫病。因此，在春夏和该病的高发时期，猪饲料中应加入霉菌毒素吸附剂以吸附黄曲霉毒素。改善猪群饲养环境以减少猪群的应激。夏季时，猪舍应加大通风量和降低饲养密度，并采用适当的方法对猪舍、猪群进行降温。尽量减少猪群转栏和混群的次数，以切断疾病的传播。猪场内的分娩、保育和生长育成舍均应采用“全进全出”的饲养模式，根据本场实际情况制定保健用药计划，采用联合用药的方法选择合适的药物，做好猪群的保健工作。分娩、保育和生长育成舍内应设饮水加药系统，在饮水中添加多种维生素和水溶性抗生素，以提高猪群抵抗力。制定合理的免疫程序，做好猪瘟、猪繁殖与呼吸综合征和伪狂犬病等疫病的免疫工作。努力做好猪瘟的防控工作，否则会造成猪群的高死亡率，同时应竭力推行猪气喘病疫苗的免疫接种，以减轻猪肺炎支原体对肺脏的侵害，从而提高猪群对呼吸道病原体感染的抵抗力。通常每季度监测一次，对各个阶段的猪群均需采样进行抗体监测，如果4次监测抗体阳性率没有显著变化，则表明该病在猪场是稳定的，如果在某一季度抗体阳性率有所升高，则说明猪场在管理与卫生消毒方面存在问题，应加以改正。大中型猪场应定期采血监测抗体情况，及时补打疫苗并调整免疫程序，确保免疫效果。

二、坚持自繁自养

严把好引种关，如需引种，应尽可能从非疫区的阴性大型种猪场引种，种猪引进之前必须进行PRRS检测，尽量固定从一个猪场引种，避免从多个猪场引种。种猪引入后必须建立适当的隔离区，做好监测工作，一般需4～5周进行隔离检疫，检测健康的猪方可混群饲养。规模化猪场要实现全进全出，至少要做到产房和保育两个阶段的全进全出，建立健全规模化猪场的生物安全体系。

三、加强生物安全管理

定期对猪群进行PRRS血清学和病原学检测，一旦发现可疑猪，应马上淘汰，对种猪更应如此。防止人员带入PRRSV。严格要求出入人员淋浴和更换工作服，猪场工作人员穿的靴子、工作服及运输工具要定时清洗消毒。经常灭蚊、灭蝇，疫苗注射时要一猪一针头，切断PRRSV的间接传播途径。建立阴性公猪群，进行公猪精液检测，避免PRRSV污染精液。采用空气过滤系统，阻断猪场内PRRSV经气溶胶的传播。实行严格的卫生消毒措施，遵循全进全出的生物安全措施，降低和杜绝PRRSV在猪群间的传播风险。

对于未发生PRRS疫情的猪场。加强消毒工作可以有效切断疫病传播途径和杀灭病原体。消毒时应选择新型、刺激性较小的复合醛类病毒较为敏感的消毒剂，减少健康猪通过呼吸道感染病菌的概率，防止疫病扩散蔓延，对控制PRRS的传播能起到较好的效果。发病猪和怀疑已感染疾病的猪群不要接种任何疫苗，否则死亡率会更高。猪场应结合诊断情况，加强饲养管理，定期对圈舍进行清扫和消毒，要充分认识到“养重于防，防重于治”的科学性。定期对猪场进行血清学、病原检测，对于带毒猪及时淘汰，对猪群做到“全进全出”的管理。

对于发生PRRS疫情的猪场。猪场应对所有猪包括健康猪进行给药预防和控制，及早在饲料中添加免疫增强剂和药物，结合使用抗生素或生物制品对病猪进行治疗，以确保减少二次感染引起的死亡。使用对细菌和病毒均有效的抗生素和中药提取物复合制剂，同时添加质量较好的可溶性多维添加剂通过饮水的方式给药，以保证在患病猪群采食量下降的情况下的药物摄入量。对于已发病的猪，通常治疗效果不佳，应加强护理，在饮水中添加药物进行治疗的同时，用转移因子和干扰素等针剂配合进行控制。注射治疗时应严格做到每注射一头猪更换一个针头，并同时在饮水中添加多种维生素和抗生素，以减轻因注射产生的应激，降低疫病传播的速度，降低发病率和死亡率。当病猪混合感染猪瘟等病毒性疾病时，一般治疗效果不佳，可考虑使用痊愈或耐过猪的血清，以及本场未发病的健康老母猪血清或抗猪瘟病毒血清进行控制。对病情特别严重和治疗效果不佳的病猪，应及时淘汰，并做无害化处理，以防止疫病传播。做好猪场防暑降温工作，尽量保持猪舍通风，降低猪群饲养密度。清洁猪栏时不要用凉水直接冲洗猪，以免引起体温升高的患猪应激而加速死亡。被发病猪污染的场地及用具等必须进行彻底的消毒，病死猪必须在指定的地点进行剖检，尸体和废弃物须按规定做烧毁、深埋等无害化处理，严禁运出食用或作其他用途，同时粪便及污物应进行无害化处理，污水需经严格消毒后才能排放，以避免病原经污染物向外扩散。

四、疫苗免疫接种

目前我国市场上用于PRRS防疫的商品化疫苗主要包括灭活疫苗和弱毒活疫苗。灭活疫苗具有安全性好的优点，但产生免疫保护慢，且保护效果不确实。而弱毒活疫苗能够快速刺激机体产生免疫应答反应，且免疫效果持久，因此在PRRSV阳性猪场建议使用PRRS活疫苗进行该病的预防。传统PRRS活疫苗对2006年后在我国流行的HP-PRRS的保护作用有限，因此需采用针对HP-PRRSV传代致弱的弱毒活疫苗进行防控。弱毒活疫苗适于接种3～18周龄的猪，免疫后7 d内产生抗体，在16周内具有保护力。合理的免疫程序包括PRRS的免疫以及与 PRRS 紧密相关的其他疾病的疫苗免疫，其他疫病的免疫程序会影响 PRRS 的免疫效果。Bill 建议在 PRRSV 和 PCV2 型混合感染并引起猪群死亡的养殖场改变 PRRS 和 PCV2 的免疫程序，使猪场疫情得到改善。

在疫苗选择时要根据实际情况进行选择，当地区的流行毒株为经典毒株时可以使用经典株 PRRS 疫苗，当流行株为高致病性毒株时应选择安全稳定的 HP-PRRS 疫苗，具有更好的保护效果。研究人员不断致力于基因工程疫苗的研究，已研制出了有较好应用前景的产品，如 DNA 疫苗、活载体疫苗和亚单位疫苗等。随着反向遗传技术的不断完善和 PRRSV 感染性克隆的成功构建，通过将基因组部分基因缺失或替换而研制出可用于区分野毒株和疫苗株的基因工程疫苗已成为可能。

PRRS 疫苗免疫是一把双刃剑，一方面，PRRSV 嗜好在猪肺巨噬细胞中大量复制，因此它与宿主疾病的进程及免疫系统的变化密切相关，病毒的复制直接导致宿主发生免疫调节紊乱，引起继发感染或加速其它疾病进程；另一方面，该病毒又可刺激宿主在感染后产生保护性免疫，使动物免受再次感染。因此，宿主的免疫系统在疾病发展和防御方面起到双重作用。

五、药物防治

PRRS 重在预防，应做好疾病的防控工作。目前无抗病毒特效药，一般是使用干扰素或干扰素诱生剂促进干扰素产生抑制病毒复制，如干扰素和转移因子等。同时应防止继发感染，并做好逐渐退烧，不要陡然降温。当猪场出现 PRRSV 感染时，要采取科学治疗方案，补充饲料营养，补充电解质和微量元素，改善饲养环境，做好消毒工作，使用抗生素或磺胺类药物、抗病毒药物及清热解毒、清肺化痰的中药进行辅助治疗，控制继发感染，可以减少患病猪死亡，猪耐过 10～15 d，大多可自然康复。PRRS 在治疗时，地塞米松类糖皮质激素及退烧药要谨慎使用，否则会加重病情。疾病治疗时用药疗程需要保证，不能频换药物。保持环境安静，尽量减少应激刺激，建议全群进行预防性投药 1 d。

近年来，随着临床上西药耐药性越来越严重，中药制剂的抗病毒作用越来越被人们所重视。中药的抗病毒途径分为 2 种：一种是通过直接抑制病毒活性而干扰病毒的繁殖过程。另一种是通过增强机体免疫调节而产生间接抗病毒作用。中医的用药方式主要是复方为主，这也是中药与西药可区分开来的主要特点。中药复方可通过多种活性成分、多靶点、多环节（途径）调控机体的整体动态平衡，形成协同效应，并不是简单的单味药活性成分所起作用的叠加。由于 PRRSV 具有高度变异、免疫逃避和免疫抑制等特性，目前还未能研究出防治 PRRSV 感染的特效药物。近年来，研究发现有些中药具有增强免疫和调节机体非特异性免疫机能，具有良好的抗病毒的特点，对许多病毒病的防治有重要作用。许传田等报道，使用中药产品苷肽对于预防 PRRS 有效率可以达到 93％，明显高于没有用中药预防组的 53％；同样用于治疗试验组的治愈率可以达到 75％，明显高于对照组的 43％ 。兰新财等报道，中药增免康颗粒对仔猪 PRRS、猪瘟弱毒疫苗免疫应答有明显的增强作用。因此，运用复方中药对猪的体液免疫功能具有一定的促进作用，提高 PRRS 疫苗的抗体水平，在一定程度上也能增强猪体的抵抗力，提高猪体内非特异性免疫水平，改善猪的生长性能和提高抗病力。

六、疫情处置

一旦猪群受到病毒感染而发病，传播扩散后发生 PRRS 疫情，须立即根据《动物防疫法》

《重大动物疫情应急条例》进行处置。及时上报疫情，形成联合防治，对疫点、疫区内的发病猪及同群猪进行迅速扑杀，对受污染的物品、用具、环境等及时进行消毒和无害化处理，对未发病的猪群进行紧急接种免疫，并加强疫情监督检测。

七、欧美主要发达国家 PRRS 的防控

PRRS 是危害世界养猪业的重要传染病之一，给世界各国的养猪业均带来巨大经济损失。PRRSV 变化多样，受其抗原性、饲养管理水平以及环境条件等因素的影响，使 PRRS 的防控比较困难，因此，控制和消除 PRRS 是当前全球生猪养殖国家面临的最具挑战性的任务之一。PRRS 的控制与免疫防控、疫苗接种和生物安全体系的建立密切相关，因此，做好以上三方面的工作对于 PRRS 的防控至关重要。根据 OIE 网站公布的关于 PRRS 的防控意见，防控和清除 PRRS 的关键在于解决猪群内 PRRSV 循环传播问题，包括多种毒株共存、不同阶段幼龄猪群混养以及母猪群管理不当等。目前针对 PRRS 的防控措施包括疫苗接种、后备母猪的规范管理以及做好猪群的生物安全，以此来减少 PRRSV 在猪群之间以及同一个猪群内部的传播。对于已经感染 PRRSV 的猪群，采取整个猪群清除/复育，检测和淘汰感染猪以及封闭猪群的方法防控该病。做好生物安全措施和切断传播途径是防控 PRRS 最重要的工作之一。

目前，即使是欧美等一些发达国家和地区，也同样面临无法根除 PRRSV 感染的难题。美国和加拿大等国，制定了详细和全面的生物安全防控措施，在疫苗的选择、使用和免疫程序制定方面也较为规范，在 PRRS 的防控上取得了较好的成绩，但每年 PRRS 还是会造成一定的经济损失。由于 PRRS 自身的一些流行特点，区域性的防控和净化显得尤为重要，因此对于 PRRS 的防控和清除措施，如果只做到一个猪场的净化显然是不够的，美国等国家也是在逐步向区域化净化的方向努力。Andreia 等对参与区域性防控和清除计划的加拿大安大略省 3 个地区猪场，通过描述性和空间流行病学分析，评估了 3 个地区 PRRSV 感染的风险。由此可见 PRRS 区域净化需要更多的生产者参与，通过对区域内 PRRS 的检测和监控，能够及时了解区域 PRRS 的流行动态，并及时制定相应的安全防控措施，达到控制和逐步清除 PRRS 的目的。Mondaca 等提出一个关于 PRRS 区域控制和清除的计划，最终将单个猪场的生物安全防控计划合并到区域防控体系中，通过评估总体感染风险以及防控可行性，设计针对性的防控措施，达到净化 PRRS 的目的。

第二章　HP-PRRSV的分离鉴定研究

猪繁殖与呼吸综合征(PRRS)在养猪国家是造成经济损失较为严重的猪病之一,又称"猪蓝耳病",主要引起仔猪和育成猪呼吸道疾病以及母猪的繁殖障碍。该病1987年首次在美国发生,1991年分离到病原,在此之后在全球蔓延的速度非常快,造成了极其严重的经济损失。1996年郭宝清等首次分离到PRRSV,证实了在我国部分地区已存在PRRS,在此后的一段时间内,该病在我国大部分地区的发生和流行呈上升趋势。

2006年5月以来,我国大部分养猪省份均暴发了一种"猪高热病",该病以高热(体温≥41.0℃)、高发病率和高死亡率为主要特征,给我国养猪业造成了巨大的经济损失。经研究证实,引起此次疫病流行的主要病原为PRRSV变异株,对猪具有高致病性。本研究将从我国北方部分省、市发生"猪高热病"的猪场采集发病猪的肺脏、血液、脾脏和淋巴结等组织样品接种Marc-145细胞,分离到6株疑似PRRSV。采用间接免疫荧光试验、中和试验和RT-PCR方法对分离病毒进行鉴定,证实这6株病毒均为PRRSV,分别将其命名为TJ株、NM1株、HLJ1株、JL1株、JL2株和LN株。通过对分离毒株*ORF*5序列分析结果表明,这6株病毒与国内近期分离的HP-PRRSV亲缘关系较近,核苷酸同源性为97.7%～99.6%,氨基酸同源性为97.0%～99.5%,同属于美洲型PRRSV。应用分离毒代表株TJ建立了对60日龄猪的发病模型,为HP-PRRS活疫苗免疫保护效果的评价奠定了基础。

第一节　材料与方法

一、材料

1.主要试验试剂

RNA提取试剂盒为生工生物工程(上海)股份有限公司产品;MLV Recerse Transcriptase、Rnasin、限制性内切酶为Promega公司产品;*Ex Taq* DNA聚合酶、dNTPs、pMD-18T载体、DNA胶回收试剂盒均为宝生物工程(大连)有限公司产品;质粒提取试剂盒为Axygen公司产品;MEM培养基为GIBCO公司产品;PRRSV、CSFV、PRV和SIV抗体检测试剂盒为IDEXX公司产品;PCV抗体检测试剂盒为Ingenasa公司产品。

2.主要仪器设备

生物安全柜为新加坡ESCO产品;超纯水仪(MILLI-Q)为美国密理博公司产品;−80℃

冰箱、-20℃冰柜及4℃冰箱为青岛海尔集团产品；振荡器为上海四创实业有限公司产品；电热恒温鼓风干燥箱为上海精宏试验设备有限公司产品；CO_2 培养箱为美国Thermo公司产品；低温离心机为日本三洋公司产品；96孔梯度PCR仪为美国伯乐公司产品；凝胶成像系统为上海天能公司产品。

3. 病料

2006.06—2016.10采自天津市、内蒙古自治区、黑龙江省、吉林省和辽宁省疑似"猪高热病"猪场发病猪的血液、淋巴结、肺脏、脾脏和肾脏等70份临床组织病料，记录并编号，-80℃保存备用。

4. 试验细胞及抗体

Marc-145细胞由本试验室冻存。PRRSV美洲型高免血清和阴性血清由本试验室保存；兔抗猪IgG荧光抗体（FITC标记）为美国Sigma公司产品。

5. 试验猪

60日龄杂交品种猪购自无PRRS发病史的健康猪场，使用商品化试剂盒、本研究建立方法和参考文献方法确定试验猪的PRRSV、CSFV、PCV2、PRV和SIV抗体和抗原均为阴性。

二、引物设计

根据GenBank中PRRSV标准株ATCC-VR-2332基因序列，设计特异性引物（表2-1）用于扩增PRRSV *ORF*5基因，以鉴定PRRSV。引物由英潍捷基（上海）贸易有限公司合成。

表2-1 PRRSV鉴定引物

引物 Primers	引物序列 Sequence of PCR primers	位置 Position	扩增长度/bp Length/bp
*ORF*5F *ORF*5R	5′-TGTGCGACTGCTTCATTT-3′ 5′-CATCACTGGCGTGTAGGT-3′	13600-14373	775

三、病毒分离

1. 处理病料

所采集的血液经3 000 r/min离心15 min收集上层血清，经0.22 μm滤膜进行过滤，滤液置-80℃保存备用。具体方法为：分别取采集的脏器病料，用无菌PBS清洗后取（1 cm^3 左右）小块剪碎，加入5倍体积的MEM培养基和双抗研磨病料，-80℃反复冻融2次后，3 000 r/min离心15 min，取上清液用 0.22 μm滤膜进行过滤，滤液置-80℃保存备用。

2. 分离病毒

将处理后的病料滤液融化后分别接种于长满单层Marc-145细胞的24孔细胞培养板内，每个样品接种2个孔，每孔0.2 mL，同时设立阴性对照孔（未接病料）。病料接种后置37℃、含 5% CO_2 培养箱内吸附 1 h，而后弃接种物，用 MEM 培养基清洗 1 次后每孔补加维持液（含 2% FBS 的 MEM 培养基）2 mL，置 37℃、含 5% CO_2 培养箱内继续培养 4～5 d，每天观察细胞状态，将出现细胞病变孔（CPE）于－80℃冻融后备用。未出现 CPE 孔的病毒液盲传 3 代，仍未出现 CPE 的停止传代并弃掉。

四、分离毒株鉴定

1. 间接免疫荧光试验

将 Marc-145 细胞接种 24 孔细胞培养板中，待细胞长成单层后，接种出现 CPE 的细胞培养物，每孔 0.2 mL，置 37℃培养箱中吸附 1 h 后弃接种液，每孔补充维持液 2 mL，置 37℃、含 5% CO_2 培养箱中培养 48 h，取出后固定 20 min[固定液为丙酮：甲醇(*V*)＝4：1]，弃固定液，用 PBS(pH 7.4)清洗后每孔加入 0.2 mL 用 PBS 1：100 倍稀释的 PRRSV 阳性血清，而后置 37℃湿盒作用 45 min，PBS 清洗后每孔加入 1：1 000 倍稀释的 FITC-兔抗猪 IgG(稀释液为含 1/10 000 伊文斯兰的 PBS)，置 37℃湿盒作用 30 min，用 PBS 清洗 3 次后置荧光显微镜下观察。同时设阴性血清、正常细胞作为对照。

2. 中和试验

取分离病毒 0.1 mL 与等量灭能的美洲型 PRRSV 特异性阳性血清（中和抗体效价≥1：32）混合，置 37℃培养箱中中和 1 h 后，接种于生长良好的单层 Marc-145 细胞 96 孔板（接种前弃去生长液），每个样品重复接 4 个孔，每孔 0.1 mL。置 37℃、含 5% CO_2 培养箱中培养观察 3～5 d。同时设正常细胞对照病毒对照和阴性血清对照。

3. RT-PCR 鉴定

对分离病毒的 *ORF*5 基因进行扩增和测序，参照各类试剂盒使用说明书及参考文献（杨德康，2009；薛青红，2009）进行。

（1）病毒 RNA 的提取

参照 RNA 提取试剂盒说明书，按如下操作步骤从上述病毒细胞培养物中提取总 RNA。

①将收获的病毒细胞培养物－80℃冻融 2 次，分装。

②取 250 μL 样品加到 1.5 mL DEPC 处理的 EP 管中，加入 500 μL 裂解液，混合均匀，12 000 r/min 离心 5 min。

③将上清液移至新的无 RNase 的 1.5 mL EP 管中，加入 500 μL 水饱和酚，充分混匀。

④向上述体系内加入 200 μL 氯仿/异戊醇（24：1），剧烈震荡 30 s，室温放置 3 min。12 000 r/min 离心 10 min。

⑤取上层水相至新的无 RNase 的 1.5 mL EP 管中，加入 500 μL 的异丙醇，颠倒混匀，12 000 r/min 离心 5 min。

⑥弃上清液，加 700 μL 预冷的 75%的乙醇，颠倒数次，洗涤沉淀，12 000 r/min 离心 3 min。

⑦重复步骤⑥一次。

⑧去除全部液体，室温放置 15 min，使其自然干燥，而后加入 20 μL 无 RNase 的水或经 DEPC 处理的水溶解，－80℃保存备用。

(2)*ORF*5 序列的扩增与测序

①RT

反转录(RT)体系(25 μL 体系)：在灭菌的 0.5 mL 离心管中加入总 RNA 5.0 μL，下游引物(10 pmol/L)2 μL，混匀后置 70℃金属浴中 10 min，而后冰浴 5 min，再依次加入 10×Buffer 2 μL，10 mmol/L dNTP 2 μL，RNasin 0.5 μL，M-MLV 1.0 μL，DEPC H_2O 12.5 μL。将上述混合物混匀，置 42℃水浴锅中温浴 1～2 h 后，70℃ 10 min 灭活反转录酶，立即置冰上冷却 5 min，进行 PCR 或－20℃保存、备用。

②PCR 扩增

PCR 反应体系(25 μL 体系)：在灭菌 0.2 mL 离心管中加入 10×Buffer 2.5 μL，2.5 mmol/L dNTP 2 μL，上游引物(10 pmol/L)1 μL，下游引物(10 pmol/L)1 μL，*Ex Taq* 0.5 μL，cDNA 2 μL，ddH_2O 16 μL。将上述反应体系混匀后进行 PCR 扩增。PCR 反应程序为 94℃预变性 5 min，94℃变性 50 s，56℃退火 1 min，72℃延伸 1 min，30 个循环后，72℃延伸 10 min。PCR 反应结束后，取 5 μL PCR 产物用 1%琼脂糖凝胶进行电泳检测。

(3) PCR 产物的回收

参照 DNA 凝胶回收试剂盒说明书，按如下方法进行。

①取 PCR 产物，经 1%琼脂糖凝胶电泳后，切取含目的 DNA 片段的凝胶置于 1.5 mL EP 管内，用吸头捣碎。

②按质量比 1∶3 加入 Buffer DE-A 溶液，置 75℃水浴 10 min，期间可振荡助溶 2～3 次，使凝胶完全溶化。

③按 BufferDE-A 体积的 50%加入 Buffer DE-B，混合均匀后加入 DNA 纯化柱内，12 000 r/min 离心 1 min，弃去液体。

④在 DNA 纯化柱内加入 500 μL Buffer W1，12 000 r/min 离心 1 min，弃去液体。

⑤在 DNA 纯化柱内加入 700 μL Buffer W2，12 000 r/min 离心 1 min，弃去液体，重复洗涤一次。

⑥12 000 r/min 离心 1 min，弃去残留液体。

⑦将制备管置于另一洁净的 1.5 mL 离心管中。

⑧将 DNA 纯化柱置于 1.5 mL 离心管中，加入 25 μL 水或洗脱液，室温静置 1 min，12 000 r/min 离心 1 min 洗脱 DNA，－20℃保存，备用。

(4)PCR 产物与 T 载体的连接及连接产物转化

将回收纯化的 PCR 产物连接入 pMD18-T 载体，反应体系(10 μL)如下：5 μL Solution Ⅰ、4 μL 纯化 PCR 产物，1 μL pMD18-T 载体。离心混匀后置于 16℃水浴连接 9～12 h。

取 5 μL 连接液加入 100 μL 新解冻的感受态细胞内，轻轻混匀；冰上放置 30 min，而后置于 42℃水浴热激 90 s，放置冰上 2 min；加入 LB 培养基 900 μL，再置于 37℃培养箱内 100～150 r /min 振荡培养 4～5 h；取 200 μL 细菌均匀涂布于含氨苄青霉素（100 μg/mL）的固体培养基平板中，置 37℃培养箱中培养过夜。

（5）重组质粒的提取　参照质粒提取试剂盒使用说明书进行，具体操作如下：

①挑取单个菌落接种于 5 mL LB 液体培养基中，置 37℃，220 r/min 摇床中振荡培养 10～12 h。

②取上述培养物 1.5 mL 加入 1.5 mL 灭菌的 Eppendorf 管中，12 000 r/min 离心 1 min，弃去上清液。

③加 250 μL Buffer S1 悬浮细菌沉淀，混合均匀。

④加 250 μL Buffer S2，充分混匀（轻微颠倒），直至形成透亮的溶液。

⑤加 350 μL Buffer S3，充分混匀（翻转混合 6～8 次），12 000 r/min 离心 10 min。

⑥吸取⑤中的离心上清液并转移到制备管中，12 000 r/min 离心 1 min，弃去滤液。

⑦将制备管放入离心管，加 500 μL Buffe W1，12 000 r/min 离心 1 min，弃去滤液。

⑧将制备管放入离心管，加 700 μL Buffe W2，12 000 r/min 离心 1 min，弃去滤液。

⑨重复⑧一次。

⑩将制备管移入新的 1.5 mL 离心管中，在制备管中央加 40～60 μL Eluent 或去离子水，室温静置 1 min。12 000 r/min 离心 1 min，将离心管中液体保存于－20℃备用。

（6）重组质粒的鉴定

①PCR 鉴定　使用提取的重组质粒作为模板，参照本章中方法对各片段进行 PCR 扩增。经 1%琼脂糖凝胶对扩增产物进行鉴定。

②酶切鉴定　用限制性内切酶 *Eco*R Ⅰ 和 *Hin*d Ⅲ 对重组质粒进行酶切鉴定，酶切反应体系（10 μL）如下：

重组质粒	8.0 μL
10× M/K/H Buffer	1.0 μL
*Eco*R Ⅰ	0.5 μL
*Hin*d Ⅲ	0.5 μL
总体积	10.0 μL

将上述混合体系置 37℃中水浴 2～3 h 后，取 7 μL 进行凝胶电泳检测。

（7）重组质粒的测序分析

取 PCR 鉴定和酶切鉴定均为阳性的单克隆菌液 200 μL 送英潍捷基（上海）贸易有限公司测序。而后使用生物学软件 DNAStar 对获得的 *ORF*5 基因序列进行比对，确定各 PRRSV 分离株与其他 PRRSV 参考毒株间的遗传演化关系，并绘制它们的系统进化树。所采用的 PRRSV 各毒株有关信息见表 2-2。

表 2-2 参考序列基本信息

序号	毒株名称	分离地点	登陆号	基因型
1	16244B	美国	AF046869	美洲
2	MLV RespPRRS	美国	AF159149	美洲
3	PA8	加拿大	AF176348	美洲
4	SP	新加坡	AF184212	美洲
5	VR-2332	美国	U87392	美洲
6	LV	荷兰	M96262	欧洲
7	CH-1a	中国	AY032626	美洲
8	HB-1(sh)	中国	AY150312	美洲
9	HB-2(sh)	中国	AY262352	美洲
10	BJ-4	中国	AF331831	美洲
11	HEN1	中国	EF200962	美洲
12	HUN4	中国	EF635006	美洲
13	JXA1	中国	EF112445	美洲
14	HUB1	中国	EF075945	美洲
15	HUB2	中国	EF112446	美洲

五、病毒增殖及毒价测定

取 PRRSV 分离毒株第 2 代细胞培养物(F2)0.1 mL 接种于已长满单层的 Marc-145 细胞,病毒接种后置 37℃、含 5% CO_2 培养箱中吸附 1 h,取出后加入维持液,重置于 37℃、含 5% CO_2 培养箱中继续培养 3～4 d,当细胞病变(CPE)达 70%以上时冻融 1 次,获得足够的病毒原液,置于－80℃保存备用。

取收获的不同分离毒株病毒液,用维持液进行 10 倍系列稀释,取 10^{-2}～10^{-6} 5 个稀释度,分别接种于 96 孔板的单层 Marc-145 细胞中,每稀释度接种 8 个孔,每孔 0.1 mL,同时设正常细胞对照,置 37℃、含 5% CO_2 培养箱中培养 4～5 d,观察记录 CPE 孔数,用 Reed-Muench 法计算各毒株的 $TCID_{50}$。

六、动物感染试验

选取 60 日龄的杂交品种猪 10 头,随机分为 2 组,每组 5 头。1 组为病毒感染组,每头猪通过滴鼻(2 mL)＋肌肉注射(1 mL)途径感染病毒含量为 $10^{4.0}$ $TCID_{50}$/mL 的 TJ F3 病毒液 3 mL。第 2 组为阴性对照组,每头猪以上述相同方式接种 3 mL MEM 细胞培养液。攻毒前 3 d,攻毒后每日测定试验猪体温,观察并记录临床症状(包括精神状态、呼吸症状、食欲、皮肤颜色和神经症状)。病毒感染后 0、3、7、10、14、18 和 21 d 无菌采集每头猪血液 5 mL,分离血清用于 PRRSV 分离。试验过程中病死猪以及试验结束时(21 dpi)扑杀猪均进行剖检观察,记录各组织脏器大体病变,同时采集死亡猪的心、肺、脾、肾、肝、淋巴结、扁桃体和脑组织,用

10%中性福尔马林溶液固定后按常规加工方法制作病理切片，观察组织病理学变化。整个试验过程两组猪分别隔离饲养在山西隆克尔生物制药厂负压动物房内。

七、临床症状评分标准

病毒感染后每天观察临床症状，主要包括：行为(精神状态、食欲、神经症状)、呼吸症状和皮肤颜色。上述每种临床症状分值从低到高分别为：0分(正常)，1分(轻度)，2分(中度)，3分(严重)，4分(死亡)。每头猪临床症状分值为所有临床表现分值的总和。例如：临床表现正常动物的分值为0分(行为0分，呼吸症状0分，皮肤颜色0分)，表现最严重临床症状动物的分值为9分(行为3分，呼吸症状3分，皮肤颜色3分)；死亡动物的分值为12分(行为4分，呼吸症状4分，皮肤颜色4分)。

第二节 结果与分析

一、病毒分离结果

对照细胞试验过程中生长状态良好(图2-1A)，血清样品接种Marc-145细胞后第一代即可出现明显的细胞病变(CPE)(图2-1B)。其他样品接种Marc-145细胞后第一代均无明显病变。肺脏接种第二代Marc-145细胞后4～5 d，细胞开始出现圆缩、聚堆，折光性增强。其他脏器样品盲传至第3代均未出现CPE，弃掉。70份临床样品共分离到6个毒株。不同毒株产生CPE的类型基本相同。

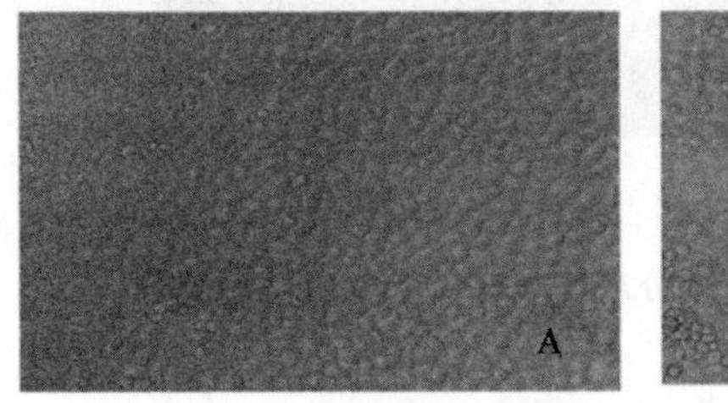

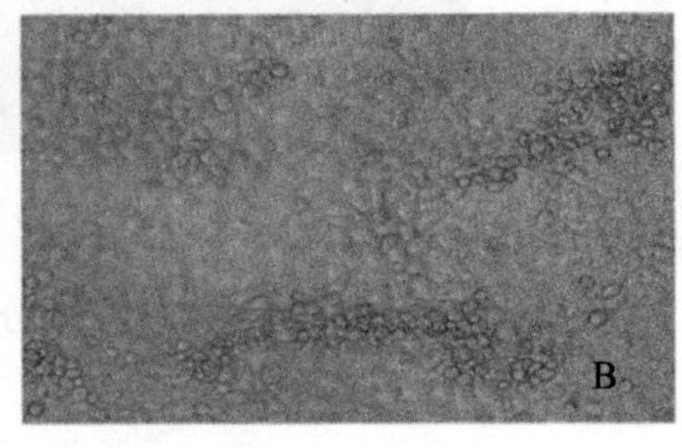

A：正常Marc-145细胞；B：接种病料的Marc-145细胞

图2-1 Marc-145细胞病毒分离

二、间接免疫荧光试验

应用PRRSV标准阳性血清进行间接荧光抗体染色试验。从图2-2中可见，感染PRRSV的细胞在胞浆内出现黄绿色特异性荧光，而对照Marc-145细胞未观察到荧光(图2-2)。

三、血清中和试验

将收获的病毒细胞培养物与PRRSV特异性抗体混合作用后接种Marc-145细胞，经观察Marc-145细胞未出现典型的CPE，而阳性病毒对照孔出现典型的CPE。经PRRSV特异性抗体中和后使病毒细胞培养物中的病毒粒子丧失了对Marc-145细胞的侵染性，由此证明病毒细胞培养物中可能存在PRRSV。

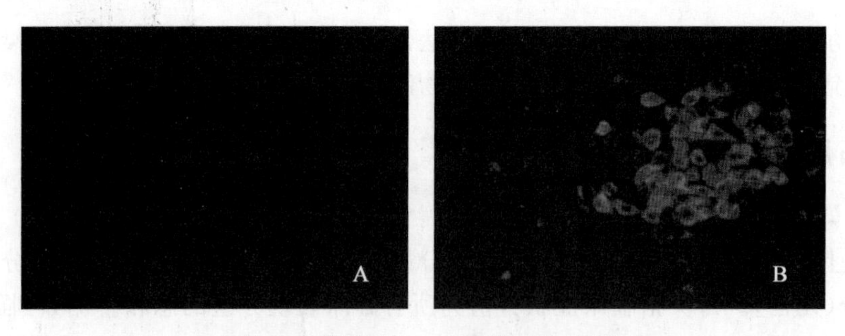

A:PRRSV 阴性对照　B:PRRSV 分离毒株

图 2-2　Marc-145 细胞分离毒株的间接免疫荧光鉴定结果

四、RT-PCR 鉴定结果

分离株第 3 代(F3)细胞培养物经 RT-PCR 扩增后,均可出现大小约 775 bp 的目的条带,与阳性对照相符(图 2-3),阴性对照未见条带。

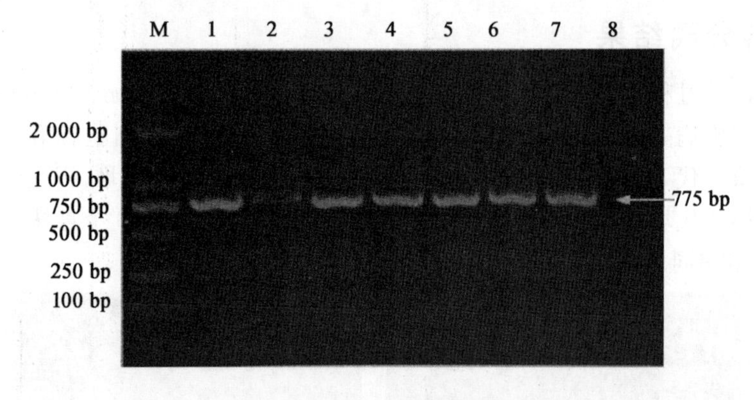

M:DNA Marker(DL 2000);1—6:6 株 Marc-145 细胞分离毒株;7:PRRSV 阳性对照;8:阴性对照

图 2-3　Marc-145 细胞分离毒株的 RT-PCR 扩增图

五、分离株 *ORF*5 基因序列扩增和分析

经 RT-PCR 扩增获得 *ORF*5 目的片段,经生物公司测序获得 6 株分离毒株的 *ORF*5 基因序列,全长均为 603bp,编码 200 个氨基酸。对 6 株分离株及其他国内外参考毒株 *ORF*5 基因及其推导氨基酸进行同源性分析,结果显示,本研究获得的 6 个分离毒株之间核苷酸同源性在 98.3%～99.7%之间,推导氨基酸的同源性在 97%～99.5%之间;与国内近期分离的 HP-PRRSV 毒株间核苷酸及氨基酸的同源性均较高,分别为 97.7%～99.6%和 97%～99.5%;与 2006 年以前的国内分离株和国外分离株间同源性较低,分别为 88.2%～96%和 87.6%～93%;与欧洲型代表株 LV 同源性最低,分别为 63.3%～63.7%和 57.2%～57.7%(表 2-3)。

表 2-3 不同 PRRSV 毒株间 *ORF*5 基因核苷酸序列的同源性比较/%

相似度（右上）/ 变异度（左下）

	1	2	3	4	5	6	7	8	9	10	11	12	13	14	15	16	17	18	19	20	21	22		
1		97.0	90.9	89.1	88.9	88.7	89.2	88.7	88.7	88.7	88.7	88.9	88.6	88.4	64.7	85.2	88.9	96.8	97.5	90.4	88.7	97.8	1	16244B
2	3.1		91.2	88.6	88.7	88.6	89.1	88.2	88.2	88.6	88.2	88.4	88.4	88.2	64.0	86.4	88.7	98.5	99.5	90.4	88.6	99.2	2	BJ-4
3	9.9	9.5		95.2	95.7	95.2	94.9	95.2	95.2	95.5	94.0	94.5	95.4	94.9	64.0	87.2	95.4	91.5	91.7	92.7	95.5	92.0	3	CH-1a
4	12.0	12.6	5.0		92.9	96.7	96.0	96.7	96.7	97.0	95.9	96.0	96.8	96.4	63.2	86.9	96.8	88.9	89.1	90.4	96.8	89.4	4	HB-1
5	12.3	12.5	4.5	7.6		92.4	92.7	92.4	92.4	92.7	92.2	92.4	92.5	92.0	62.7	86.7	92.5	88.7	88.9	90.0	92.5	88.9	5	HB-2
6	12.4	12.6	5.0	3.4	8.2		99.3	99.3	99.3	99.7	98.7	99.3	99.5	99.7	63.7	87.6	99.5	88.9	89.1	90.0	99.5	89.4	6	HEN1
7	11.8	12.0	5.4	4.1	7.8	0.7		98.7	98.7	99.0	98.7	99.3	98.8	99.0	63.7	87.4	98.8	89.4	89.6	90.2	98.8	89.9	7	HLJ1
8	12.4	13.0	5.0	3.4	8.2	0.7	1.3		100.0	99.7	98.0	98.7	99.5	99.0	63.3	87.2	99.5	88.6	88.7	90.0	99.5	89.1	8	HUB1
9	12.4	13.0	5.0	3.4	8.2	0.7	1.3	0.0		99.7	98.0	98.7	99.5	99.0	63.3	87.2	99.5	88.6	88.7	90.0	99.5	89.1	9	HUB2
10	12.4	12.6	4.6	3.1	7.8	0.3	1.0	0.3	0.3		98.3	99.0	99.8	99.3	63.5	87.6	99.8	88.9	89.1	90.4	99.8	89.4	10	HUN4
11	13.0	13.6	6.3	4.8	8.9	1.7	1.7	2.4	2.4	2.0		99.2	98.3	98.5	63.7	87.2	98.3	88.6	88.7	89.9	98.3	89.1	11	JL1
12	12.2	12.8	5.7	4.1	8.2	0.7	0.7	1.3	1.3	1.0	1.3		98.8	99.0	63.8	87.1	98.8	88.7	88.9	89.9	98.8	89.2	12	JL2
13	12.6	12.8	4.8	3.2	8.0	0.5	1.2	0.5	0.5	0.2	2.2	1.2		99.2	63.3	87.4	99.7	88.7	88.9	90.2	99.7	89.2	13	JXA1
14	12.9	13.0	5.4	3.8	8.6	0.3	1.0	1.0	1.0	0.7	2.0	1.0	0.8		63.3	87.6	99.2	88.6	88.7	89.7	99.2	89.1	14	LN
15	47.7	48.4	48.7	51.0	51.5	49.9	49.9	50.3	50.3	49.9	49.8	49.6	50.3	50.7		62.9	63.5	63.5	63.3	61.2	63.3	63.7	15	LV
16	16.9	15.3	14.2	14.6	15.7	14.6	14.8	15.0	15.0	14.6	15.6	15.2	14.8	14.6	53.8		87.7	86.1	86.2	86.4	86.9	86.2	16	MN184A
17	12.2	12.4	4.8	3.2	8.0	0.5	1.2	0.5	0.5	0.2	2.2	1.2	0.3	0.8	49.6	14.4		89.1	89.2	90.2	99.7	89.6	17	NM1
18	3.2	1.5	9.1	12.2	12.5	12.2	11.6	12.6	12.6	12.2	13.2	12.4	12.4	12.6	48.9	15.7	12.0		99.0	90.9	88.9	99.0	18	PA8
19	2.6	0.5	8.9	12.0	12.3	12.0	11.4	12.4	12.4	12.0	13.0	12.2	12.2	12.4	49.5	15.5	11.8	1.0		90.9	89.1	99.7	19	RespPRRS
20	10.5	10.5	7.8	10.5	10.9	10.8	10.6	10.8	10.8	10.4	11.8	11.0	10.6	11.2	52.4	15.3	10.6	9.8	9.9		90.4	91.2	20	SP
21	12.4	12.6	4.6	3.2	8.0	0.5	1.2	0.5	0.5	0.2	2.2	1.2	0.3	0.8	49.9	14.6	0.3	12.2	12.0	10.4		89.4	21	TJ
22	2.2	0.8	8.5	11.6	12.3	11.6	11.0	12.0	12.0	11.6	12.6	11.8	11.8	12.0	48.7	15.5	11.4	1.0	0.3	9.5	11.6		22	VR-2332
	1	2	3	4	5	6	7	8	9	10	11	12	13	14	15	16	17	18	19	20	21	22		

应用 DNAstar 软件绘制 6 个 PRRSV 分离株 *ORF*5 基因的系统进化树(图 2-4),结果表明,6 株分离株与 2006 年以后分离的 HP-PRRSV 毒株间遗传距离较近,与美洲型标准株 VR-2332 共同位于一个分支,而与欧洲型标准株 LV 的遗传距离较远,说明所分离的 6 株 PRRSV 应属于美洲型毒株。

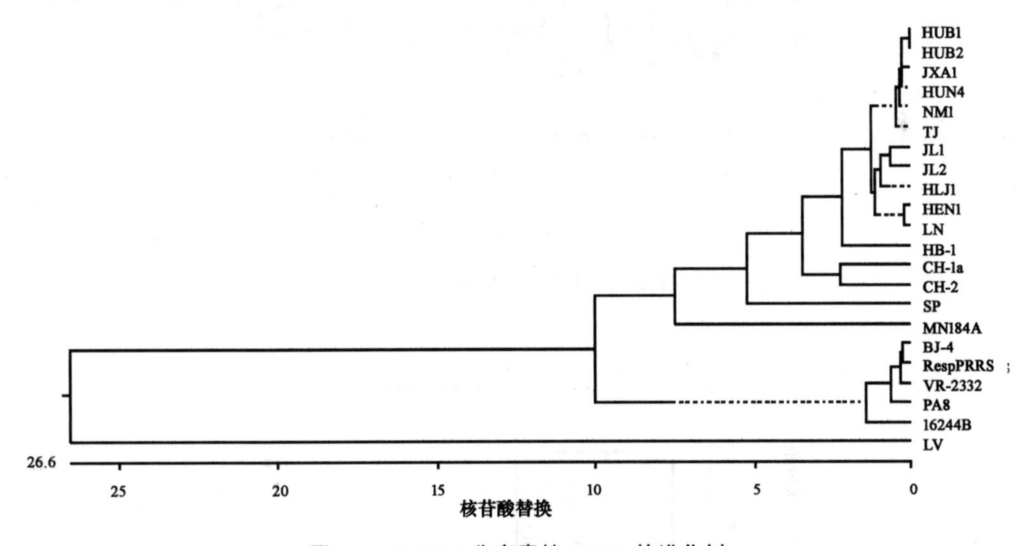

图 2-4 PRRSV 分离毒株 *ORF*5 的进化树

六、分离病毒命名

试验室分离的 6 株病毒经 IFA、SN 和 RT-PCR 方法鉴定为 PRRSV,根据分离地点不同分别将其命名为 PRRSV TJ 株、NM1 株、HLJ1 株、JL1 株、JL2 株和 LN 株。

七、病毒滴度测定

测得 PRRSV TJ 株、NM1 株、HLJ1 株、JL1 株、JL2 株和 LN 株第 3 代 Marc-145 细胞培养物的病毒含量分别为 $10^{5.8}$ $TCID_{50}$/mL、$10^{5.0}$ $TCID_{50}$/mL、$10^{4.6}$ $TCID_{50}$/mL、$10^{5.1}$ $TCID_{50}$/mL、$10^{4.5}$ $TCID_{50}$/mL 和 $10^{4.3}$ $TCID_{50}$/mL。

八、TJ 株病毒致病性

1. 临床观察

5 头 60 日龄猪人工感染 PRRSV TJ-F3 后 2～14 d 出现体温升高，体温在 40.5～42℃之间，且出现持续高热(≥41℃)，一般为 3～6 d，最高可达 42℃。攻毒后 2～14 d 攻毒组体温均明显高于对照组(P<0.01)(图 2-5)。攻毒组猪均表现出明显临床症状，主要包括精神沉郁、呼吸困难、皮肤发绀、颤抖和后肢麻痹等症状，攻毒组猪临床症状分值明显高于对照组(图 2-6)。在感染后 8～21 d 内，有 2 头感染猪死亡。试验过程中对照组仔猪体温、食欲和精神状态均正常，无明显临床症状。

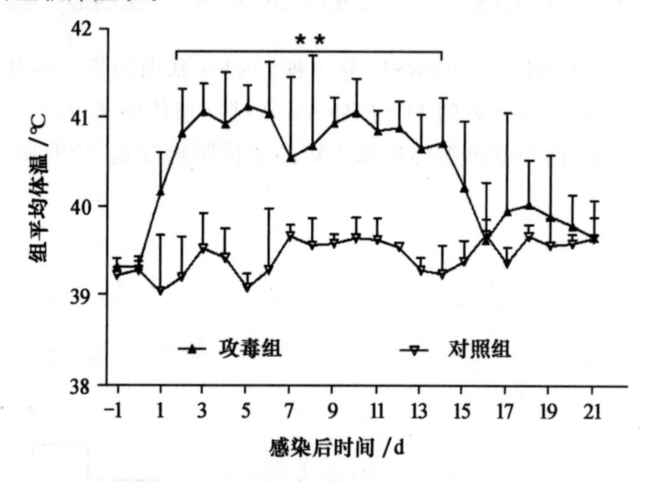

图 2-5 各试验组猪平均体温/℃

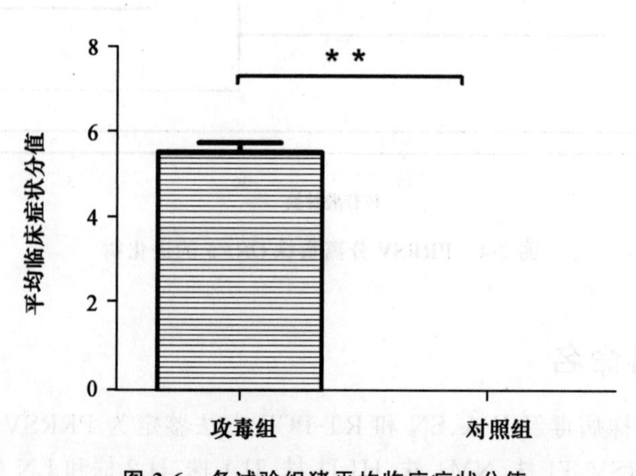

图 2-6 各试验组猪平均临床症状分值

2. 解剖病理变化

病毒感染猪剖检均可见肺脏出现明显实变(图 2-7),全身性淋巴结出血、肿大,尤其是腹股沟淋巴结和肠系膜淋巴结。其他病理变化主要包括:部分猪皮肤(特别是四肢、腹部和耳部)发绀,脾脏轻度肿大、质地变硬、边缘呈锯齿突起,肾脏有出血点或出血斑。各阴性对照组猪没有发现明显的眼观病变。

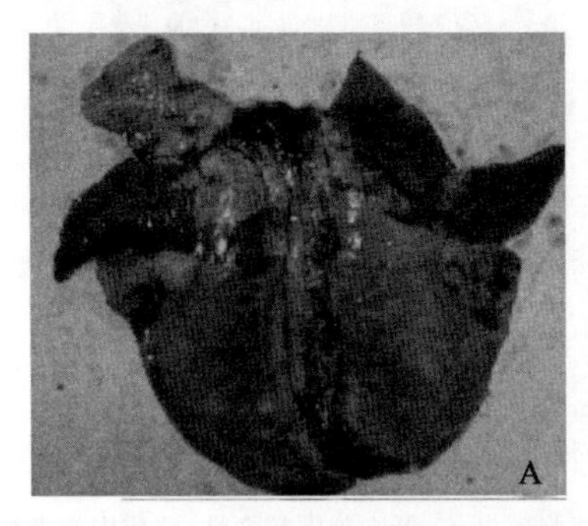

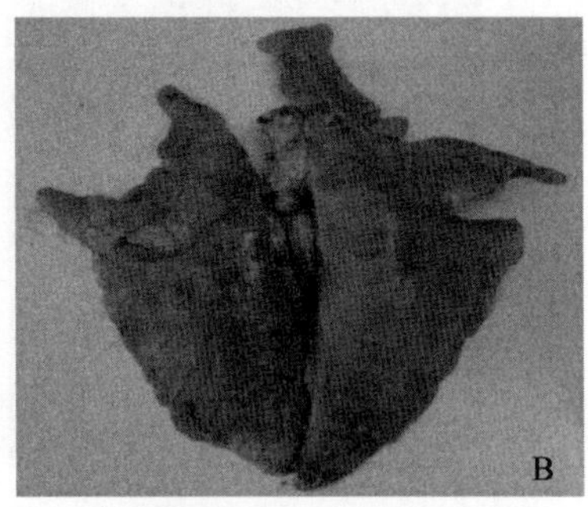

A:病毒感染猪肺;B:对照猪肺

图 2-7　感染猪肺脏解剖病变:感染猪肺实变

3. 组织病理变化

感染猪病理组织学检测主要表现为中等到严重程度的增生性间质性肺炎,可见肺泡间隔明显增宽,肺泡壁毛细血管扩张、充血,大量炎细胞浸润(图 2-8);淋巴结广泛出血,可见大量嗜酸性粒细胞浸润;淋巴细胞明显减少;脾脏出血,被膜发生变性、坏死,其中淋巴细胞坏死、崩解,数量明显减少;肝淤血,肝细胞颗粒变性、脂肪变性,间质内有炎性细胞浸润;肾小囊扩大,间质有炎性细胞浸润(图 2-9)。对照组实验动物各脏器无病理变化。

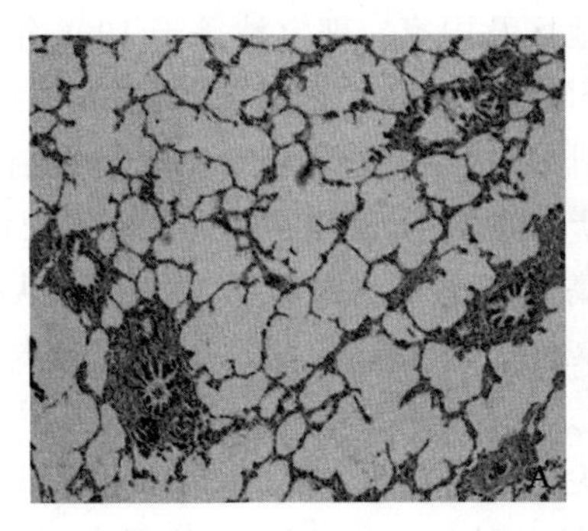

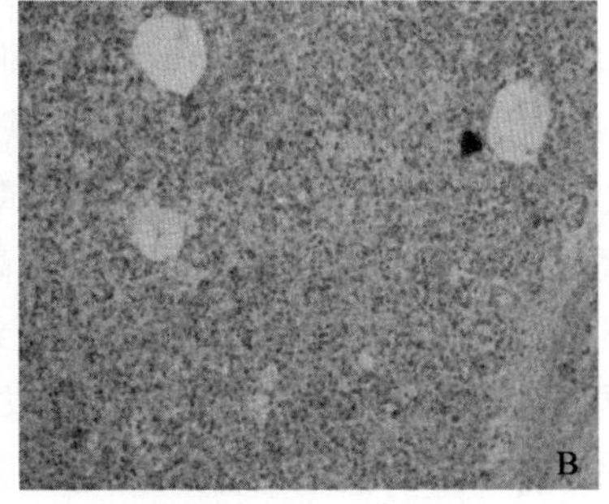

A:阴性对照猪　B:感染猪

图 2-8　肺脏显微病变(200×).HE

4. 病毒血症检测

病毒感染猪后第 3 日即可从采集的血清样品中分离到 PRRSV,至试验结束所有猪病毒分离仍为阳性。对照组猪的血清样品病毒分离结果均为阴性。

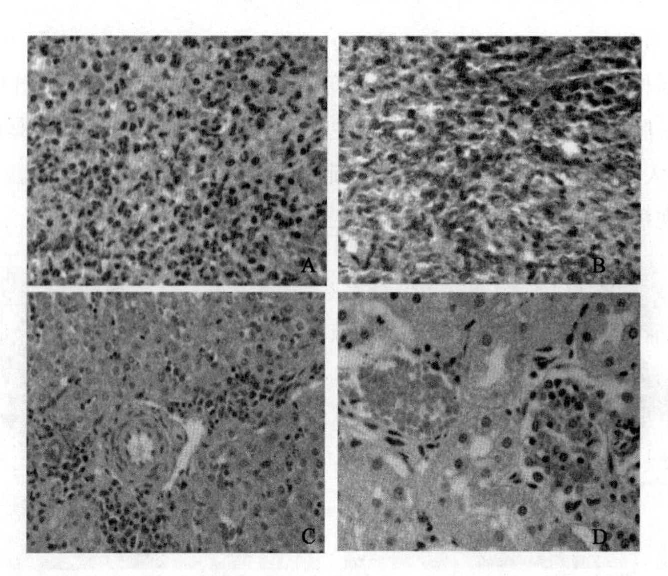

A:淋巴结淋巴细胞坏死、减少;B:脾淋巴样坏死、淋巴细胞减少;C:肝细胞颗粒变性,间质内有炎性细胞浸润;D:肾小囊扩大,间质有炎性细胞浸润(200×). HE.

图 2-9 感染猪其他脏器显微病变

第三节 讨　　论

猪繁殖与呼吸综合征(PRRS)是危害养猪业的重要疾病之一,临床主要表现为母猪的繁殖障碍和仔猪的呼吸道症状。该病 1987 年首先在美国发生,随后几年之内在北美洲和欧洲大陆均有该病发生的报道,现已蔓延至许多亚太地区及国家。郭宝清等于 1996 年从国内发生疑似 PRRS 猪场的流产胎儿中分离出 PRRSV,证实了 PRRSV 在我国的存在。目前 PRRS 已呈世界性分布,根据临床和血清学调查,该病在我国广泛存在,而且近年来疫病流行呈上升态势。2006 年夏秋之际,我国南方部分地区暴发了严重的"猪高热病"疫情,此次疫病以仔猪高热(41℃以上)、高发病率和高死亡率以及母猪的高流产率为主要特征,据统计,某些地区的发病率可达 50%~100%,病死率达 20%~100%。2007 年 3 月,农业部正式公布本次疫病的主要病原为"高致病性蓝耳病变异病毒"。该病暴发之后,在不到半年的时间内几乎传遍了我国主要养猪省份,给我国养猪业造成巨大的经济损失。本研究将 2006—2010 年采集的高热病致死猪病料进行了病毒分离,获得了 6 株 PRRSV,经过对分离株 *ORF*5 基因序列分析证实,分离株与 2006 年以后流行的 HP-PRRSV 具有较高的同源性。

用于 PRRSV 分离的细胞主要有猪原代肺泡巨噬细胞(PAM)和传代细胞 MA104、Marc-145、CL-11171、CL-2621 和 HS2H。但不同的 PRRSV 分离株对分离细胞表现出不同的侵染性,有的毒株仅在一种细胞中增殖,有的可在多种细胞中增殖。PAM 对 PRRSV 的敏感性高于传代细胞,通常对临床样品进行病毒分离多采用 PAM,但 PAM 难以获取,而且供体猪的年龄和个体差异会影响细胞分离病毒的敏感性。本试验采用 Marc-145 细胞对所采集的病料进行病毒分离,其中血清样品接种 Marc-145 细胞后,1 代即可表现出明显的特征性 CPE,主要表现为细胞聚集成丛、变圆、随后固缩、脱落，表明这6株PRRSV分离株对Marc-145细胞嗜性较强。高志强等分离美洲型变异株HB-(sh)/2002时发现该毒株只适于在原代细胞PAM上增殖，而本研究中分离的病毒均能够在传代细胞Marc-145上增殖，这种差异是否与NSP2变异对细胞嗜性的改变有关，需进一步研究。

国内外很多研究表明，将经典的PRRSV分离株人工感染试验猪后，临床症状仅表现为短暂发热，所建立的动物感染模型并不理想。PRRSV不同分离株对猪表现的致病性有所不同，这可能与毒株毒力、病毒感染途径以及宿主的种类和年龄等因素有关。有些毒株感染后可导致肺脏出现病变，而有些毒株感染后可导致母猪的繁殖障碍。Halbur等应用经典的美洲型PRRSV分别感染仔猪和母猪建立人工感染模型，结果成功复制出了仔猪的呼吸道疾病和母猪的繁殖障碍。

本研究应用TJ株成功建立了HP-PRRSV人工感染模型，其发病特征与韦天超报道基本相符，均重复出HP-PRRS典型的临床症状。在我国应用SPF和CDCD(cesarean-derived colostrum-deprived)猪建立PRRSV的人工感染模型较难，因此普通饲养仔猪成为我们建立PRRSV人工感染模型所使用的动物。根据我国目前PRRS活疫苗的免疫程序和该疫苗产生有效免疫保护的时间，我们确定使用60日龄左右的普通仔猪建立感染模型更适合今后评价疫苗的免疫效果。

第三章　HP-PRRSV 分离株全基因组序列测定与遗传特征分析

猪繁殖与呼吸综合征病毒(PRRSV)属动脉炎病毒科、动脉炎病毒属成员,可分为 2 种基因型,分别是以 VR-2332 为代表的美洲型和以 LV 株为代表的欧洲型。PRRSV 基因组全长约 15 kb,分别由 5′UTR、9 个开放阅读框(*ORF*1a、*ORF*1b、*ORF*2～*ORF*7)和 3′UTR(含 PolyA)组成,其中 *ORF*1a 和 *ORF*1b 约占病毒基因组的 80%,分别编码 RNA 复制酶和转录相关蛋白。*ORF*2～*ORF*7 基因分别编码病毒的结构蛋白 GP2、E、GP3、GP4、GP5、M 和 N。PRRSV 分离株间的核苷酸序列存在明显差异,尤其是 NSP2、*ORF*3 和 *ORF*5 基因变异较大。因此,研究 PRRSV 分离株各基因间的变异情况对进一步理解 PRRSV 遗传演化规律及 PRRSV 毒力起到重要作用,同时也为疫病防控和研制安全、高效疫苗提供坚实的理论基础。

2006 年 HP-PRRS 在我国暴发,该病以高热(41℃以上)、高发病率和高死亡率为主要特征。本研究将 2006 年至 2016 年从我国北方部分省、市发生疑似 HP-PRRS 的猪场采集发病猪的血清、肺、脾和淋巴结等组织病料接种 Marc-145 细胞,分离到 6 株 PRRSV,分别为 TJ 株、NM1 株、HLJ1 株、JL1 株、JL2 株和 LN 株。为了分析 PRRSV 流行毒株的遗传背景和基因变异情况,对本试验室所分离到的 6 株分离毒株进行全基因序列测定,并运用分子生物学软件对分离毒株与参考毒株的全基因序列进行比较和分析。结果表明,这 6 株病毒与国内近期分离的 HP-PRRSV 同源性均较高,在 98.2%～98.9%之间,而与欧洲型标准株 LV 全基因序列同源性最低为 61.3%～61.9%,与美洲型标准株 VR-2332 同源性介于前二者之间为 89.2%～89.6%,进一步说明所分离的 6 株病毒均为美洲型 PRRSV。且这 6 株病毒在 NSP2 均存在不连续的 90 个核苷酸的缺失,与其他 HP-PRRSV 毒株相同。通过对分离株病毒各基因的比较分析发现,非结构蛋白基因 NSP2 和结构蛋白基因 *ORF*5 基因变异最为明显。通过与美洲型毒株 VR-2332 和 16244B 两个强毒株各功能基因比对发现,在推测的 9 个可能的毒力相关的氨基酸中,分离的 6 株 PRRSV 与国内近期分离的 HP-PRRSV 较为一致。

第一节　材料与方法

一、试验材料

1.病毒与细胞

猪繁殖与呼吸综合征病毒 TJ 株、NM1 株、HLJ1 株、JL1 株、JL2 株和 LN 株第 3 代(F3)细胞培养液,由本课题组分离、鉴定并保存。Marc-145 细胞由本试验室冻存。

2. 主要试验试剂

RNA 提取试剂盒为生工生物工程（上海）股份有限公司产品；MLV Recerse Transcriptase、Rnasin、限制性内切酶为 Promega 公司产品；*Ex Taq* DNA 聚合酶、dNTPs、pMD-18T 载体、DNA 胶回收试剂盒均为宝生物工程（大连）有限公司产品；质粒提取试剂盒为 Axygen 公司产品。

3. 主要仪器设备

生物安全柜为新加坡 ESCO 产品；超纯水仪（MILLI-Q）为美国密理博公司产品；振荡器为上海四创实业有限公司产品；电热恒温鼓风干燥箱为上海精宏试验设备有限公司产品；CO_2 培养箱为美国 Thermo 公司产品；低温离心机为日本三洋公司产品；96 孔梯度 PCR 仪为美国伯乐公司产品；凝胶成像系统为上海天能科技有限公司产品。

二、引物设计

根据 GenBank 中美洲型 PRRSV 标准株 VR-2332 基因序列，设计特异性引物用于扩增 PRRSV 全基因组（表 3-1）。引物由英潍捷基（上海）贸易有限公司合成。

三、病毒 RNA 的提取

参照 RNA 提取试剂盒说明书，按照本书第二章介绍的方法提取。

四、病毒 RNA 的反转录

反转录（RT）体系（25 μL 体系）：在灭菌的 0.5 mL 离心管中加入随机引物（50 pmol/L）5.0 μL，总 RNA 5.0 μL，混匀后置 70℃水浴中放置 10 min，之后冰水浴 5 min，再依次加入 10×Buffer 2 μL，10 mmol/L dNTP 4 μL，RNasin 0.5 μL，M-MLV 1.0 μL，DEPC H_2O 7.5 μL。将上述混合物混匀，置 42℃水浴锅中温浴 1～2 h 后，70℃水浴中 10 min 灭活反转录酶，立即置冰上冷却 5 min，进行 PCR 或－20℃保存、备用。

五、全基因 PCR 扩增

PCR 反应体系（25 μL 体系）：在灭菌的 0.2 mL PCR 管中加入 10×Buffer 2.5 μL，2.5 mmol/L dNTP 2 μL，上游引物（10 pmol/L）1 μL，下游引物（10 pmol/L）1 μL，*Ex Taq* 0.5 μL，cDNA 2 μL，ddH_2O 16 μL。将上述反应体系混匀后进行 PCR 扩增。PCR 反应程序为 95℃预变性 5 min，94℃变性 50 s，53～58℃退火 1 min，72℃延伸 1 min，35 个循环后，72℃延伸 10 min。反应结束后，取 5 μL PCR 产物置 1.0%琼脂糖凝胶中，电泳检测 PCR 产物。

六、PCR 产物的回收

参照 DNA 凝胶回收试剂盒说明书，按照本书第二章介绍的方法进行。

七、纯化 PCR 产物与 T 载体的连接及连接产物转化

将回收纯化的 PCR 产物连接入 pMD18-T 载体，反应体系（10 μL）如下：5 μL SolutionⅠ、4 μL 纯化 PCR 产物，1 μL pMD18-T 载体。离心混匀后置于 16℃水浴连接 9～12 h。

取 5 μL 连接液加入 100 μL 新解冻感受态细胞内，轻轻混匀；冰上放置 30 min 后，42℃水浴热激 90 s，再次置于冰上 2 min；加入 900 μL LB 培养基，37℃下 100～150 r/min 振荡培养

4～5 h；取 200 μL 细菌均匀涂布于含氨苄青霉素（100 μg/mL）的固体培养基平板中，置于37℃培养过夜。

表 3-1　全基因组扩增引物列表

片段	引物序列	位置	扩增长度/bp
A	5′-ATGACGTATAGGTGTTGG-3′ 5′-GCGGATCCAACTCTCCTTAACAG-3′	1～1 203	1 203
B	5′-ATGGACCTATCGTCATACAGT-3′ 5′-ATGAACCTCGTCACCTTGT-3′	1 154～2 379	1 226
C	5′-ATCAGTACCTCCGTGGCG-3′ 5′-CATAGGTGTCATCGGCTC-3′	2 108～2 832	725
D	5′-CGAGCCGATGACACCTAT-3′ 5′-TCTGCAACAATGCCAAGC-3′	2 814～4 238	1 425
E	5′-CGCCAGAGTGTAGGAACG-3′ 5′-GGTGACGAGACCAGCAAT-3′	4 070～5 373	1 304
F	5′-TACTAACATTGCTGGTCTCG-3′ 5′-TTCCCTCAACTTTCCCTC-3′	5 349～6 663	1 315
G	5′-TACCGCTGCCTTCACAAT-3′ 5′-CGTGCCATCAATCCCAGT-3′	6 574～7 916	1 343
H	5′-GAAACACTGGGATTGATGG-3′ 5′-ATGGTTGTCTTCTTTGGGT-3′	7 894～9 232	1 339
I	5′-CGACGACCTTGTGCTGTA-3′ 5′-GGTGAGGACTTGCCCATA-3′	9 122～10 481	1 360
J	5′-GTGATGCCATTCAACCAG-3′ 5′-CGGATGTATGAGGCGTAG-3′	10 378～11 569	1 192
K	5′-GAATCAGTTGCGGTGGTC-3′ 5′-CAGGGTGAACGGTAGAGC-3′	11 322～12 186	865
L	5′-GGAGTTCTCGCTTGATGAT-3′ 5′-TTGGCAGTGATGGTGATG-3′	11 759～13 401	1 642
M	5′-GGTTTCACCTGGAATGGC-3′ 5′-CACTGGCGTGTAGGTAATG-3′	13 138～14 371	1 234
N	5′-AGTTGTGCTTGATGGTTCC-3′ 5′-TTTTTTTTTTTTTTTTTTTTTTTTTTTTTTTT-3′	14 231～15 360	1 130

八、重组质粒的提取

参照质粒提取试剂盒使用说明书，按本书第二章介绍的方法进行。

九、重组质粒的鉴定

(一)PCR 鉴定

以提取的重组质粒为模板,参照本书第二章中 PCR 反应体系对各片段进行 PCR 扩增。应用 1%琼脂糖凝胶对扩增产物进行鉴定。

(二)酶切鉴定

用限制性内切酶 *Eco*RⅠ、*Hin*dⅢ、*Bam*HⅠ和 *Sal*Ⅰ对重组质粒分别进行酶切鉴定,酶切反应体(10 μL)系如下:

重组质粒	8.0 μL
10× M/K/H Buffer	1.0 μL
*Eco*RⅠ、*Bam*HⅠ或 *Sal*Ⅰ	0.5 μL
*Hin*dⅢ或 *Bam*HⅠ	0.5 μL
总体积	10.0 μL

将上述混合体系置 37℃水浴 2~3 h 后取 7 μL 进行凝胶电泳检测。

十、重组质粒的测序分析

取经 PCR 鉴定和酶切鉴定均为阳性的单克隆质粒,取 200 μL 菌液送英潍捷基(上海)贸易有限公司测序。测序结果用 SeqMan 软件进行分析和拼接,而后用 DNAStar 5.0 和 Mega 4.0 软件进行病毒基因组的比较分析,确定各 PRRSV 分离株与已发表的国内外 PRRSV 分离株的遗传演化关系,并绘制它们的系统进化树。参考 PRRSV 毒株有关信息见本书第二章表 2-2。

第二节 结果与分析

一、PRRSV 分离株全基因 RT-PCR 扩增

通过 RT-PCR 条件的优化,应用设计的特异性引物,扩增出了 PRRSV TJ 株、NM1 株、HLJ1 株、JL1 株、JL2 株和 LN 株的各基因片段,大小与预期片段一致。

二、全基因序列拼接结果

经 SeqMan 软件拼接获得 6 株分离株病毒的全长基因序列。各分离株基因序列全长均为 15 320 nt(不含 PolyA 尾),与欧洲株 LV 相比序列长度差异较大,与美洲株 VR-2332 相比序列长度较为近似。6 株分离株在非结构蛋白基因 *ORF*1a 中的 NSP2 区段均出现 90 nt 的缺失,结构蛋白基因长度与比对的所有美洲毒株都保持一致(表 3-2)。6 株分离株中 TJ 株和 NM1 株全基因组 cDNA 序列已登录 GenBank 数据库,登录号(Accession number)分别为 EU860248 和 EU860249。

表 3-2 PRRSV 分离株与其他美洲型毒株及 LV 株基因组长度比较

毒株	阅读框									
	5′UTR	*ORF*1a	*ORF*1b	*ORF*2	*ORF*3	*ORF*4	*ORF*5	*ORF*6	*ORF*7	3′UTR
VR-2332	189	7 512	4 383	771	765	537	603	525	372	151
CH-1a	190	7 512	4 383	771	765	537	603	525	372	151
BJ-4	190	7 509	4 383	771	765	537	603	525	372	151
Resp PRRS	190	7 512	4 383	771	765	537	603	525	372	151
LV	221	7 191	4 406	750	798	552	606	522	387	114
JXA1	189	7 422	4 383	771	765	537	603	525	372	150
TJ	189	7 422	4 383	771	765	537	603	525	372	150
NM1	189	7 422	4 383	771	765	537	603	525	372	150
HLJ1	189	7 422	4 383	771	765	537	603	525	372	150
JL1	189	7 422	4 383	771	765	537	603	525	372	150
JL2	189	7 422	4 383	771	765	537	603	525	372	150
LN	189	7 422	4 383	771	765	537	603	525	372	150

三、非结构蛋白的序列分析

6 株分离毒株 *ORF*1a 序列长度均为 7 422 nt，*ORF*1b 序列长度均为 4 383 nt。6 株分离毒株 *ORF*1a 基因与其他毒株相比，与 2006 年后分离的 HP-PRRSV 美洲株同源性最高，如与 HUN4、HUB2 和 JAX1 等毒株相比，核苷酸同源性均可达到 98.0%以上，其推导的氨基酸同源性均在 98.6%左右；而与传统美洲型毒株 VR-2332 株核苷酸同源性可达到 87.3%～87.7%，推导的氨基酸同源性为 86.3%～86.7%；而与欧洲株的同源性比美洲株低，与欧洲株 LV 相比其核苷酸和推导的氨基酸同源性分别为 59.1%～59.2%和 46.1%～46.4%(表 3-3，表 3-4)。*ORF*1a 的编码产物为一个聚合蛋白，含有 9 个推测的非结构蛋白(NSP1α、NSP1β、NSP2～NSP8)，序列比对发现，其 N-端和 C-端较为保守，中央区的氨基酸同源性则较低，其中以 NSP2 为主的区段的同源性差异最大，而且基因部位容易发生基因的缺失和插入。与美洲型标准毒株 VR-2332 相比，6 株分离毒株在 NSP2 序列均在不连续 30 个氨基酸的缺失(图 3-1)。NSP1β 是 *ORF*1a 中另一变异较为明显的蛋白，6 株分离毒株与其他美洲型 PRRSV 的核苷酸同源性分别为 85.8%～99.1%，氨基酸同源性分别为 82.9%～99.1%。*ORF*1b 的核苷酸序列长度为 4 383 nt，编码 1 460 个氨基酸，*ORF*1b 区段相对较为保守，与其他美洲型毒株的 *ORF*1b 基因的核苷酸和推导氨基酸同源性比对结果表明，*ORF*1b 的变异程度不高，核苷酸和氨基酸同源性均在 90%以上。

表 3-3 PRRSV 分离毒株与其他毒株 *ORF*1a 基因核苷酸序列的同源性比较/%

相似度

变异度

	1	2	3	4	5	6	7	8	9	10	11	12	13	14	15	16	17	18	19	20	21		
1		98.2	89.2	87.2	87.0	87.2	87.0	87.1	87.2	87.3	87.0	87.1	87.2	86.9	59.8	87.2	98.0	98.4	91.3	87.3	98.4	1	16244B
2	1.8		89.8	87.5	87.4	87.5	87.3	87.4	87.4	87.5	87.2	87.3	87.4	87.1	33.0	87.5	99.2	99.7	92.1	87.5	99.6	2	BJ-4
3	11.9	11.3		95.0	94.1	94.1	93.8	94.0	94.1	94.3	93.8	93.4	94.1	93.6	32.9	94.1	89.5	89.9	88.5	94.3	89.9	3	CH-1a
4	14.4	14.1	5.3		91.5	96.8	96.3	96.7	96.8	96.9	96.5	96.0	96.7	96.1	32.9	96.8	87.3	87.6	86.5	96.9	87.6	4	HB-1
5	14.8	14.2	6.2	9.3		90.6	90.4	90.5	90.6	90.8	90.4	90.1	90.6	90.2	59.3	90.6	87.2	87.6	86.6	90.7	87.6	5	HB-2
6	14.5	14.1	6.2	3.3	9.8		98.7	99.1	99.2	99.2	98.8	98.5	99.0	98.5	59.2	99.1	87.3	87.6	86.4	99.2	87.6	6	HEN1
7	14.8	14.4	6.6	3.8	10.1	1.4		98.8	98.8	98.9	98.4	97.9	98.7	97.9	59.2	98.7	87.1	87.4	86.3	98.8	87.4	7	HLJ1
8	14.6	14.2	6.3	3.4	9.9	0.9	1.2		99.9	99.2	98.8	98.3	99.0	98.4	59.4	99.2	87.2	87.5	86.4	99.2	87.5	8	HUB1
9	14.5	14.1	6.2	3.3	9.8	0.8	1.2	0.0		99.3	98.8	98.4	99.0	98.4	59.4	99.2	87.2	87.6	86.4	99.2	87.6	9	HUB2
10	14.4	14.0	6.0	3.2	9.6	0.8	1.1	0.8	0.7		99.1	98.4	99.6	98.5	59.2	99.2	87.3	87.7	86.5	99.6	87.7	10	HUN4
11	14.8	14.4	6.5	3.6	10.1	1.2	1.6	1.2	1.2	0.9		98.0	98.9	98.3	59.2	98.7	87.1	87.4	86.3	99.1	87.4	11	JL1
12	14.6	14.3	7.0	4.1	10.4	1.5	2.1	1.7	1.7	1.6	2.0		98.3	97.7	59.2	98.3	87.1	87.5	86.2	98.3	87.5	12	JL2
13	14.6	14.2	6.3	3.4	9.8	1.0	1.3	1.0	1.0	0.4	1.1	1.8		98.3	59.4	99.0	87.2	87.6	86.5	99.4	87.6	13	JXA1
14	14.9	14.6	6.8	4.0	10.3	1.5	2.2	1.6	1.6	1.5	1.7	2.4	1.7		59.4	98.3	87.0	87.3	86.3	98.5	87.3	14	LN
15	65.1	65.7	66.8	66.0	66.5	66.1	66.0	66.0	65.9	65.9	65.9	66.1	65.9	66.2		59.1	33.0	33.0	33.2	59.1	33.0	15	LV
16	14.5	14.1	6.2	3.3	9.9	0.9	1.3	0.8	0.8	0.8	1.3	1.7	1.0	1.7	65.9		87.3	87.6	86.4	99.2	87.6	16	NM1
17	2.0	0.8	11.6	14.4	14.5	14.4	14.7	14.5	14.5	14.3	14.6	14.5	14.4	14.8	65.5	14.4		99.4	91.8	87.3	99.2	17	PA8
18	1.6	0.3	11.1	13.9	14.1	14.0	14.2	14.1	14.0	13.9	14.2	14.1	14.0	14.4	65.3	13.9	0.6		92.2	87.7	99.8	18	RespPRRS
19	9.4	8.5	12.8	15.4	15.6	15.6	15.8	15.7	15.6	15.5	15.8	15.9	15.6	15.8	65.6	15.6	8.9	8.3		86.6	92.2	19	SP
20	14.4	14.0	6.0	3.2	9.7	0.9	1.2	0.8	0.8	0.4	1.0	1.7	0.6	1.6	65.9	0.8	14.3	13.9	15.5		87.7	20	TJ
21	1.7	0.4	11.1	13.9	14.0	14.0	14.2	14.1	14.0	13.9	14.3	14.2	14.0	14.4	65.5	14.0	0.8	0.2	8.4	13.9		21	VR-2332
	1	2	3	4	5	6	7	8	9	10	11	12	13	14	15	16	17	18	19	20	21		

表 3-4 PRRSV 分离毒株与其他毒株 *ORF*1a 基因推导氨基酸序列的同源性比较/%

相似度

变异度

	1	2	3	4	5	6	7	8	9	10	11	12	13	14	15	16	17	18	19	20	21		
1		97.5	88.5	86.4	86.9	86.4	86.3	86.5	86.6	86.5	86.4	86.2	86.4	86.3	45.9	86.6	97.3	97.8	90.7	86.6	97.8	1	16244B
2	2.6		88.8	86.4	87.2	86.2	86.1	86.3	86.4	86.2	86.2	85.9	86.1	86.1	45.3	86.3	98.8	99.5	91.3	86.3	99.3	2	BJ-4
3	12.4	12.1		93.3	93.2	92.8	92.6	92.9	93.0	92.9	92.7	92.3	92.8	92.4	46.0	92.9	88.9	89.1	87.2	92.9	89.2	3	CH-1a
4	15.0	15.1	7.0		90.7	96.4	96.0	96.5	96.6	96.4	96.2	95.8	96.4	96.1	46.3	96.6	86.4	86.6	85.5	96.4	86.6	4	HB-1
5	14.5	14.2	7.1	10.0		90.6	90.3	90.5	90.6	90.7	90.3	90.1	90.5	90.3	45.8	90.5	87.3	87.4	86.3	90.6	87.5	5	HB-2
6	15.0	15.3	7.6	3.7	9.5		98.3	98.9	99.0	98.9	98.7	98.2	98.8	98.6	46.0	98.9	86.3	86.5	85.2	98.8	86.6	6	HEN1
7	15.2	15.3	7.8	4.1	9.9	1.7		98.7	98.7	98.6	98.3	97.6	98.6	98.1	46.3	98.6	86.3	86.5	85.2	98.6	86.5	7	HLJ1
8	14.9	15.1	7.4	3.6	9.6	1.1	1.3		99.9	99.0	98.9	98.1	99.0	98.7	46.1	99.2	86.4	86.6	85.3	99.1	86.7	8	HUB1
9	14.8	15.0	7.3	3.5	9.5	1.0	1.2	0.1		99.1	99.0	98.2	99.1	98.7	46.1	99.3	86.5	86.7	85.4	99.2	86.7	9	HUB2
10	15.0	15.2	7.4	3.7	9.4	1.1	1.4	0.9	0.9		99.2	98.1	99.5	98.5	46.1	99.1	86.3	86.5	85.3	99.5	86.6	10	HUN4
11	15.1	15.3	7.7	3.9	9.8	1.3	1.6	1.1	1.0	0.7		98.0	99.2	98.5	46.2	98.9	86.3	86.6	85.4	99.3	86.6	11	JL1
12	15.3	15.6	8.1	4.4	10.1	1.8	2.4	1.9	1.8	1.9	2.0		98.1	97.9	46.4	98.1	86.1	86.3	85.2	98.1	86.3	12	JL2
13	15.1	15.3	7.5	3.7	9.6	1.1	1.3	1.0	0.9	0.4	0.8	1.9		98.5	46.3	99.0	86.3	86.5	85.4	99.5	86.5	13	JXA1
14	15.2	15.4	7.9	4.0	9.9	1.4	1.9	1.3	1.2	1.4	1.4	2.1	1.5		46.0	98.6	86.2	86.4	85.1	98.6	86.4	14	LN
15	83.1	83.6	86.6	85.7	84.3	85.3	84.5	84.9	84.8	84.8	84.8	83.9	84.7	84.7		46.0	46.2	46.1	45.8	46.1	46.2	15	LV
16	14.8	15.1	7.4	3.5	9.7	1.1	1.3	0.8	0.7	0.9	1.1	1.8	0.9	1.3	84.9		86.5	86.7	85.4	99.1	86.7	16	NM1
17	2.7	1.2	12.0	15.0	14.0	15.1	15.1	15.0	14.9	15.0	15.1	15.4	15.1	15.2	83.3	14.9		99.2	91.1	86.5	99.0	17	PA8
18	2.1	0.5	11.8	14.7	13.9	14.8	14.9	14.7	14.6	14.8	14.9	15.1	14.9	15.0	83.2	14.6	0.8		91.5	86.7	99.6	18	RespPRRS
19	9.8	9.2	14.0	16.1	15.2	16.4	16.4	16.2	16.1	16.2	16.2	16.3	16.1	16.5	83.8	16.1	9.5	9.0		85.6	91.5	19	SP
20	14.8	15.1	7.4	3.6	9.5	1.1	1.3	0.9	0.8	0.4	0.7	1.8	0.5	1.4	84.5	0.9	14.9	14.6	16.0		86.7	20	TJ
21	2.2	0.7	11.7	14.7	13.8	14.7	14.8	14.6	14.5	14.7	14.8	15.0	14.8	14.9	83.2	14.5	1.0	0.3	8.9	14.5		21	VR-2332
	1	2	3	4	5	6	7	8	9	10	11	12	13	14	15	16	17	18	19	20	21		

```
VR-2332  E R K P V P A P R R K V G S D C G S P V S L G G D V P N S W E D L A V S S P F D L P T P P E P A T P S S E L V I V S S P Q C I F   512
CH-1a    . N . . . . . . . . . . . . . . . . . I L M . D N . . . G . . . F . . G G . L . F . . . S . . M . . L . . P . L M P A S . H . P   512
HB-1     . D . . . . . . . . . . R . G . . . . . L M . D N . . . G S . . . T . G G . L N F . . . S . . M . . M . . P . L T P A L . R V P   512
HUN4     . G . . . . . . . . . . R . . . . . . . L M . D N . . . G S . E - T . G G . L N F . . . S . . M . . M . . P . L M P A S R R V P   511
JXA1     . G . . . . . . . . . . R . . . . . . . L M . D N . . . G S . E - T . G G . L N F . . . S . . M . . M . . P . L . P A S R R V P   511
HLJ1     . D . . . . . . . . . . R . . . . . . . L M . D N . L . G S . E - T . G G . L N F . . . S . . M . . M C . P . L . P A S R R V P   511
JL1      . G . . . . . . . . . . R . . . . . . . L M . D N . . . G S . E - T . G G . L N F . . . S . . M . . M . . P . L . P A S R R V P   511
JL2      . G . . . . . . . . . . R . . . . . . . L M . D N . . . G S . E - T . G G . L N F . . . S . . M . . M . . P . L . P A S R R V P   511
LN       . D . . . . . . . . . . R . . . . . . . L M . D N . . . G S . E - T . G G . L N F . . . S . . M . . M . . P . L . P A S R F V P   511
NM1      . D . . . . . . . . . . R . . . . . . . L M . D N . . . G S . E - T . G G . L N F . . . S . . M . . M . . P . L . P A S R R V P   511
TJ       . G . . . . . . . . . . R . . . . . . . L M . D N . . . G S . E - T . G G . L N . . . . S . . M . . M . . P . L . P A S R R V P   511

VR-2332  R P A T P L S E P A P I P A P R G T V S R P V T P L S E P I P V P A P R R K F Q Q V K R L S S A A A I P P Y Q D E P L D L S A S   576
CH-1a    . . V . . . . G . . . V . . . . R . . . . . M . . . . . . . F . S . . . H . . . . . E E A N P . . T T L T . . . . . . . . . . F   576
HB-1     K L M . . . D G S . . V . . . . R . . . . . M . . . . . . . F L S . . . H . . . . . E E A N P . T T T L T H . N . . . . . . . .   576
HUN4     K L M . . . . G S . . V . . . . R . . T - - - - - - - - - - - - - - - - - - - - - - - - - - - - - T T L T H . . . . . . . P . .   546
JXA1     K L M . . . . G S . . V . . . . R . . T - - - - - - - - - - - - - - - - - - - - - - - - - - - - - T T L T H . . . . . . . . . .   546
HLJ1     K L M . . . . G S . . V . T . . R . . T - - - - - - - - - - - - - - - - - - - - - - - - - - - - - T T L T H . . . . . . . . . .   546
JL1      K L M I . . . G S . . V . . . . R . . T - - - - - - - - - - - - - - - - - - - - - - - - - - - - - T T L T H L . . . . . . . . .   546
JL2      K L M . . . . G S . . V . . . . R . . T - - - - - - - - - - - - - - - - - - - - - - - - - - - - - T T L T H . . . . . . . . . .   546
LN       E L M . . . I G S . . V . . . . R . . T - - - - - - - - - - - - - - - - - - - - - - - - - - - - - T T L T H . E . . . . . . . .   546
NM1      K L M . . . . G S . . V . . . . R . . T - - - - - - - - - - - - - - - - - - - - - - - - - - - - - T T L T H . . . . . . . . . .   546
TJ       K L M . . . . G S . . V . . . . R . . T - - - - - - - - - - - - - - - - - - - - - - - - - - - - - T T L T H . . . . . . . . . .   546
```

图 3-1　6 株分离 PRRSV NSP2 部分推定氨基酸序列与其他毒株的比较

注:- 表示氨基酸序列缺失位置；· 表示氨基酸与参考毒株相同。

四、结构蛋白的序列分析

TJ、NM1、HLJ1、JL1、JL2 和 LN 6 株分离病毒株与其他国内外发表毒株的各个结构蛋白核苷酸序列与推导氨基酸序列的相似性进行比较，结果表明在编码各主要结构蛋白的基因中 *ORF*5 基因变异最大，*ORF*6 次之，*ORF*7 是最保守的；而编码次要结构蛋白的基因中 *ORF*3 的变异最大，*ORF*4 次之，*ORF*2 最保守。

(一)GP2

TJ、NM1、HLJ1、JL1、JL2 和 LN 6 株分离株 *ORF*2 基因与美洲型经典毒株 VR-2332 相比核苷酸同源性为 93.5%～94.1%，其编码蛋白 GP2 的氨基酸突变个数分别为 17、17、18、17、18 和 18 个；与疫苗株 MLVResp PRRS 相比，核苷酸同源性为 93.5%～94.1%；编码 GP2 的氨基酸突变个数分别为 19、19、20、19、20 和 20；与国内分离经典强毒株 CH-1a 核苷酸同源性为 95.4%～96.2%，其编码蛋白 GP2 的氨基酸突变个数分别为 8、8、9、8、9 和 9 个；与高致病性毒株 JXA1 核苷酸同源性为 98.4%～100%，其编码蛋白 GP2 的氨基酸突变个数分别为 0、0、1($W^{18}\rightarrow L^{18}$)、0、1($S^{43}\rightarrow L^{43}$)和 1($K^{12}\rightarrow R^{12}$)个(表 3-5，图 3-2)。

表 3-5　PRRSV 分离毒株与其他毒株 *ORF*2 基因核苷酸序列的同源性比较/%

相似度（右上）；变异度（左下）

	1	2	3	4	5	6	7	8	9	10	11	12	13	14	15	16		
1	■	95.7	100.0	99.7	94.6	100.0	94.9	93.8	94.1	94.1	94.1	93.5	94.1	94.1	93.8	93.8	**1**	VR-2332
2	4.5	■	95.7	95.4	93.0	95.7	93.3	92.2	92.5	92.5	92.5	91.9	92.5	92.5	91.9	92.2	**2**	SP
3	0.0	4.5	■	99.7	94.6	100.0	94.9	93.8	94.1	94.1	94.1	93.5	94.1	94.1	93.8	93.8	**3**	RespPRRS
4	0.3	4.7	0.3	■	94.4	99.7	94.6	93.5	93.8	93.8	93.8	93.3	93.8	93.8	93.5	93.5	**4**	PA8
5	5.7	7.4	5.7	6.0	■	94.6	96.5	96.0	96.2	96.2	96.2	95.7	96.2	95.4	96.0	96.0	**5**	CH-1a
6	0.0	4.5	0.0	0.3	5.7	■	94.9	93.8	94.1	94.1	94.1	93.5	94.1	94.1	93.8	93.8	**6**	BJ-4
7	5.4	7.1	5.4	5.7	3.6	5.4	■	97.8	98.1	98.1	98.1	97.6	98.1	97.3	97.3	97.3	**7**	HB-1
8	6.6	8.3	6.6	6.9	4.2	6.6	2.2	■	99.7	99.7	99.7	98.9	99.7	98.1	98.9	98.9	**8**	HUB1
9	6.3	8.0	6.3	6.6	3.9	6.3	1.9	0.3	■	100.0	100.0	99.2	100.0	98.4	99.2	99.2	**9**	HUN4
10	6.3	8.0	6.3	6.6	3.9	6.3	1.9	0.3	0.0	■	100.0	99.2	100.0	98.4	99.2	99.2	**10**	JXA1
11	6.3	8.0	6.3	6.6	3.9	6.3	1.9	0.3	0.0	0.0	■	99.2	100.0	98.4	99.2	99.2	**11**	TJ
12	6.9	8.6	6.9	7.2	4.5	6.9	2.5	1.1	0.8	0.8	0.8	■	99.2	98.1	98.4	98.4	**12**	NM1
13	6.3	8.0	6.3	6.6	3.9	6.3	1.9	0.3	0.0	0.0	0.0	0.8	■	98.4	99.2	99.2	**13**	HLJ1
14	6.3	8.0	6.3	6.6	4.8	6.3	2.8	1.9	1.6	1.6	1.6	1.9	1.6	■	97.8	97.6	**14**	JL1
15	6.6	8.7	6.6	6.9	4.2	6.6	2.8	1.1	0.8	0.8	0.8	1.6	0.8	2.2	■	98.4	**15**	JL2
16	6.6	8.3	6.6	6.9	4.2	6.6	2.8	1.1	0.8	0.8	0.8	1.6	0.8	2.5	1.6	■	**16**	LN
	1	**2**	**3**	**4**	**5**	**6**	**7**	**8**	**9**	**10**	**11**	**12**	**13**	**14**	**15**	**16**		

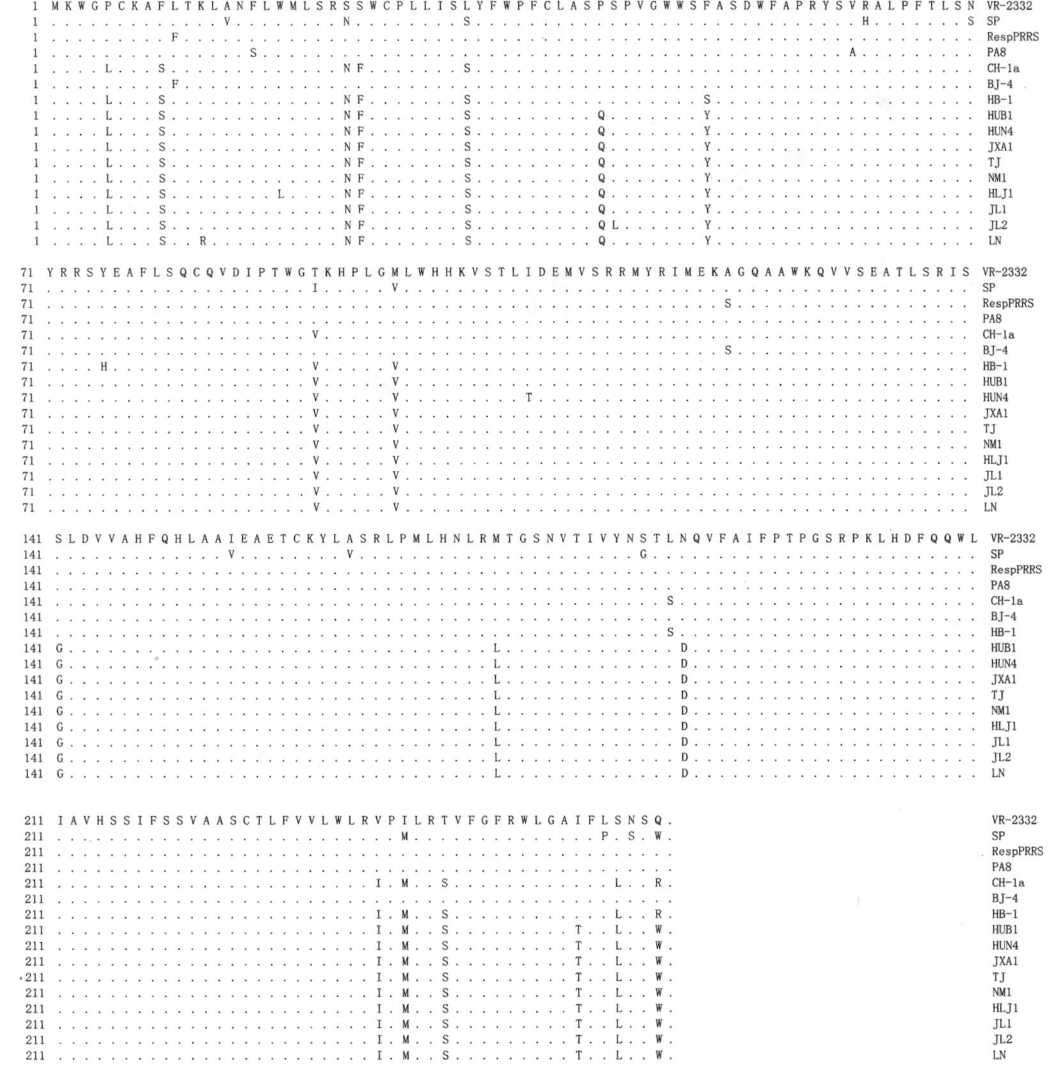

图 3-2 6株分离毒株GP2的氨基酸序列与其他毒株相应序列相比的突变位点

注：· 表示氨基酸与参考毒株相同。

(二)GP3

TJ、NM1、HLJ1、JL1、JL2和LN 6株分离株与美洲型经典毒株VR-2332相比，*ORF*3基因核苷酸同源性为88.2%～89.3%，由其编码的GP3氨基酸突变个数分别为25、26、25、25、26和25个；与疫苗株MLV RespPRRS相比，*ORF*3基因核苷酸同源性为88.2%～89.3%，由其编码的GP3氨基酸突变个数分别为24、25、24、24、25和24个；与国内经典强毒株CH-1a相比，*ORF*3基因核苷酸同源性为95.2%～96.1%，由其编码的GP3氨基酸突变个数分别为17、17、18、18、18和18个。与国内分离高致病性毒株JXA1相比，*ORF*3基因核苷酸同源性为98.3%～99.7%，由其编码的GP3氨基酸突变个数分别为2($F^{12}\rightarrow L^{12}$和$F^{248}\rightarrow V^{248}$)、2($F^{12}\rightarrow L^{12}$和$F^{248}\rightarrow V^{248}$)、5($F^{12}\rightarrow L^{12}$；$I^{66}\rightarrow T^{66}$；$A^{205}\rightarrow V^{205}$；$P^{220}\rightarrow L^{220}$和$F^{248}\rightarrow V^{248}$)、4($H^{9}\rightarrow Y^{9}$；$F^{12}\rightarrow L^{12}$；$I^{66}\rightarrow T^{66}$和$F^{248}\rightarrow V^{248}$)、5($F^{12}\rightarrow L^{12}$；$A^{63}\rightarrow V^{63}$；$I^{66}\rightarrow T^{66}$；$F^{213}\rightarrow Y^{213}$和$F^{248}\rightarrow V^{248}$)和3($F^{12}\rightarrow L^{12}$；$T^{219}\rightarrow I^{219}$和$F^{248}\rightarrow V^{248}$)个(表3-6，图3-3)。

表 3-6 PRRSV 分离毒株与其他毒株 *ORF*3 基因核苷酸序列的同源性比较/%

相似度（右上）；变异度（左下）

	1	2	3	4	5	6	7	8	9	10	11	12	13	14	15	16		
1		91.1	99.5	99.1	91.6	99.5	91.6	88.8	89.3	89.3	89.3	89.0	88.4	88.5	88.2	88.8	**1**	VR-2332
2	9.6		91.1	90.5	90.5	91.1	90.5	88.2	88.5	88.5	88.8	88.5	87.7	88.1	88.1	88.2	**2**	SP
3	0.5	9.6		99.3	91.6	100.0	91.6	88.8	89.3	89.3	89.3	89.0	88.4	88.5	88.2	88.8	**3**	RespPRRS
4	0.9	10.3	0.7		91.2	99.3	91.2	88.4	88.9	88.9	88.9	88.6	88.0	88.1	87.8	88.4	**4**	PA8
5	9.0	10.4	9.0	9.4		91.6	100.0	95.8	95.8	95.8	96.1	96.1	95.2	95.3	95.3	95.7	**5**	CH-1a
6	0.5	9.6	0.0	0.7	9.0		91.6	88.8	89.3	89.3	89.3	89.0	88.4	88.5	88.2	88.8	**6**	BJ-4
7	9.0	10.4	9.0	9.4	0.0	9.0		95.8	95.8	95.8	96.1	96.1	95.2	95.3	95.3	95.7	**7**	HB-1
8	12.4	13.1	12.4	12.9	4.4	12.4	4.4		99.0	99.0	99.2	99.2	98.0	98.4	98.4	98.8	**8**	HUB1
9	11.8	12.7	11.8	12.3	4.3	11.8	4.3	1.1		99.7	99.7	99.5	98.3	98.7	98.7	99.2	**9**	HUN4
10	11.8	12.7	11.8	12.3	4.3	11.8	4.3	1.1	0.3		99.7	99.5	98.3	98.7	98.7	99.2	**10**	JXA1
11	11.8	12.4	11.8	12.3	4.1	11.8	4.1	0.8	0.3	0.3		99.7	98.6	99.0	99.0	99.5	**11**	TJ
12	12.1	12.7	12.1	12.6	4.1	12.1	4.1	0.8	0.5	0.5	0.3		98.6	99.0	99.0	99.3	**12**	NM1
13	12.9	13.7	12.9	13.4	5.1	12.9	5.1	2.0	1.7	1.7	1.5	1.5		99.1	98.8	98.2	**13**	HLJ1
14	12.7	13.2	12.7	13.2	4.9	12.7	4.9	1.6	1.3	1.3	1.1	1.1	0.9		99.2	98.6	**14**	JL1
15	13.0	13.2	13.0	13.5	4.9	13.0	4.9	1.6	1.3	1.3	1.1	1.1	1.2	0.8		98.6	**15**	JL2
16	12.4	13.0	12.4	12.9	4.5	12.4	4.5	1.2	0.8	0.8	0.5	0.7	1.9	1.5	1.5		**16**	LN
	1	2	3	4	5	6	7	8	9	10	11	12	13	14	15	16		

```
1   M V N S C T F L H I F L C C S F L Y S F C C A V V A G S N T T Y C F W F P L V R G N F S F E L T V N Y T V C P P C L T R Q A A T E I Y E P G  VR-2332
1   . A D . . A . V . . . . . . . . . . . V . . T . . . . P . A . . . . . . . . . . . . . . . . . L . . . . . . . . . . . . . . . A Q R . . . .  SP
1   . . . . . . . . . . . . . . . . . . . . . . . . . . . . . . . . . . . . . . . . . . . . . . . . . . . . . . . . . . . . . . . . . . . . . .  RespPRRS
1   . . . . . . . . . . . . . . . . . . . . . . . . . . . . . . . . . . . . . . . . . . . . . . . . . . . . . . . . . . . . . . . . . . . . . .  PA8
1   . A . . . . . . . . . . R G . . . . . . . . . . . . N . . A . F . . . . . . . . . . . . . . . . . . . . . . . . . . . . . . . A . V . . . .  CH-1a
1   . . . . . . . . . . . . . . . . . . . . . . . . . . . . . . . . . . . . . . . . . . . . . . . . . . . . . . . . . . . . . . . . . . . . . .  BJ-4
1   . A . . . . . . . . . . R G . . . . . . . . . . . . N . . A . F . . . . . . . . . . . . . . . . . . . . . . . . . . . . . . . A . V . . . .  HB-1
1   . A D . . . . . . . . . R . . . . . . . . . . . . . N . . A . F . . . . . . . . . . . . . . . M . . . . . . . L . P . . . . . A . . L . . .  HUB1
1   . A . . . . . . . . . . R . . . . . . . . . . . . . N . . A . F . . . . . . . . . . . . . . . M . . . . . . . L . P . . . . . A . . L . . .  HUN4
1   . A . . . . . . . . . F R . . . . . . . . . . . . . N . . A . F . . . . . . . . . . . . . . . M . . . . . . . L . P . . . . . A . . L . . .  JXA1
1   . A . . . . . . . . . . R . . . . . . . . . . . . . N . . A . F . . . . . . . . . . . . . . . M . . . . . . . L . P . . . . . A . . L . . .  TJ
1   . A . . . . . . . . . . R . . . . . . . . . . . . . N . . A . F . . . . . . . . . . . . . . . M . . . . . . . L . P . . . . . A . . L . . .  NM1
1   . A . . . . . . . . . . R . . . . . . . . . . . . . N . . A . F . . . . . . . . . . . . . . . M . . . . . . . L . P . . . . . A . T L . . .  HLJ1
1   . A . . . . . . Y . . . R . . . . . . . . . . . . . N . . A . F . . . . . . . . . . . . . . . M . . . . . . . L . P . . . . . A . T L . . .  JL1
1   . A . . . . . . . . . . R . . . . . . . . . . . . . N . . A . F . . . . . . . . . . . . . . . M . . . . . . . L . P . . . V . A . T L . . .  JL2
1   . A . . . . . . . . . . R . . . . . . . . . . . . . N . . A . F . . . . . . . . . . . . . . . M . . . . . . . L . P . . . . . A . . L . . .  LN

71  R S L W C R I G Y D R C G E D D H D E L G F M I P P G L S S E G H L T S V Y A W L A F L S F S Y T A Q F H P E I F G I G N V S R V Y V D I K  VR-2332
71  K A . . . . . . . . . . E . . . . . . . . . V . . S . . . . . . . . . . . . . . . . . . . . . . . . . . . . . . . . . . . . . K . . . . . .  SP
71  . . . . . . . . . . . . E . . . . . . . . . . V . . . . . . . . . . . . . . . . . . . . . . . . . . . . . . . . . . . . . . . . . . . . . .  RespPRRS
71  . . . . . . . . . . . . E . . . . . . . . . . V . . . . . . . . . . . . . . . . . . . . . . . . . . . . . . . . . . . . . . . . . . . . . .  PA8
71  . . . . . . . . H . . . . . . . . . . . . . . V . . . . . . . . . . . . . . . . . . . . . . . . . . . . . . . . . . . . . . . Q . . . . . .  CH-1a
71  . . . . . . . . . . . . E . . . . . . . . . . V . . . . . . . . . . . . . . . . . . . . . . . . . . . . . . . . . . . . . . . . . . . . . .  BJ-4
71  . . . . . . . . H . . . . . . . . . . . . . . V . . . . . . . . . . . . . . . . . . . . . . . . . . . . . . . . . . . . . . . Q . . . . . .  HB-1
71  K . F . . . . . H . . . S . N . . . . . . . . V . . . . . . . . . . . . . . . . . . . . . . . . . . . . . . . . . . . . . . . Q . . . . . .  HUB1
71  K . F . . . . . H . . . S . N . . . . . . . . V . . . . . . . . . . . . . . . . . . . . . . . . . . . . . . . . . . . . . . . Q . . . . . .  HUN4
71  K . F . . . . . H . . . S . N . . . . . . . . V . . . . . . . . . . . . . . . . . . . . . . . . . . . . . . . . . . . . . . . Q . . . . . .  JXA1
71  K . F . . . . . H . . . S . N . . . . . . . . V . . . . . . . . . . . . . . . . . . . . . . . . . . . . . . . . . . . . . . . Q . . . . . .  TJ
71  K . F . . . . . H . . . S . N . . . . . . . . V . . . . . . . . . . . . . . . . . . . . . . . . . . . . . . . . . . . . . . . Q . . . . . .  NM1
71  K . F . . . . . H . . . S . N . . . . . . . . V . . . . . . . . . . . . . . . . . . . . . . . . . . . . . . . . . . . . . . . . . . . . . .  HLJ1
71  K . F . . . . . H . . . S . N . . . . . . . . V . . . . . . . . . . . . . . . . . . . . . . . . . . . . . . . . . . . . . . . Q . . . . . .  JL1
71  K . F . . . . . H . . . S . N . . . . . . . . V . . . . . . . . . . . . . . . . . . . . . . . . . . . . . . . . . . . . . . . Q . . . . . .  JL2
71  K . F . . . . . H . . . S . N . . . . . . . . V . . . . . . . . . . . . . . . . . . . . . . . . . . . . . . . . . . . . . . . Q . . . . . .  LN

141 H Q L I C A E H D G Q N T T L P R H D N I S A V F Q T Y Y Q H Q V D G G N W F H L E W L R P F F S S W L V L N V S W F L R R S P A N H V S V  VR-2332
141 . . F . . . V . . . . . . . . . . . . . F . . . . . . . . . . . . . . . . . . . . . . . . . . . . . . . . . . . . . . . . . L . . S . . . .  SP
141 . . . . . . . . . . . . . . . . . . . . . . . . . . . . . . . . . . . . . . . . . . . . . . . . . . . . . . . . . . . . . . . . . . . . . .  RespPRRS
141 . . . . . . . . . . . . . . . . . . . . . . . . . . . . . . . . . . . . . . . . . . . . . . . . . . . . . . . . . . . . . . . . . . . . . .  PA8
141 . . F . . . V . . . E . A . . . . . . . . . . . . . . . . . . . . . . . . . . . . . . . . . . . . . . . . . . . . . S . . . . . . S . . . .  CH-1a
141 . . . . . . . . . . . . . . . . . . . . . . . . . . . . . . . . . . . . . . . . . . . . . . . . . . . . . . . . . . . . . . . . . . . . . .  BJ-4
141 . . F . . . V . . . E . A . . . . . . . . . . . . . . . . . . . . . . . . . . . . . . . . . . . . . . . . . . . . . S . . . . . . S . . . .  HB-1
141 . . F . . . V . . . D . A . . . . . . . . . . . . . . . . . . . . . . . . . . . . . . . . . . . P . . . . . . . . . . . . . . . . S . . . .  HUB1
141 . . F . . . V . . . D . A . . . . . . . . . . . . . . . . . . . . . . . . . . . . . . . . . . . . . . . . . . . . . . . . . . . . S . . . .  HUN4
141 . . F . . . V . . . D . A . . . . . . . . . . . . . . . . . . . . . . . . . . . . . . . . . . . . . . . . . . . . . . . . . . . . S . . . .  JXA1
141 . . F . . . V . . . D . A . . . . . . . . . . . . . . . . . . . . . . . . . . . . . . . . . . . . . . . . . . . . . . . . . . . . S . . . .  TJ
141 . . F . . . V . . . D . A . . . . . . . . . . . . . . . . . . . . . . . . . . . . . . . . . . . . . . . . . . . . . . . . . . . . S . . . .  NM1
141 . . F . . . V . . . D . A . . . . . . . . . . . . . . . . . . . . . . . . . . . . . . . . . . . . . . . . . . . . . . . . . . . V S . . . .  HLJ1
141 . . F . . . V . . . D . A . . . . . . . . . . . . . . . . . . . . . . . . . . . . . . . . . . . . . . . . . . . . . . . . . . . . S . . . .  JL1
141 . . Y . . . V . . . D . A . . . . . . . . . . . . . . . . . . . . . . . . . . . . . . . . . . . . . . . . . . . . . . . . . . . . S . . . .  JL2
141 . . F . . . V . . . D . A . . . . . . . . . . . . . . . . . . . . . . . . . . . . . . . . . . . . . . . . . . . . . . . . . . . . S . . . .  LN

211 R V L Q I L R P T P P Q R Q A L L S S K T S V A L G I A T R P L R R F A K S L S A V R R .  VR-2332
211 . . F . T . . . . . . . Q R . . . . . R . . A . . . M . . . . . . . . . . A . . . A . . .  SP
211 . . . . . . . . . . . . . . . . . . . . . . . . . . . . . . . . . . . . . . . . . . . . .  RespPRRS
211 . . . R . . . . . . . . . . . . . . . . . . . . . . . . . . . . . . . . . . . . . . . . .  PA8
211 . . F R T S . . . L . . H . . . . . . R . . A . . . M . . . . . . . . . . A . . . A . . .  CH-1a
211 . . . . . . . . . . . . . . . . . . . . . . . . . . . . . . . . . . . . . . . . . . . . .  BJ-4
211 . . F R T S . . . L . . H . . . . . . R . . A . . . M . . . . . . . . . . A . . . A . . .  HB-1
211 . . F R T S K . . . . . H . T S . . . R . . A . . . M . . . . . . . . . . V . . . A . . .  HUB1
```

图 3-3 6 株分离毒株 GP3 氨基酸序列与其他毒株相应序列相比的突变位点

注：·表示氨基酸与参考毒株相同。

(三)GP4

TJ、NM1、HLJ1、JL1、JL2 和 LN 6 株分离株与美洲型经典毒株 VR-2332 相比，*ORF*4 基因核苷酸序列同源性为 88.8%～90.1%，其编码的 GP4 氨基酸突变个数分别为 16、17、19、17、17 和 18 个；与疫苗株 MLV RespPRRS 相比，*ORF*4 基因核苷酸序列同源性为 89.0%～90.3%，其编码的 GP4 氨基酸突变个数分别为 16、17、19、17、17 和 18 个；与国内经典强毒株 CH-1a 相比，*ORF*4 基因核苷酸序列同源性为 96.1%～97.2%，其编码的 GP4 氨基酸突变个数分别为 4、3、6、4、4 和 5 个；与高致病性毒株 JXA1 相比，*ORF*4 基因核苷酸序列同源性为 98.0%～99.3%，其编码的 GP4 氨基酸突变个数分别为 5($I^{66}\rightarrow S^{66}$；$S^{132}\rightarrow T^{132}$；$L^{172}\rightarrow F^{172}$；$P^{173}\rightarrow A^{173}$；$S^{174}\rightarrow A^{174}$)，6($S^{4}\rightarrow P^{4}$；$I^{66}\rightarrow S^{66}$；$S^{132}\rightarrow T^{132}$；$L^{172}\rightarrow F^{172}$；$P^{173}\rightarrow A^{173}$；$S^{174}\rightarrow A^{174}$)，9($S^{4}\rightarrow P^{4}$；$K^{13}\rightarrow E^{13}$；$V^{45}\rightarrow I^{45}$；$I^{66}\rightarrow S^{66}$；$S^{132}\rightarrow T^{132}$；$Q^{143}\rightarrow P^{143}$；$L^{172}\rightarrow F^{172}$；$P^{173}\rightarrow A^{173}$；$S^{174}\rightarrow A^{174}$)，7($S^{4}\rightarrow P^{4}$；$V^{45}\rightarrow I^{45}$；$I^{66}\rightarrow S^{66}$；$S^{132}\rightarrow T^{132}$；$L^{172}\rightarrow F^{172}$；$P^{173}\rightarrow A^{173}$；$S^{174}\rightarrow A^{174}$)，7($S^{4}\rightarrow P^{4}$；$I^{66}\rightarrow S^{66}$；$V^{45}\rightarrow I^{45}$；$S^{132}\rightarrow T^{132}$；$L^{172}\rightarrow F^{172}$；$P^{173}\rightarrow A^{173}$；$S^{174}\rightarrow A^{174}$)和 7($S^{4}\rightarrow P^{4}$；$I^{66}\rightarrow S^{66}$；$V^{45}\rightarrow I^{45}$；$S^{132}\rightarrow T^{132}$；$L^{172}\rightarrow F^{172}$；$P^{173}\rightarrow A^{173}$；$S^{174}\rightarrow A^{174}$)个(表 3-7，图 3-4)。

表 3-7 PRRSV 分离毒株与其他毒株 *ORF*4 基因核苷酸序列的同源性比较/%

相似度

变异度

	1	2	3	4	5	6	7	8	9	10	11	12	13	14	15	16		
1		93.7	99.8	99.3	91.6	99.6	91.6	89.8	90.3	90.1	90.1	89.9	88.8	89.9	89.8	89.4	1	VR-2332
2	6.7		93.9	92.9	93.1	93.7	93.1	91.2	91.4	91.2	91.6	91.4	90.3	91.4	91.6	90.9	2	SP
3	0.2	6.5		99.1	91.8	99.8	91.8	89.9	90.5	90.3	90.3	90.1	89.0	90.1	89.9	89.6	3	RespPRRS
4	0.7	7.5	0.9		91.4	98.9	91.4	89.6	90.1	89.9	89.9	89.8	88.6	89.8	89.6	89.2	4	PA8
5	9.0	7.3	8.8	9.2		92.0	100.0	97.0	96.8	96.3	97.0	97.2	96.5	96.8	97.0	96.1	5	CH-1a
6	0.4	6.7	0.2	1.1	8.6		92.0	89.8	90.3	90.1	90.1	89.9	88.8	89.9	89.8	89.4	6	BJ-4
7	9.0	7.3	8.8	9.2	0.0	8.6		97.0	96.8	96.3	97.0	97.2	96.5	96.8	97.0	96.1	7	HB-1
8	11.2	9.5	11.0	11.4	3.1	11.2	3.1		99.4	98.9	99.6	99.8	98.7	99.3	99.3	98.7	8	HUB1
9	10.6	9.3	10.3	10.8	3.3	10.6	3.3	0.6		99.4	99.8	99.6	98.5	99.1	99.1	98.7	9	HUN4
10	11.6	10.3	11.4	11.8	4.6	11.6	4.6	1.9	1.3		99.3	99.1	98.0	98.5	98.5	98.1	10	JXA1
11	10.8	9.1	10.5	11.0	3.1	10.8	3.1	0.4	0.2	1.5		99.8	98.7	99.3	99.3	98.9	11	TJ
12	11.0	9.3	10.8	11.2	2.9	11.0	2.9	0.2	0.4	1.7	0.2		98.9	99.4	99.4	98.9	12	NM1
13	12.4	10.6	12.1	12.6	3.7	12.4	3.7	1.3	1.5	2.9	1.3	1.1		98.7	98.7	97.8	13	HLJ1
14	11.0	9.3	10.7	11.2	3.3	11.0	3.3	0.7	0.9	2.3	0.7	0.6	1.3		99.3	98.3	14	JL1
15	11.2	9.1	11.0	11.4	3.1	11.2	3.1	0.8	0.9	2.3	0.8	0.6	1.3	0.7		98.3	15	JL2
16	11.6	9.9	11.4	11.9	4.1	11.6	4.1	1.3	1.3	2.7	1.1	1.1	2.3	1.7	1.7		16	LN
	1	2	3	4	5	6	7	8	9	10	11	12	13	14	15	16		

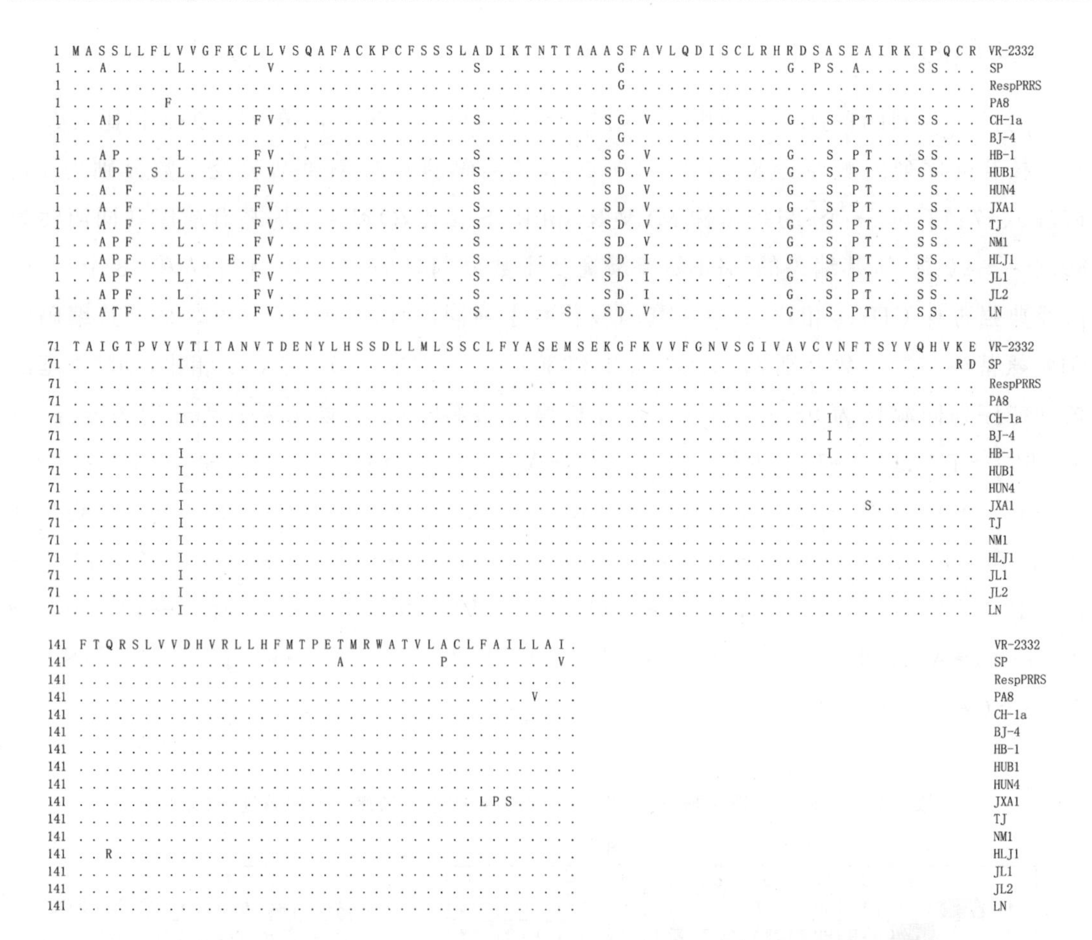

图 3-4　6 株分离毒株 GP4 氨基酸序列与其他毒株相应序列相比的突变位点

注：· 表示氨基酸与参考毒株相同。

(四)GP5

TJ、NM1、HLJ1、JL1、JL2 和 LN 6 株分离株与美洲型经典毒株 VR-2332 相比，*ORF*5 基因核苷酸序列同源性为 89.1%～89.6%，其编码的 GP5 氨基酸突变个数分别为 23、23、22、23、22 和 24 个；与疫苗株 MLV RespPRRS 相比，*ORF*5 基因核苷酸序列同源性为 89.1%～89.6%，其编码的 GP5 氨基酸突变个数分别为 25、25、24、25、24 和 26 个；与国内分离的经典强毒株 CH-1a 相比，*ORF*5 基因核苷酸序列同源性为 94.0%～95.5%，其编码的 GP5 氨基酸突变个数分别为 13、13、14、15、15 和 16 个；与高致病性毒株 JXA1 相比，*ORF*5 基因核苷酸序列同源性为 88.2%～99.7%，其编码的 GP5 氨基酸突变个数分别为 1($L^{196} \rightarrow Q^{196}$)、1($L^{196} \rightarrow Q^{196}$)、2($V^{29} \rightarrow A^{29}$ 和 $L^{196} \rightarrow Q^{196}$)、5($A^{8} \rightarrow R^{8}$；$C^{9} \rightarrow S^{9}$；$V^{29} \rightarrow A^{29}$；$N^{34} \rightarrow S^{34}$ 和 $L^{196} \rightarrow Q^{196}$)、3($V^{2}9 \rightarrow A^{29}$；$N^{34} \rightarrow S^{34}$ 和 $L^{196} \rightarrow Q^{196}$)和 4($L^{15} \rightarrow P^{15}$；$V^{29} \rightarrow A^{29}$；$E^{170} \rightarrow G^{170}$ 和 $L^{196} \rightarrow Q^{196}$)个(表 3-8，图 3-5)。

表 3-8　PRRSV 分离毒株与其他毒株 *ORF*5 基因核苷酸序列的同源性比较/%

相似度（上三角）；变异度（下三角）

	1	2	3	4	5	6	7	8	9	10	11	12	13	14	15	16		
1		91.2	99.7	99.0	92.0	99.2	89.4	89.1	89.4	89.2	89.4	89.6	89.9	89.1	89.2	89.1	**1**	VR-2332
2	9.5		90.9	90.9	92.7	90.4	90.4	90.0	90.4	90.2	90.4	90.2	90.2	89.7	89.9	89.7	**2**	SP
3	0.3	9.9		99.0	91.7	99.5	89.1	88.7	89.1	88.9	89.1	89.2	89.6	88.7	88.9	88.7	**3**	RespPRRS
4	1.0	9.8	1.0		91.5	98.5	88.9	88.6	88.9	88.7	88.9	89.1	89.4	88.6	88.7	88.6	**4**	PA8
5	8.5	7.8	8.9	9.1		91.2	95.2	95.2	95.5	95.4	95.5	95.4	94.9	94.0	94.5	94.9	**5**	CH-1a
6	0.8	10.5	0.5	1.5	9.5		88.6	88.2	88.6	88.4	88.6	88.7	89.1	88.2	88.4	88.2	**6**	BJ-4
7	11.6	10.5	12.0	12.2	5.0	12.6		96.7	97.0	96.8	96.8	96.8	96.0	95.9	96.0	96.4	**7**	HB-1
8	12.0	10.8	12.4	12.6	5.0	13.0	3.4		99.7	99.5	99.5	99.5	98.7	98.0	98.7	99.0	**8**	HUB1
9	11.6	10.4	12.0	12.2	4.6	12.6	3.1	0.3		99.8	99.8	99.8	99.0	98.3	99.0	99.3	**9**	HUN4
10	11.8	10.6	12.2	12.4	4.8	12.8	3.2	0.5	0.2		99.7	99.7	98.8	98.2	98.8	99.2	**10**	JXA1
11	11.6	10.4	12.0	12.2	4.6	12.6	3.2	0.5	0.2	0.3		99.7	98.8	98.2	98.8	99.2	**11**	TJ
12	11.4	10.6	11.8	12.0	4.8	12.4	3.2	0.5	0.2	0.3	0.3		98.8	98.2	98.8	99.2	**12**	NM1
13	11.0	10.6	11.4	11.6	5.4	12.0	4.1	1.3	1.0	1.2	1.2	1.2		98.7	99.3	99.0	**13**	HLJ1
14	12.6	11.8	13.0	13.2	6.3	13.6	4.8	2.4	2.0	2.2	2.2	2.2	1.7		99.2	98.5	**14**	JL1
15	11.8	11.0	12.2	12.4	5.7	12.8	4.1	1.3	1.0	1.2	1.2	1.2	0.7	1.3		99.0	**15**	JL2
16	12.0	11.2	12.4	12.6	5.4	13.0	3.8	1.0	0.7	0.8	0.8	0.8	1.0	2.0	1.0		**16**	LN
	1	**2**	**3**	**4**	**5**	**6**	**7**	**8**	**9**	**10**	**11**	**12**	**13**	**14**	**15**	**16**		

```
1   MLEKCLTAGCCSRLLSLWCIVPFCFAVLANASNDSSSHLQLIYNLTLCELNGTDWLANKFDWAVESFVIF  VR-2332
1   ..G.............F...........V...YS....................................  SP
1   ............Q.........................................................  RespPRRS
1   ..G......W..Q....G....................V...............................  PA8
1   ..G....T....................V..NSN....F..........................T....  CH-1a
1   ............Q.............A...........................................  BJ-4
1   ..G....................YL...V....N....I..................KN.NR...T....  HB-1
1   ..G.....C......F.......YL...V....NN...I..................Q.......T....  HUB1
1   ..G.....C......F.......YL...V....NN...I..................Q.......T....  HUN4
1   ..G.....C......F.......YL...V....NN...I..................Q.......T....  JXA1
1   ..G.....C......F.......YL...V....NN...I..................Q.......T....  TJ
1   ..G.....C......F.......YL...V....NN...I..................Q.......T....  NM1
1   ..G.....C......F.......YL........NN...I..................Q.......T....  HLJ1
1   ..G....RS......F.......YL........SN...I..................Q.......T....  JL1
1   ..G.....C......F.......YL........SN...I..................Q.......T....  JL2
1   ..G.....C.....PF.......YL........NN...I..................Q.......T....  LN

71  PVLTHIVSYGALTTSHFLDTVALVTVSTAGFVHGRYVLSSIYAVCALAALTCFVIRFAKNCMSWRYACTR  VR-2332
71  .....................G.........Y..................I.....L.........S...  SP
71  ......................................................................  RespPRRS
71  ......................................................................  PA8
71  .....................G.........Y..................I.....L.........S...  CH-1a
71  ......................................C...............................  BJ-4
71  .....................G........YY.R................I.....L.........S...  HB-1
71  .....................G.A......YY..................I.....L.........S...  HUB1
71  .....................G.A......YY..................I.....L.........S...  HUN4
71  .....................G.A......YY..................I.....L.........S...  JXA1
71  .....................G.A......YY..................I.....L.........S...  TJ
71  .....................G.A......YY..................I.....L.........S...  NM1
71  .....................G.A......YY..................I.....L.........S...  HLJ1
71  .....................G.A......YY..................I.....L.........S...  JL1
71  .....................G.A......YY..................I.....L.........S...  JL2
71  .....................G.A......YY..................I.....L.........S...  LN

141 YTNFLLDTKGRLYRWRSPVIIEKRGKVEVEGHLIDLKRVVLDGSVATPITRVSAEQWGRP.  VR-2332
141 .......................G......S.............A...L............  SP
141 ..........G..................................................  RespPRRS
141 .............................................................  PA8
141 ....................V..G........................L..........L.  CH-1a
141 ..........G..................................................  BJ-4
141 ..........K.........V..G........................L..........L.  HB-1
141 ....................V..G....................A...L..........L.  HUB1
141 ....................V..G....................A...L..........L.  HUN4
141 ....................V..G....................A...L......L...L.  JXA1
141 ....................V..G....................A...L..........L.  TJ
141 ....................V..G....................A...L..........L.  NM1
141 ....................V..G....................A...L..........L.  HLJ1
141 ....................V..G....................A...L..........L.  JL1
141 ....................V..G....................A...L..........L.  JL2
141 ....................V..G.....G..............A...L..........L.  LN
```

图 3-5　6 株分离毒株 GP5 氨基酸序列与其他毒株相应序列相比的突变位点

注：· 表示氨基酸与参考毒株相同。

(五)M

TJ、NM1、HLJ1、JL1、JL2 和 LN 6 株分离株与美洲型经典毒株 VR-2332 相比,*ORF*6 基因核苷酸序列同源性为 95.0%~95.6%,其编码的 M 蛋白氨基酸突变个数分别为 4、4、4、5、4 和 5 个;与疫苗株 MLV RespPRRS 相比,*ORF*6 基因核苷酸序列同源性为 94.9%~95.4%,其编码的 M 蛋白氨基酸突变个数分别为 5、5、5、6、5 和 6 个;与国内分离的经典强毒株 CH-1a 相比,*ORF*6 基因核苷酸序列同源性为 97.0%~97.7%,其编码的 M 蛋白氨基酸突变个数分别为 4、4、4、5、4 和 5 个;与高致病性毒株 JXA1 相比,*ORF*6 基因核苷酸序列同源性为 99.4%~100%,其编码的 M 蛋白氨基酸突变个数分别为 0、0、0、0、0 和 1 个($C^{172}\rightarrow F^{172}$)(表 3-9,图 3-6)。

(六)N

TJ、NM1、HLJ1、JL1、JL2 和 LN 6 株分离株与美洲型经典毒株 VR-2332 相比,*ORF*7 基因核苷酸序列同源性为 93.5%~94.1%,其编码的 N 蛋白氨基酸突变个数分别为 6、6、7、7、6 和 6 个;与疫苗株 MLV RespPRRS 相比,*ORF*7 基因核苷酸序列同源性为 93.5%~94.1%,其编码的 N 蛋白氨基酸突变个数分别为 6、6、7、7、6 和 6 个;与国内分离的经典强毒株 CH-1a 相比,*ORF*7 基因核苷酸序列同源性为 95.4%~96.2%,其编码的 N 蛋白氨基酸突变个数分别为 6、6、6、7、7 和 5 个;与高致病性毒株 JXA1 相比,*ORF*7 基因核苷酸序列同源性为 98.4%~100%,其编码的 N 蛋白氨基酸突变个数分别为 0、0、1($K^{39}\rightarrow R^{39}$)、0、1($K^{47}\rightarrow R^{47}$)、0 和 1 个($A^{91}\rightarrow T^{91}$)(表 3-10,图 3-7)。

表 3-9 PRRSV 分离毒株与其他毒株 *ORF*6 基因核苷酸序列的同源性比较/%

相似度(上三角);变异度(下三角)

	1	2	3	4	5	6	7	8	9	10	11	12	13	14	15	16		
1		94.7	99.8	99.6	95.2	99.8	95.6	95.0	95.4	95.4	95.2	95.4	95.4	95.0	95.6	95.2	1	VR-2332
2	5.6		94.5	94.3	93.0	94.5	93.0	92.8	93.1	93.1	93.0	93.1	93.1	92.6	93.0	93.0	2	SP
3	0.2	5.8		99.4	95.0	100.0	95.4	94.9	95.2	95.2	95.0	95.2	95.2	94.9	95.4	95.0	3	RespPRRS
4	0.4	6.0	0.6		95.2	99.4	95.6	95.0	95.4	95.4	95.2	95.4	95.4	95.0	95.6	94.9	4	PA8
5	5.0	7.6	5.2	5.0		95.0	97.7	97.1	97.5	97.5	97.3	97.5	97.1	97.0	97.7	97.0	5	CH-1a
6	0.2	5.8	0.0	0.6	5.2		95.4	94.9	95.2	95.2	95.0	95.2	95.2	94.9	95.4	95.0	6	BJ-4
7	4.6	7.6	4.8	4.6	2.3	4.8		98.7	99.0	99.0	98.9	99.0	98.7	98.5	99.2	98.5	7	HB-1
8	5.2	7.8	5.4	5.2	2.9	5.4	1.3		99.6	99.6	99.4	99.6	99.2	99.0	99.4	99.0	8	HUB1
9	4.8	7.3	5.0	4.8	2.5	5.0	1.0	0.4		100.0	99.8	100.0	99.6	99.4	99.8	99.4	9	HUN4
10	4.8	7.3	5.0	4.8	2.5	5.0	1.0	0.4	0.0		99.8	100.0	99.6	99.4	99.8	99.4	10	JXA1
11	5.0	7.5	5.2	5.0	2.7	5.2	1.2	0.6	0.2	0.2		99.8	99.4	99.2	99.6	99.2	11	TJ
12	4.8	7.3	5.0	4.8	2.5	5.0	1.0	0.4	0.0	0.0	0.2		99.6	99.4	99.8	99.4	12	NM1
13	4.8	7.3	5.0	4.8	2.9	5.0	1.3	0.8	0.4	0.4	0.6	0.4		99.0	99.4	99.0	13	HLJ1
14	5.2	8.0	5.4	5.2	3.1	5.4	1.5	1.0	0.6	0.6	0.8	0.6	1.0		99.2	98.9	14	JL1
15	4.6	7.5	4.8	4.6	2.3	4.8	0.8	0.6	0.2	0.2	0.4	0.2	0.6	0.8		99.2	15	JL2
16	5.0	7.5	5.2	5.4	3.1	5.2	1.5	1.0	0.6	0.6	0.8	0.6	1.0	1.2	0.8		16	LN
	1	2	3	4	5	6	7	8	9	10	11	12	13	14	15	16		

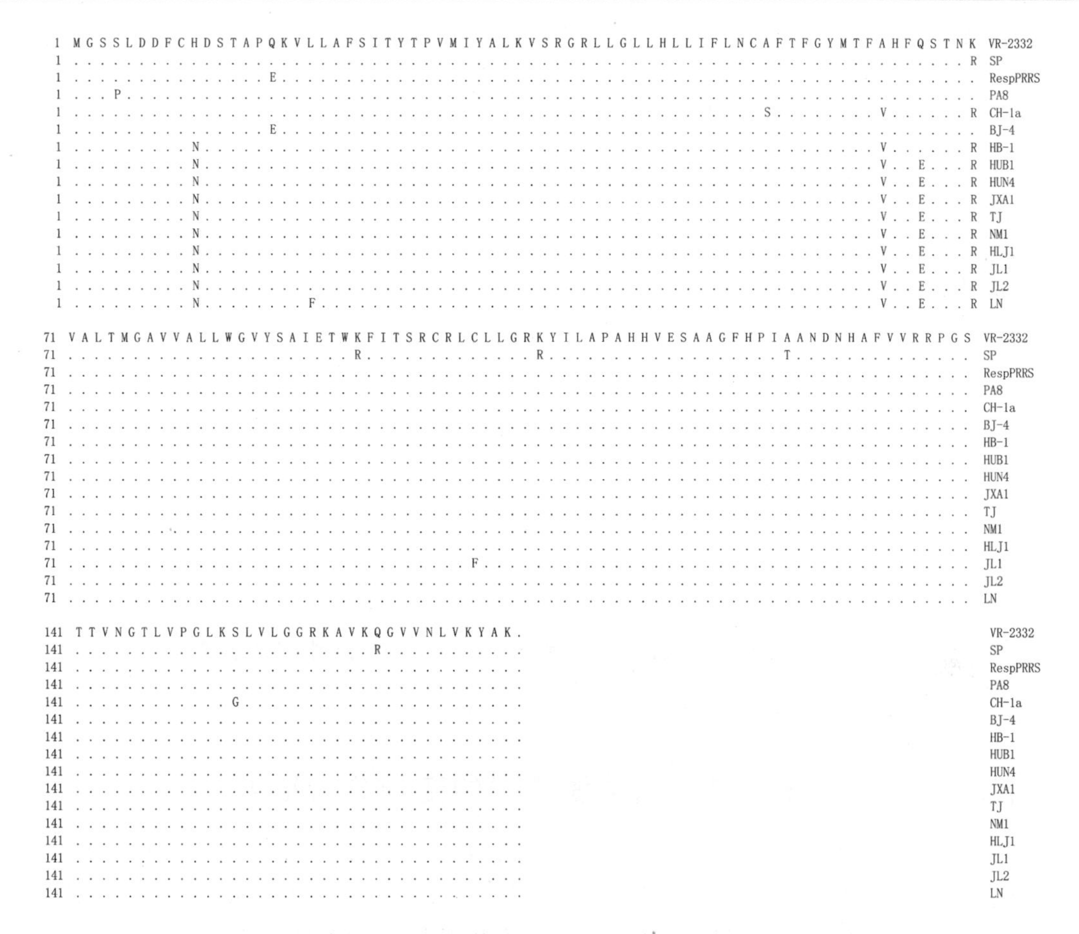

图3-6 6株分离毒株M蛋白氨基酸序列与其他毒株相应序列相比的突变位点

注：·表示氨基酸与参考毒株相同。

表3-10 PRRSV分离毒株与其他毒株 *ORF*7 基因核苷酸序列的同源性比较/%

相似度（右上）；变异度（左下）

	1	2	3	4	5	6	7	8	9	10	11	12	13	14	15	16		
1		95.7	100.0	99.7	94.6	100.0	94.9	93.8	94.1	94.1	94.1	93.5	94.1	94.1	93.8	93.8	1	VR-2332
2	4.5		95.7	95.4	93.0	95.7	93.3	92.2	92.5	92.5	92.5	91.9	92.5	92.5	91.9	92.2	2	SP
3	0.0	4.5		99.7	94.6	100.0	94.9	93.8	94.1	94.1	94.1	93.5	94.1	94.1	93.8	93.8	3	RespPRRS
4	0.3	4.7	0.3		94.4	99.7	94.6	93.5	93.8	93.8	93.8	93.3	93.8	93.8	93.5	93.5	4	PA8
5	5.7	7.4	5.7	6.0		94.6	96.5	96.0	96.2	96.2	96.2	95.7	96.2	95.4	96.0	96.0	5	CH-1a
6	0.0	4.5	0.0	0.3	5.7		94.9	93.8	94.1	94.1	94.1	93.5	94.1	94.1	93.8	93.8	6	BJ-4
7	5.4	7.1	5.4	5.7	3.6	5.4		97.8	98.1	98.1	98.1	97.6	98.1	97.3	97.3	97.3	7	HB-1
8	6.6	8.3	6.6	6.9	4.2	6.6	2.2		99.7	99.7	99.7	98.9	99.7	98.1	98.9	98.9	8	HUB1
9	6.3	8.0	6.3	6.6	3.9	6.3	1.9	0.3		100.0	100.0	99.2	100.0	98.4	99.2	99.2	9	HUN4
10	6.3	8.0	6.3	6.6	3.9	6.3	1.9	0.3	0.0		100.0	99.2	100.0	98.4	99.2	99.2	10	JXA1
11	6.3	8.0	6.3	6.6	3.9	6.3	1.9	0.3	0.0	0.0		99.2	100.0	98.4	99.2	99.2	11	TJ
12	6.9	8.6	6.9	7.2	4.5	6.9	2.5	1.1	0.8	0.8	0.8		99.2	98.1	98.4	98.4	12	NM1
13	6.3	8.0	6.3	6.6	3.9	6.3	1.9	0.3	0.0	0.0	0.0	0.8		98.4	99.2	99.2	13	HLJ1
14	6.3	8.0	6.3	6.6	4.8	6.3	2.8	1.9	1.6	1.6	1.6	1.9	1.6		97.8	97.6	14	JL1
15	6.6	8.7	6.6	6.9	4.2	6.6	2.8	1.1	0.8	0.8	0.8	1.6	0.8	2.2		98.4	15	JL2
16	6.6	8.3	6.6	6.9	4.2	6.6	2.8	1.1	0.8	0.8	0.8	1.6	0.8	2.5	1.6		16	LN
	1	2	3	4	5	6	7	8	9	10	11	12	13	14	15	16		

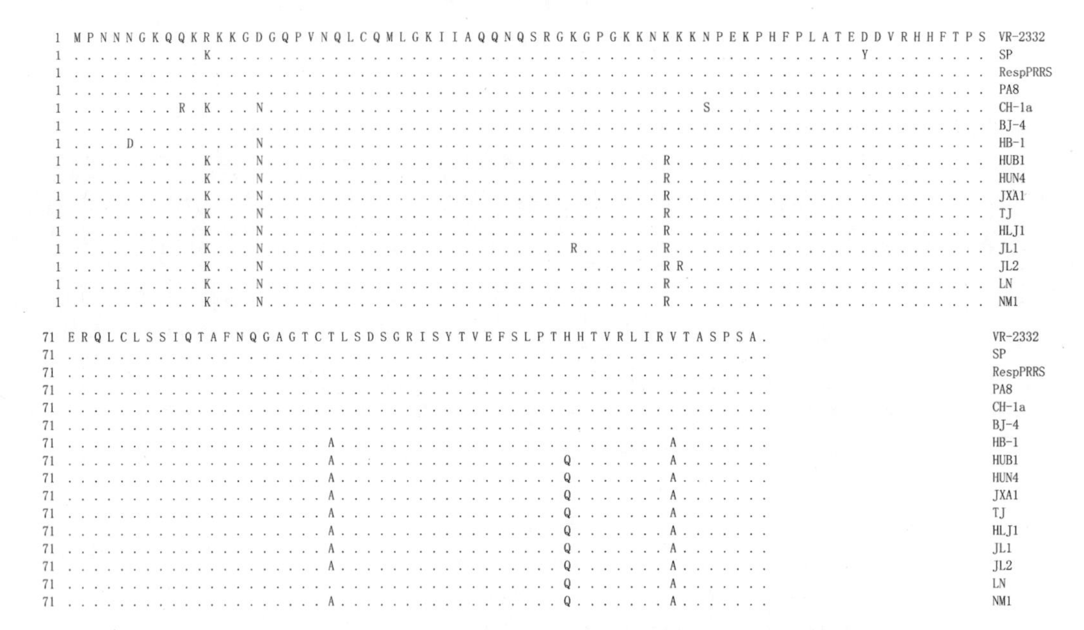

图 3-7　6 株分离毒株 M 蛋白氨基酸序列与其他毒株相应序列相比的突变位点

注：· 表示氨基酸与参考毒株相同。

五、PRRSV 分离株毒力相关氨基酸的变异分析结果

某些编码氨基酸的改变可能导致其相应毒株毒力的改变，HP-PRRSV 与经典 PRRSV 强毒株最明显的区别是 NSP2 区新出现的 30 个不连续氨基酸的缺失，但 Zhou 等研究证明，该缺失与 HP-PRRSV 的毒力无明显相关性。Allende 等对强毒株 16244B、VR-2332 及致弱疫苗株 MLV RespPRRS 进行序列比较，结果发现 PRRSV 基因组中有 9 个氨基酸的突变可能与病毒毒力相关，其中有 4 个位于非结构蛋白，5 个位于结构蛋白。将分离的 6 株 PRRSV TJ、NM1、HLJ1、JL1、JL2 和 LN 与上述 3 株病毒的全基因组进行比对，发现在这 9 个位点上 6 株分离毒株与其他几株 HP-PRRSV 完全一致，与 VR-2332 和 16244B 相比，除 GP3 第 83 位氨基酸不同外(G/S)，其他几个位点的氨基酸完全相同(表 3-11)。

表 3-11　可能与毒力相关的氨基酸的比对分析

毒株	编码蛋白								
	NSP1β (331)	NSP2 (668)	NSP2 (952)	NSP10 (952)	GP2 (10)	GP3 (83)	GP5 (13)	GP5 (151)	M (16)
VR 2332	S	S	E	Y	L	G	R	R	Q
16244B	S	S	E	Y	L	G	R	R	Q
CH-1a	S	S	E	H	L	G	R	R	Q
HB-1	S	S	E	Y	L	G	R	K	Q
RespPRRS	F	F	K	H	F	E	Q	G	E
HUB1	S	S	E	Y	L	S	R	R	Q
HUN4	S	S	E	Y	L	S	R	R	Q

续表3-11

毒株	编码蛋白								
	NSP1β (331)	NSP2 (668)	NSP2 (952)	NSP10 (952)	GP2 (10)	GP3 (83)	GP5 (13)	GP5 (151)	M (16)
JXA1	S	S	E	Y	L	S	R	R	Q
TJ	S	S	E	Y	L	S	R	R	Q
NM1	S	S	E	Y	L	S	R	R	Q
HLJ1	S	S	E	Y	L	S	R	R	Q
JL1	S	S	E	Y	L	S	R	R	Q
JL2	S	S	E	Y	L	S	R	R	Q
LN	S	S	E	Y	L	S	R	R	Q

六、全基因组系统进化分析

全基因组比对分析结果表明，这 6 个分离毒株的基因组结构相同，全基因组序列相似性为 98.2%～98.9%。与美洲型标准株 VR-2332 核苷酸同源性较高，为 89.2%～89.6%，而与欧洲型标准株 LV 全基因序列同源性较低，为 61.3%～61.9%，说明这 6 株病毒均属于美洲型毒株。系统进化树分析表明，分离的 6 株 PRRSV 与国内近期分离的 HP-PRRSV 亲缘关系较近，与 VR-2332 株位于一个大分支，同属于北美洲亚型。而与 LV 株分属不同的亚型。根据病毒全基因序列绘制的系统进化树见图 3-8。

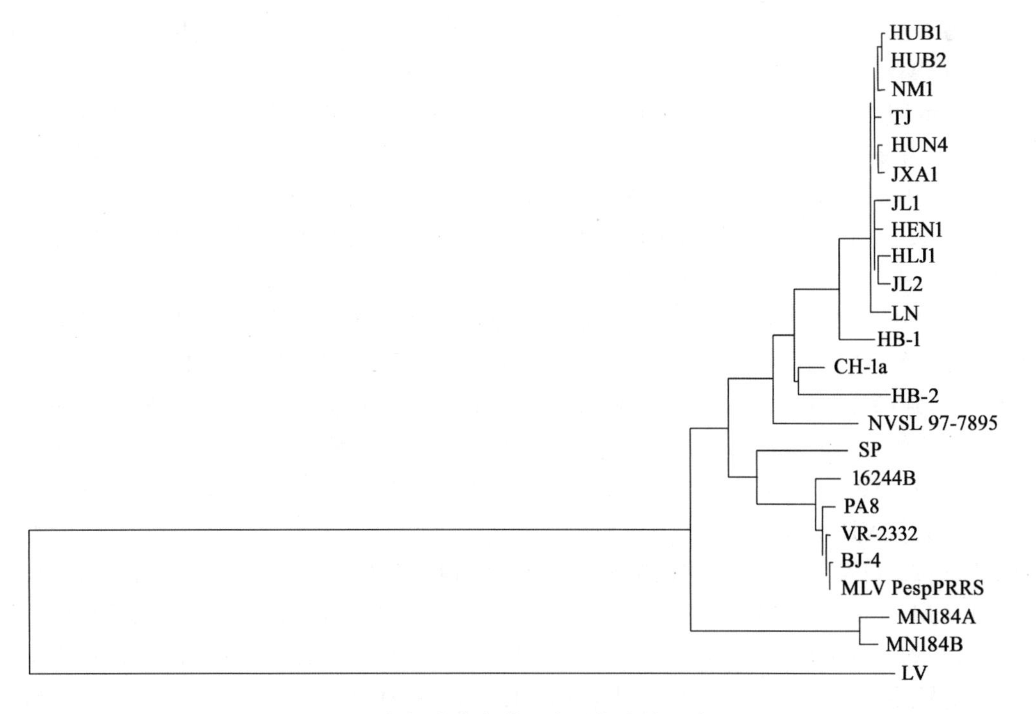

图 3-8　依据病毒全基因序列构建的系统进化树

第三节 讨 论

PRRSV5′UTR 和 3′UTR 对于病毒的复制和转录是必不可少的。欧洲型毒株 5′UTR 长 221～223 个核苷酸,美洲型毒株 5′UTR 长 190 或 189 个核苷酸。美洲型毒株间 5′UTR 相对保守,有学者认为该区域可能与病毒毒力相关。Tong 等对 HP-PRRSV 不同分离株进行序列分析发现,在 5′UTR 的 120 位处均存在碱基“A”的缺失,认为该缺失可以作为 HP-PRRSV 的分子标志之一,本研究中分离的 6 株 PRRSV 的 5′UTR 长度均为 189 nt,与 2006 年后分离的高致病性毒株 JXA1、HUN4 和 HUB1 等均在 120 位出现碱基“A”的缺失,具有 HP-PRRSV 毒株的分子标志,该缺失的作用还有待进一步研究。有研究表明,PRRSV 3′UTR 的二级茎-环结构与病毒对宿主细胞的感染性相关。VR-2332、16244B 和 CH-1a 等美洲型 PRRSV 株 3′UTR 长 151 nt,本研究分离的 6 株 PRRSV 3′UTR 长 150 nt,在第 19 位均出现碱基“G”的缺失,与 2006 年后分离的高致病性毒株 JXA1、HUN4 和 HUB1 等一致,该缺失的作用还有待进一步研究。

*ORF*1 由 *ORF*1a 和 *ORF*1b 组成,长约 12 kb,约占病毒基因组的 80%。其中 *ORF*1a 变异比较明显,本研究中 6 株分离的 PRRSV 毒株与美洲型标准株 VR-2332 核苷酸同源性为 87.3%～87.7%,与欧洲型标准株 LV 核苷酸同源性仅为 59.1%～59.2%,与近期分离的 HP-PRRSV 毒株同源性较高,均在 98%以上。*ORF*1a 由 NSP1α、NSP1β、NSP2～NSP8 共 9 个非结构蛋白组成,其中 NSP2 变异较为明显,多发生氨基酸的缺失现象,如我国高志强等分离到的 HB-2(sh)/2002 株,其 NSP2 蛋白 471～482 位出现 12 个连续氨基酸的缺失。2006 年以后在我国流行的 HP-PRRSV 基因组结构的显著特征是 NSP2 蛋白 481 位和 533～561 位出现 30 个不连续氨基酸的缺失。本研究中分离的 6 株 PRRSV 在 NSP2 区段均出现此种 30 个不连续氨基酸的缺失,具有 HP-PRRSV 毒株的分子标志。对分离毒株 NSP2 序列分析结果表明,这 6 株分离毒株间核苷酸同源性为 97.1%～99.1%;与美洲型标准株 VR-2332 的核苷酸同源性为 82.9%～83.7%;与高致病性毒株 JXA1 等核苷酸同源性在 98.2%～99.5%之间。NSP1β 是 *ORF*1a 中另一变异较为明显的蛋白,6 株分离毒株与其他美洲型 PRRSV 的核苷酸同源性在 85.8%～99.1%之间,氨基酸同源性在 82.9%～99.1%之间。PRRSV *ORF*1b 编码区相对较为保守,将分离的 6 株 PRRSV *ORF*1b 基因的核苷酸和推导氨基酸序列与其他美洲型毒株进行比较,结果表明 *ORF*1b 的变异程度不高,核苷酸和氨基酸同源性均在 90%以上。Allende 等将强毒株 VR-2332、16244B 和弱毒疫苗株 MLV RespPRRS 进行序列比较,结果发现有 9 个位置的氨基酸可能与病毒毒力相关,其中有 4 个氨基酸分别位于非结构蛋白 NSP1β(331 位)、NSP2(668 位和 952 位)和 NSP10(952 位),本研究中分离的 6 株 PRRSV 在这 4 个位置的氨基酸与 VR-2332 和 16244B 一致。

*ORF*2a/2b、*ORF*3～*ORF*7 共同组成 PRRSV 结构蛋白编码区,编码蛋白分别为 GP2、E、GP3～GP5、M 和 N。序列分析显示,*ORF*3 和 *ORF*5 是结构蛋白编码区中保守性最差的 2 个阅读框,而 *ORF*6 和 *ORF*7 是最为保守的 2 个阅读框。由 *ORF*3 编码的 GP3 蛋白在 PRRSV 各毒株间变异均较为明显,在欧、美两型毒株间推导氨基酸的同源性为 54%～60%。本研究分离的 6 株 PRRSV 与 VR-2332 株核苷酸同源性为 88.2%～89.3%。GP5 在 PRRSV 糖基

化囊膜蛋白中变异最为明显，同型毒株间推导氨基酸序列同源性为 88%～99%，而在欧、美两型毒株间推导其氨基酸的同源性在 51%～55%之间。Key 等研究表明，GP5 氨基酸的置换在同型毒株之间主要发生在邻近信号肽序列外区近端的第 26～39 氨基酸的高变区内。Allende 等研究结果表明，可能与 PRRSV 毒力相关的 9 个氨基酸中，有 5 个存在于结构蛋白上，分别为 GP2(10 位)、GP3(83 位)、GP5(13 位和 151 位)和 GP6(16 位)，本研究中分离的 6 株 PRRSV 在这 5 个位置上的氨基酸有 4 个与 VR-2332 和 16244B 一致(除 GP3)。

第四章　HP-PRRSV TJ 株致弱过程中的遗传变异和致病性分析

PRRSV 分离株在形态和理化特性上相似，但在抗原性和核苷酸序列上存在广泛而明显的差异，根据血清学试验及结构基因序列分析结果可将 PRRSV 划分为两种基本的基因型，即欧洲型和美洲型，代表株分别是 LV 株和 VR-2332 株，二者核苷酸同源性约为 60%。欧洲型毒株主要在欧洲地区流行，美洲型毒株则主要在亚太和美洲地区流行。不管是同型还是不同型的分离株，基因组间都存在较大的变异。PRRSV 在猪体内持续感染过程中，会有准种或病毒亚群的出现。近年来，PRRSV 变异株的不断出现，尤其是 HP-PRRSV 的出现给我国养猪业造成了巨大的经济损失。HP-PRRSV 变异株在遗传变异、毒力和致病性等方面发生了较大变化。将高致病性猪繁殖与呼吸综合征病毒（HP-PRRSV）TJ 株进行了致弱驯化，在 Marc-145 细胞上对其进行了连续传代，每 5～10 代进行噬斑克隆纯化病毒。选择致弱过程中不同代次病毒接种猪进行病毒致病性检验，结果表明，TJ 株经 Marc-145 细胞传至第 19 代后，对仔猪的致病性明显降低。因此，我们选择传代过程中不同代次病毒进行全基因序列测定，分析病毒基因组中可能存在的与毒力相关的突变，结果表明，TJ 株经 Marc-145 细胞传至第 92 代后，其基因组中共出现 360 nt（120 aa）的缺失和 118 nt 的突变，118 nt 突变中有 48 个导致了其编码氨基酸的改变。对 F19、F46、F78 和 F92（TJM）病毒的全基因序列分析表明，各代次新出现的突变氨基酸的个数分别为 31 个（64.6%）、7 个（14.6%）、7 个（14.6%）和 3 个（6.3%），而 120 aa 的缺失从 F19 开始至 F92（TJM）一直存在。因此推测，TJ 株 F19 出现的分布于 NSP1β、NSP2～NSP5、NSP7、NSP9、NSP10、GP4 和 GP5 的 31 个氨基酸的突变和 120 aa 的缺失对 TJ 株的致弱起到了重要作用。本研究将 HP-PRRSV TJ 株经 Marc-145 细胞进行连续传代，通过对不同代次病毒的致病性和全基因遗传变异情况进行研究，分析 PRRSV 基因组中可能的毒力相关基因，为 HP-PRRS 弱毒疫苗的研制奠定了基础。

第一节　材料与方法

一、试验材料

1. 主要试验试剂

MEM 培养基为 GBICO 公司产品；胰蛋白酶、EDTA 为索莱宝公司产品；胎牛血清为 Hyclone 公司产品；*Ex Taq*、dNTP Mixture、DL2000 DNA Marker、限制性内切酶、DNA 提取试剂盒均为宝生物工程（大连）有限公司产品；RNA 提取试剂盒为生工生物工程（上海）股份有限公司产品；质粒提取试剂盒为 Axygen 公司产品；PRRS、CSF、PR 和 SI 抗体检测试剂盒为

IDEXX 公司产品；PCV 抗体检测试剂盒为 Ingenasa 公司产品。

2. 主要仪器设备

超净工作台为苏州惠丰净化设备有限公司产品；生物安全柜为新加坡 ESCO 公司产品；CO_2 培养箱为美国 Thermo 公司产品；电热恒温水槽为上海一恒科技有限公司产品；96 孔梯度 PCR 仪为美国伯乐公司产品；凝胶成像系统为上海天能公司产品；倒置显微镜为上海光学仪器厂产品；倒置荧光显微镜为上海巴拓仪器有限公司产品；低温离心机为日本三洋公司产品。

3. 细胞和毒株

Marc-145 细胞由本研究室保存。HP-PRRSV 天津分离株（TJ 株）第 3 代细胞培养物（TJ-F3）（GenBank 登录号为 EU860248）由本试验室保存。依据参考文献方法用 PCR 或 RT-PCR 方法证明该毒株没有 CSFV、PCV2、PRV 和 SIV 污染。

4. 试验猪

3 周龄杂交品种猪购自无 PRRS 发病史的健康猪场，试验猪用商业 ELISA 试剂盒分别检测猪血清 PRRSV、CSFV、PCV2、PRV 和 SIV 特异性抗体，均为阴性；应用本书第二章介绍的方法和参考文献方法验证试验猪均无 PRRSV、CSFV、PCV2、PRV 和 SIV 感染。

二、病毒传代

将 HP-PRRSV TJ-F3 病毒接种生长良好的单层 Marc-145 细胞，加入维持液，置 37℃、含 5% CO_2 培养箱中培养，每日观察细胞病变（CPE），待细胞出现 70%以上 CPE 时收获，-20℃冻融 2 次后，分装于冻存管，标记为 F4，于－70℃保存，以后各代病毒的培养同上。

三、病毒噬斑克隆纯化

将待纯化病毒做 10 倍系列稀释至 10^{-6}，取 10^{-2}～10^{-6} 5 个稀释度接种已长成良好单层的 Marc-145 细胞（6 孔培养板），每个稀释度接种 1 个孔，每孔 0.1 mL，同时设 1 个细胞对照孔。置 37℃培养箱中吸附 1 h，弃去吸附液，用无血清 MEM 清洗 2 次，加入水浴至 37℃的低熔点营养琼脂每孔 3 mL，室温冷却凝固后置 37℃、含 5% CO_2 培养箱中培养 3～5 d，每天观察噬斑。选择最高稀释度病毒接种孔，挑取相对独立的单个噬斑，将挑出的带有病毒的低熔点琼脂噬斑用细胞培养液重悬，接种 6 孔培养板生长良好单层的 Marc-145 细胞，继续传代。经噬斑挑选后的重悬病毒即为 F＋1 代，经 6 孔板传 1 代后即为 F＋2 代。从 F＋2 代开始仍用细胞培养瓶进行传代，病毒每传 5～10 代进行一次噬斑克隆纯化。

四、各代次病毒效价测定

将 TJ 株 F5、F11、F20、F31、F40、F51、F72、F80 和 F92 代病毒用含 2%FBS 的 MEM 培养基做 10 倍系列稀释，取 10^{-3}～10^{-7} 5 个稀释度，接种 96 孔板生长良好的单层 Marc-145 细胞，每个稀释度接种 8 个孔，每孔 0.1 mL，置 37℃、含 5% CO_2 培养箱培养 4～5 d 每天观察 CPE，使用 Reed-Muench 法计算 $TCID_{50}$。

五、动物接种

40 头 3 周龄仔猪，随机分为 4 组，每组 10 头。每组猪分别隔离饲养在山西隆克尔生物制药有限公司负压动物房内。在动物房内适应 1 周，于 4 周龄时，1～3 组猪分别接种 TJ 株 F3、F19 和 F92 病毒。接种途径为滴鼻接种，接种剂量为 2 mL $10^{5.0}$ $TCID_{50}$/mL。第 4 组接种相同剂量 MEM 作为阴性对照。病毒接种前 2 d 和病毒接种后每日测量猪直肠温度，观察临床症状，病毒接种第 0、7、14 和 21 日称重，第 0、3、7、10、14、18 和 21 日采血分离血清。病毒接种后 10 d，每组抽取 5 头猪剖检，观察肺脏变化并进行组织病理学检测。

1. 病毒血症检测

将病毒感染后第 0、3、7、10、14、18 和 21 日收集的血清样品接种长满单层 Marc-145 细胞的 96 孔细胞培养板，每个样品接种 3 个孔，50 μL/孔，置 37℃、含 5% CO_2 培养箱吸附 1 h 后，弃血清，换维持液 100 μL/孔，置 37℃、含 5% CO_2 培养箱继续培养 4～5 d 观察 CPE。将病毒分离阳性血清样品用维持液进行 10 倍系列稀释，稀释度范围为 10^{-1}～10^{-5}，而后接种长满单层 Marc-145 细胞的 96 孔细胞培养板，每个稀释度接种 8 个孔，每孔接种 0.1 mL，接种后继续培养 4～5 d 观察 CPE，使用 Reed-Muench 方法计算每个血清样品的 $TCID_{50}$。

2. 临床评价

试验猪感染病毒后每天观察临床症状，主要包括：行为（精神状态、食欲、神经症状）、呼吸症状和皮肤颜色。采用临床分值对发病严重程度进行判定，具体评分标准同本书第二章。

3. 肺脏病理变化和组织病理学检测

试验猪感染病毒后 10 d，每组抽取 5 头猪剖检，观察肺脏剖检变化，并对肺脏进行总体评分。同时每个肺脏取尖叶 2 块，心叶、中间叶和膈叶各 1 块，使用 10% 中性福尔马林溶液浸泡，制备病理切片，对肺脏的病理组织学变化进行评分。比较各组猪肺脏病变的严重程度。

六、统计学分析

应用 GraphPad Prism 4.0 软件，采用单因素或两因素方差分析方法对获得数据进行统计分析，$P<0.05$ 为差异显著，$P<0.01$ 为差异极显著。

七、不同代次病毒全基因序列测定

取病毒传代致弱过程中 F19、F46、F78 和 F92（TJM）病毒，对其全基因序列进行测定，测序使用引物及方法同本书第三章。

八、病毒基因组序列分析

应用软件 ClustalX1.83 和 Lasergene 7.2 对获得的各代次病毒全基因序列与原始 TJ 株全基因序列进行比较，分析病毒经 Marc-145 细胞传代后的遗传变异情况。同时将 TJ/TJM 与其他 4 个强弱毒株对 VR-2332/RespPRRS MLV、JA142/Ingelvac ATP MLV，CH-1a/CH-1R 和 JXA1/JXA1-R 之间核苷酸及各 *ORF*s 推测氨基酸进行比较，各毒株在 GenBank 的登录号分别为 PRU87392 /AF066183、AY424271/DQ988080、AY032626/EU807840 和 EF112445/FJ548855。

第二节　结果与分析

一、临床观察结果

感染 HP-PRRSV TJ 株 F3 的 10 头猪均表现出典型 HP-PRRS 临床症状，主要包括：严重的精神沉郁、食欲减退、呼吸困难、跛行或震颤、皮肤发绀和死亡。感染 HP-PRRSV TJ 株 F19 的 10 头猪，有 3 头表现出轻度的呼吸困难，而后恢复正常，未表现出其他可见临床症状。感染 TJM 株的 10 头猪和对照组 10 头猪均未表现出任何临床症状，临床观察结果见表 4-1。1 组猪(F3)临床症状分值最高，明显高于 2、3 和 4 组($P<0.01$)。2 组(F19)、3 组(TJM)和 4 组(对照)猪临床症状分值无明显差异($P>0.05$)(图 4-1)。1 组所有猪感染后第 4 日均表现为高热(≥41 ℃)，可持续 5 d。2 组和 3 组猪均未表现出高热，与对照组间体温无明显差异。1 组猪体温在感染后 2～14 d 均明显高于其他 3 组(图 4-2)。

表 4-1　各试验组临床观察结果

组别	病毒代次	高热	临床症状	死亡率[a]	死亡时间/d
1	F3	10/10	10/10	5/5	6，9，11，15，16
2	F19	0/10	3/10	0/5	N
3	TJM	0/10	0/10	0/5	N
4	阴性对照	0/10	0/10	0/5	N

注：[a] 病毒接种后 10 d，每组各抽取 5 头猪剖检。

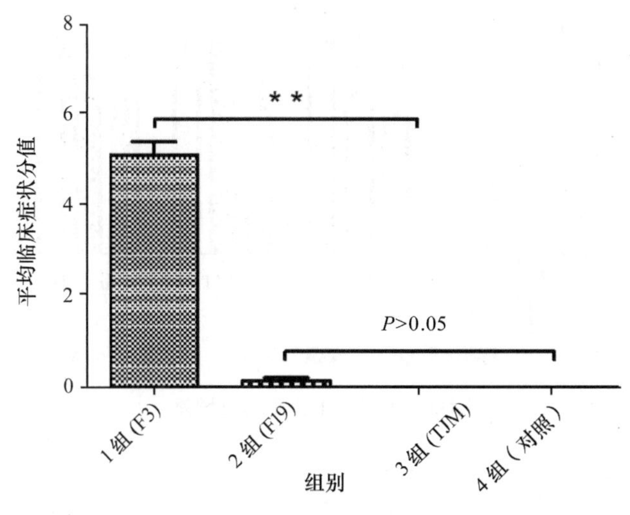

图 4-1　各试验组猪平均临床症状分值

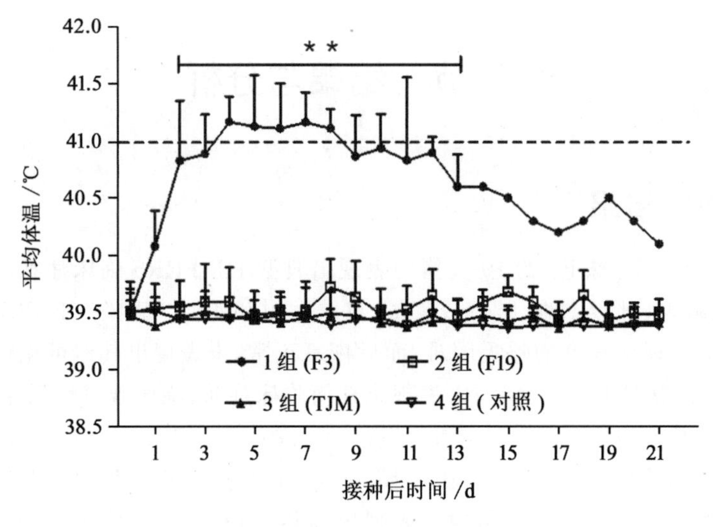

图 4-2 各试验组猪平均体温

二、体重称量结果

平均日增重分为 3 个阶段进行评价，感染后 0～7 d、7～14 d 和 14～21 d，如图 4-3 所示。病毒感染后 2 组(F19)、3 组(TJM)和对照组间增重无明显差异。1 组(F3)各阶段的平均日增重均明显低于(P<0.01)其他 3 组。

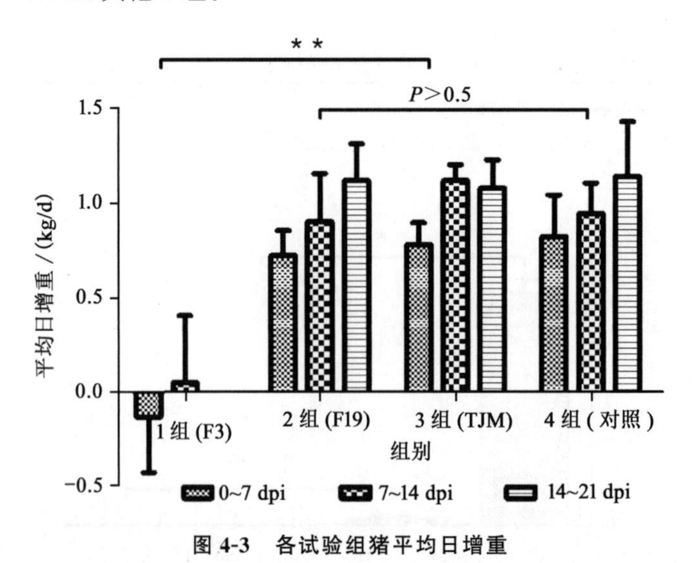

图 4-3 各试验组猪平均日增重

三、病毒血症

1 组猪感染 F3 后第 3 日均可从采集的血清样品中分离到 PRRSV(表 4-2)。2 组猪感染 F19 后于第 7 日所采集的血清 PRRSV 分离均为阳性，3 组猪感染 TJM 后 7 d 病毒血症阳性率为 9/10。至感染后 21 d，2 组和 3 组猪病毒血症阳性率分别为 2/5 和 0/5(表 4-2)。病毒感染后 3 d,1 组(F3)猪血清病毒滴度明显高于 2 组(F19)和 3 组(TJM)猪($P<0.01$)。在感染后 7 d 和 14 d,3 个感染剂量组间病毒滴度无明显差异。在整个试验过程中,2 组和 3 组猪间血清样品病毒滴度均相似(图 4-4)。

表 4-2 试验猪感染不同代次病毒后病毒分离

组别	病毒	病毒分离阳性动物数/动物总数						
		0 d	3 d	7 d	10 d	14 d	18 d	21 d
1	F3	0/10	10/10	9/9	8/8	2/2		
2	F19	0/10	4/10	10/10	10/10	4/5	3/5	2/5
3	TJM	0/10	2/10	9/10	9/10	3/5	1/5	0/5
4	对照	0/10	0/10	0/10	0/10	0/5	0/5	0/5

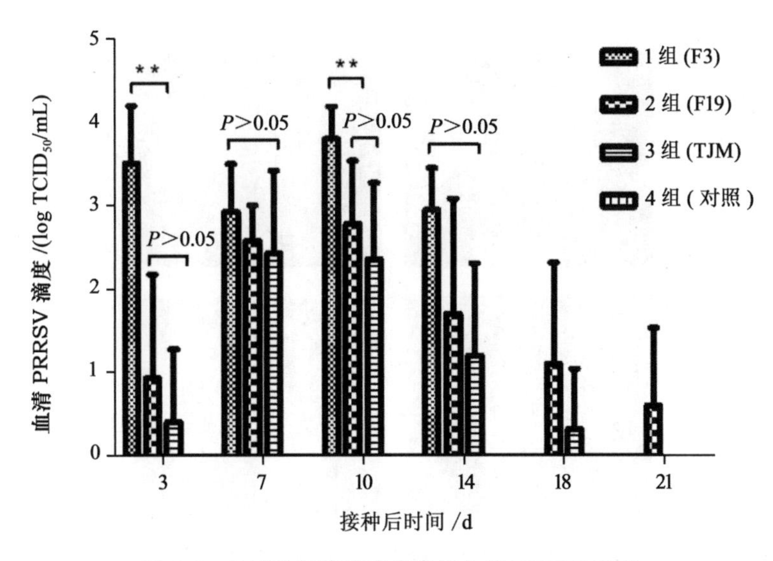

图 4-4 各试验组猪感染病毒后血清 PRRSV 滴度

四、肺脏损伤评价

1 组所有感染 PRRSV F3 的动物剖检均可见肺脏有明显的实变,主要出现在肺脏的尖叶、心叶和中间叶。2 组(F19)5 头试验猪中有 1 头表现为中度肺损伤,2 头表现为轻度肺损伤。3 组(TJM)试验猪中有 1 头表现为轻度肺损伤。1 组肺损伤分数明显高于 2 组和 3 组($P<0.01$)(图 4-5)。1 组猪肺脏病理学检测可见明显 PRRSV 急性感染特征,主要为中等到严重程度的增生性间质性肺炎,巨噬细胞、坏死碎屑为主的肺泡渗出物聚积和肺泡间隔增宽,其间浸润单核细胞(图 4-6)。2 组猪肺脏病理学检测可见中度和轻度间质性肺炎症状。1 组猪平均肺炎分数明显高于 2 组和 3 组,3 组和 4 组肺炎分数相似,而 2 组肺炎分数高于 3 组和 4 组(图 4-7)。

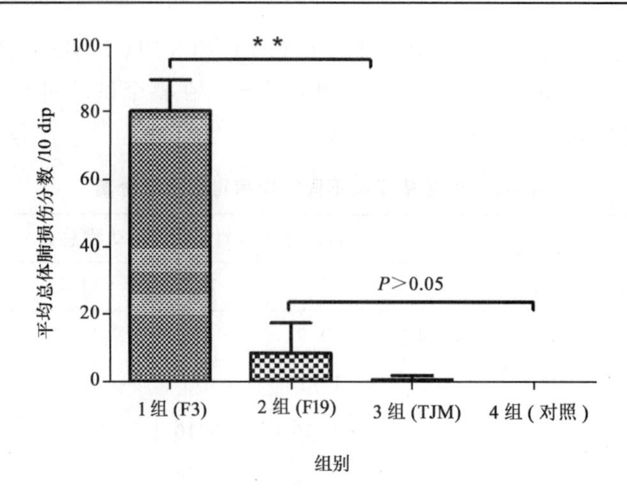

图 4-5 各试验组猪平均总体肺损伤分数

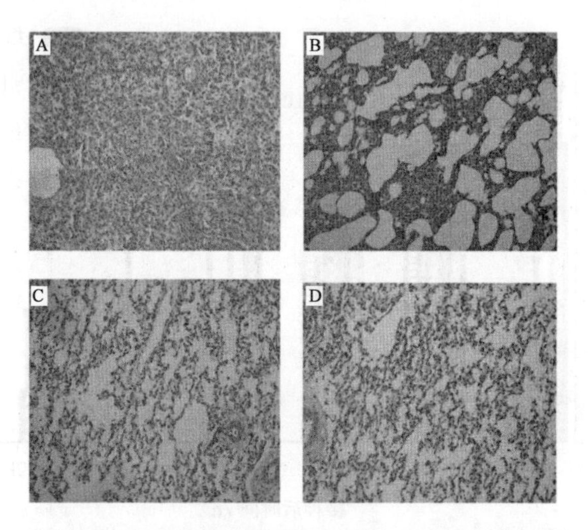

A 为接种 F3 组，B 为接种 F19 组，C 为接种 TJM 组，D 为对照组

图 4-6 各组猪感染病毒后肺脏组织病理学损伤

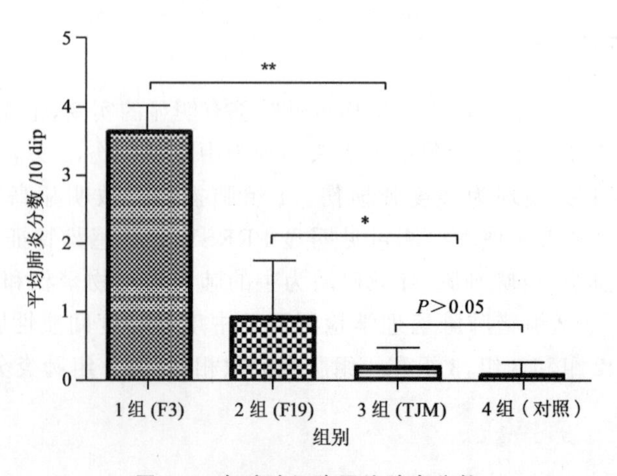

图 4-7 各试验组猪平均肺炎分数

五、基因组测序

TJ 株 F3 全基因长 15 320 bp(不包含 PolyA 尾)(Genbank 登录号 EU860248)。F19、F46、F78 和 TJM 测序结果表明,从 F19 开始病毒非结构蛋白 NSP2 出现一连续 120 aa 的缺失,与美洲型标准毒株 VR-2332 相比,该缺失位于 628~747 位,且该缺失稳定遗传至 TJM(F92)(图 4-8)。

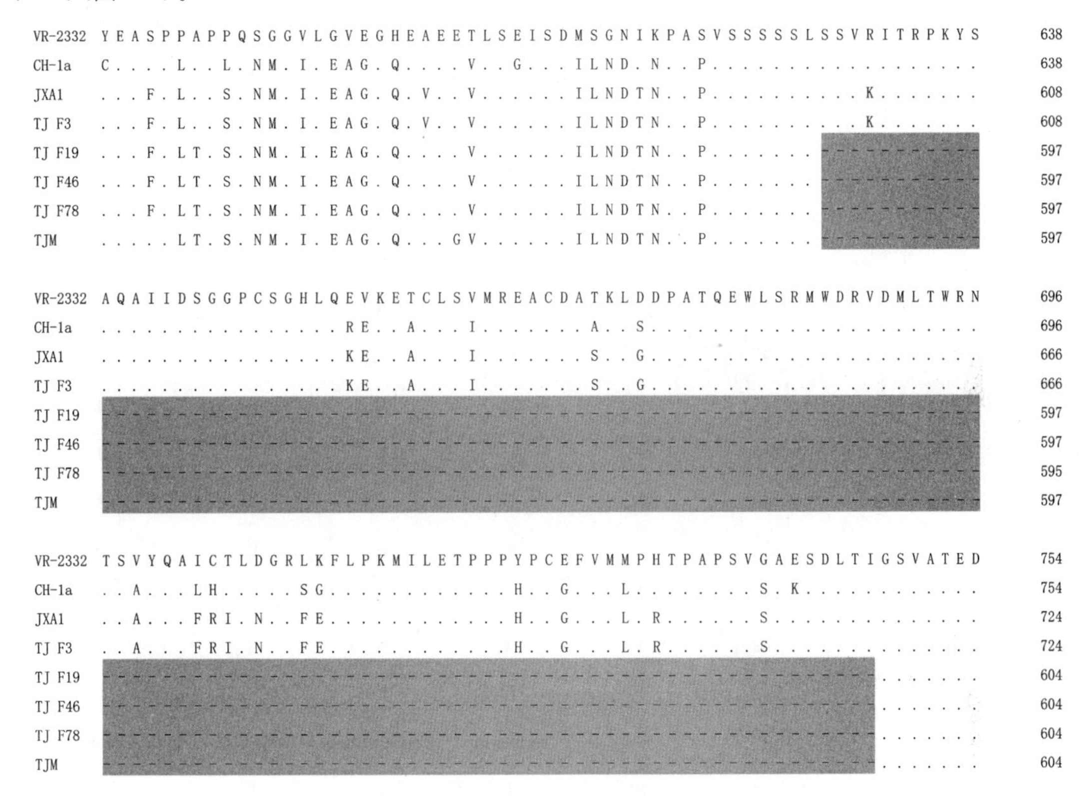

图 4-8 PRRSV 部分 NSP2 氨基酸序列比对

注:- 表示氨基酸序列缺失位置;· 表示氨基酸与参考毒株相同。

六、TJ 株致弱过程中氨基酸突变分析

TJ 株经 Marc-145 细胞传至 F92(TJM),与 F3 相比共有 118 nt 发生突变,其中 48 nt 的突变导致了编码氨基酸的改变,这 48 个核苷酸分别位于 *ORF*1a、*ORF*1b、*ORF*2、*ORF*3、*ORF*4、*ORF*5 和 *ORF*7 中。48 个突变的氨基酸中有 37 个(77.1%)位于非结构蛋白(NSPs),11 个(22.9%)位于结构蛋白。非结构蛋白 NSP6、NSP8 和 NSP12 以及结构蛋白 E 和 M 高度保守,传代过程中无氨基酸发生突变。与 F3 相比,有 31 个氨基酸突变(31/48,64.6%)出现在病毒传代早期(F19 前)。分别有 7 个(7/48,14.6%)、7 个(7/48,14.6%)和 3 个(3/48,6.3%)氨基酸突变出现在病毒经 F19~F46、F46~F78 和 F78~F92 的传代过程中(表 4-3)。

表 4-3 病毒传代过程中 4 个不同代次病毒氨基酸突变情况

阅读框	编码蛋白	位置[a]	F3	F19	F46	F78	TJM(F92)
*ORF*1a	NSP1β	91	H	**Y**	**Y**	**Y**	**Y**
		151	A	A	A	T	T
	NSP2	8	P	**T**	**T**	**T**	**T**
		25	E	E	E	K	K
		26	T	**I**	**I**	**I**	**I**
		262	G	G	D	D	D
		298	A	**T**	**T**	**T**	**T**
		313	L	**P**	**P**	**P**	**P**
		324	K	**E**	**E**	**E**	**E**
		355	V	**A**	**A**	**A**	**A**
		397	K	K	E	E	E
		450	G	**D**	**D**	**D**	**D**
		485	P	**L**	**L**	**L**	**L**
		488	L	**F**	**F**	**F**	**F**
		554	F	F	F	F	S
		557	A	**T**	**T**	**T**	**T**
		572	V	**A**	**A**	**A**	**A**
		574	E	E	E	E	G
		598～717	S-I	**deletion**	**deletion**	**deletion**	**deletion**
		771	M	**I**	**I**	**I**	**I**
		773	A	**V**	**V**	**V**	**V**
		809	G	G	E	E	E
	NSP3	19	I	**V**	**V**	**V**	**V**
		248	T	T	T	A	A
		349	S	**F**	**F**	**F**	**F**
	NSP4	184	K	**N**	**N**	**N**	**N**
	NSP5	89	V	**I**	**I**	**I**	**I**
	NSP7	162	S	**N**	**N**	**N**	**N**
		176	F	**V**	**V**	**V**	**V**

续表 4-3

*ORF*s	编码蛋白	位置[a]	F3	F19	F46	F78	TJM(F92)
*ORF*1b	NSP9	36	L	L	L	L	P
		88	A	**T**	**T**	**T**	**T**
		481	G	**A**	**A**	**A**	**A**
		505	I	**T**	**T**	**T**	**T**
	NSP10	296	V	**M**	**M**	**M**	**M**
		297	S	**A**	**A**	**A**	**A**
		386	K	**R**	**R**	**R**	**R**
	NSP10	436	V	**I**	**I**	**I**	**I**
	NSP11	16	Y	Y	Y	H	H
*ORF*2a	GP2	118	I	I	I	V	V
*ORF*3	GP3	143	F	F	L	L	L
		225	T	T	A	A	A
*ORF*4	GP4	3	A	**T**	**T**	**T**	**T**
		4	S	**P**	**P**	**P**	**P**
		43	D	D	G	G	G
*ORF*5	GP5	23	F	S	S	S	S
		80	G	G	V	V	V
		151	R	**K**	**K**	**K**	**K**
		196	Q	Q	Q	R	R
*ORF*7	N	51	E	E	E	G	G

注：[a] 氨基酸的位置以 TJ 株为基础，F19 之前出现的突变氨基酸字体颜色加深。

七、强弱毒株对之间基因序列同源性及突变率分析

各强弱毒株对之间全基因序列核苷酸的同源性介于 99.2%～99.8%之间，TJ/TJM 为 99.2%，CH-1a/CH-1R 和 JXA1/JXA1-R 均为 99.5%，JA142/Ingelvac ATP MLV 为 99.6%，VR-2332/RespPRRS MLV 为 99.8%。核苷酸突变数量介于 32～118 个之间，VR-2332/RespPRRS MLV 为 32 个，JA142/Ingelvac ATP MLV 为 62 个，JXA1/JXA1-R 为 92 个，CH-1a/CH-1R 为 104 个，TJ/TJM 为 118 个。多数核苷酸的突变为保守性突变。各强弱毒株对之间由各 *ORF* 推导的氨基酸突变个数介于 24～54 个之间，VR-2332/RespPRRS MLV 为 24 个，CH-1a/CH-1R 为 54 个(表 4-4)。

八、高突变率蛋白

TJ 株致弱过程中，非结构蛋白中 NSP2 突变率最高为 2.2%(19/830)(表 4-4)。值得注意的是，与美洲型标准毒株 VR-2332 相比，NSP2 在 628～747 位出现连续 120 aa 的缺失。除

NSP2之外，GP5和GP4为突变率较高的结构蛋白，其突变率分别为2.0%(4/200)和1.7%(3/178)。

表4-4 各强弱毒株对之间20个病毒蛋白氨基酸的突变率

阅读框	编码蛋白	强毒株/致弱毒株蛋白氨基酸突变率/%				
		VR-2332/Resp PRRS MLV	JA142/Ingelvac ATP MLV	CH-1a/CH-1R	JXA1/JXA1-R	TJ/TJM
*ORF*1a	NSP1α	0(0)[a]	2(1.2)	0(0)	0(0)	0(0)
	NSP1β	2(0.9)	2(0.9)	0(0)	3(1.4)	2(0.9)
	NSP2	5(0.5)	13(1.3)	11(1.1)	10(1.2)	19(2.2)
	NSP3	1(0.2)	2(0.4)	4(0.9)	3(0.7)	3(0.7)
	NSP4	0(0)	0(0)	1(0.5)	0(0)	1(0.5)
	NSP5	1(0.6)	0(0)	3(1.8)	0(0)	1(0.6)
	NSP6	0(0)	0(0)	0(0)	0(0)	0(0)
	NSP7	0(0)	2(0.8)	1(0.4)	1(0.4)	2(0.8)
	NSP8	0(0)	0(0)	0(0)	0(0)	0(0)
*ORF*1b	NSP9	0(0)	2(0.3)	6(0.9)	3(0.5)	4(0.6)
	NSP10	3(0.7)	3(0.7)	5(1.1)	5(1.1)	4(0.9)
	NSP11	4(1.8)	0(0)	2(0.9)	2(0.9)	1(0.4)
	NSP12	0(0)	0(0)	2(1.3)	0(0)	0(0)
*ORF*2a	GP2	1(0.4)	3(1.2)	3(1.2)	5(2)	1(0.4)
*ORF*2b	E	1(1.4)	0(0)	2(2.7)	2(2.7)	0(0)
*ORF*3	GP3	2(0.8)	5(2)	7(2.8)	4(1.6)	2(0.8)
*ORF*4	GP4	0(0)	2(1.1)	1(0.6)	6(3.4)	3(1.7)
*ORF*5	GP5	2(1)	3(1.5)	3(1.5)	2(1)	4(2.0)
*ORF*6	M	2(1.2)	1(0.6)	1(0.6)	0(0)	0(0)
*ORF*7	N	0(0)	0(0)	2(1.6)	0(0)	1(0.8)
Total number		24	40	54	47	48

注：[a]代表突变氨基酸数量和在相应蛋白内的突变率。

九、TJ/TJM与其他强毒株/致弱疫苗株间氨基酸突变的比较

PRRSV编码的20个蛋白中，NSP6和NSP8最为保守，在5个强毒株/致弱疫苗株间均

没有氨基酸发生变异，突变率为 0，表明这 2 个蛋白与病毒致病性无关。非结构蛋白 NSP1α 和 NSP12 也较为保守，只在 JA142/Ingelvac ATP MLV 和 CH-1a/CH-1R 间分别检测到 1 个和 2 个氨基酸突变；非结构蛋白 NSP4 和结构蛋白 N 也具有一定的保守性，在 TJ/TJM 和 CH-1a/CH-1R 间均只检测到 1 个或 2 个氨基酸突变。20 个病毒蛋白中有 6 个氨基酸突变较为明显，包括 NSP2、NSP3、NSP10、GP2、GP3 和 GP5。这 6 个蛋白在上述 5 个强毒株/致弱疫苗株间均发生了不同程度的变异(表 4-4)。结构蛋白突变率高于非结构蛋白(图 4-9)，表明结构蛋白在 PRRSV 致弱过程中所起作用可能高于非结构蛋白。具有高突变率的结构蛋白中，GP2 和 GP3 的突变率高于 GP5，非结构蛋白 NSP2 的突变率高于 NSP3 和 NSP10。

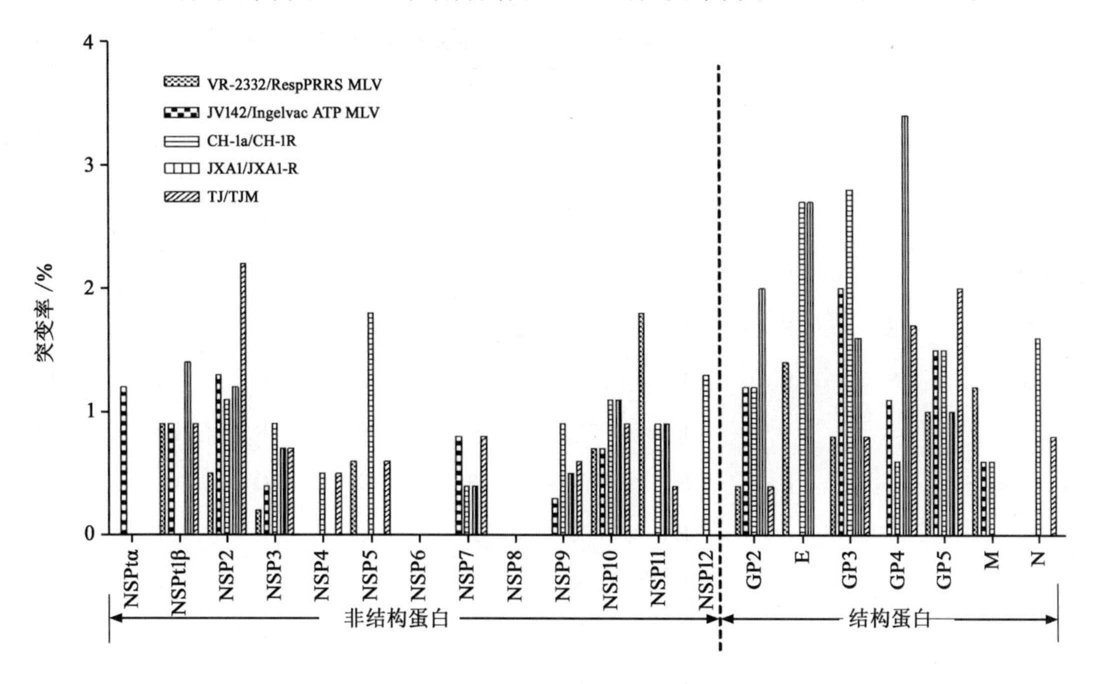

图 4-9 PRRSV 5 个强弱毒株对之间 20 个病毒蛋白的突变率

TJ/TJM，VR-2332/RespPRRS MLV，JA142/Ingelvac ATP MLV，CH-1a/CH-1R 和 JXA1/JXA1-R 之间氨基酸的突变个数分别为 48、24、40、54 和 47 个。在这些突变的氨基酸中，TJ/TJM 与其他 4 个强弱毒株对之间分别有 0 个、0 个、1 个(K391E，NSP2)和 3 个(E574G，NSP2；T225A，GP3；D43G，GP4)相同的突变氨基酸(表 4-5)。

表 4-5 TJ/TJM 与其他强弱毒株对之间具有相同突变位置的氨基酸

VR-2332/RespPRRS MLV	JA142/Ingelvac ATP MLV	CH-1a/CH-1R	JXA1/JXA1-R
GP5(R151G/R151K)	GP5(G80V/G80S)	NSP2(K391E/K391E)[a] GP2(I118V/I118T) GP3(F143L/F143V)	NSP2(E574G/E574G)[a] NSP7(N162S/S162N) GP3(T225A/T225A)[a] GP4(D43G/D43G)[a]

注：[a] 代表 TJ/TJM 与其他强弱毒株对之间相同的氨基酸突变。

十、强毒株/致弱疫苗株间可能毒力相关氨基酸分析

Allende 等对强毒株 16244B、VR-2332 及致弱疫苗株 MLV RespPRRS 进行基因序列比较，结果发现 PRRSV 基因组中有 9 个氨基酸的突变可能与病毒毒力相关，其中有 4 个位于非结构蛋白上，5 个位于结构蛋白上。将不同的强毒株/致弱疫苗株间突变氨基酸与上述 9 个氨基酸进行比对，发现 VR-2332/RespPRRS MLV 与 CH-1a/CH-1R 存在 2 个相同的氨基酸突变位点，但突变后的氨基酸并不相同。VR-2332/RespPRRS MLV 与其他 3 个强弱毒株对间无相同氨基酸突变(表 4-6)。

表 4-6 不同强弱毒株对之间可能与毒力相关的氨基酸的比对分析

毒株	编码蛋白								
	NSP1β (331)	NSP2 (668)	NSP2 (952)	NSP10 (952)	GP2 (10)	GP3 (83)	GP5 (13)	GP5 (151)	M (16)
VR-2332	S	S	E	Y	L	G	R	R	Q
CH-1a	S	S	E	H	L	G	R	R	Q
JA142	S	F	E	Y	L	S	R	R	Q
JXA1	S	S	E	Y	L	S	R	R	Q
TJ	S	S	E	Y	L	S	R	R	Q
RespPRRS	F	F	K	H	F	E	Q	G	E
CH-1R	S	S	E	H	L	S	R	R	L
Ingelvac ATP	S	F	E	Y	L	S	R	R	Q
JXA1-R	S	S	E	Y	L	S	R	R	Q
TJM	S	S	E	Y	L	S	R	K	Q

十一、TJ/TJM 与其他强毒株/致弱疫苗株间 GP5 蛋白跨膜区预测

应用 TMHMM-2.0 软件对 TJ/TJM 和几个强毒株/致弱疫苗株间 *ORF*5 基因编码蛋白 GP5 的跨膜区进行预测。VR-2332/RespPRRS MLV 间含有 2 个跨膜区，分别为 66～88 aa、103～125 aa 和 7～29 aa、106～128 aa；JA142/Ingelvac ATP MLV 和 CH-1a/CH-1R 间均含有 2 个相同的跨膜区，为 66～88 aa 和 103～125 aa；JXA1/JXA1-R 间含有 3 个相同的跨膜区，为 15～32 aa、66～88 aa 和 103～125 aa；TJ/TJM 分别含有 3 个和 2 个跨膜区，分别为 15～32 aa、66～88 aa、103～125 aa 和 66～88 aa、103～125 aa(图 4-10)。通过对各病毒 GP5 跨膜区氨基酸的比对分析发现，其中 VR-2332 与 RespPRRS MLV 间跨膜区仅有部分氨基酸重复；与 TJ 株相比 TJM 仅存在 2 个跨膜区，分析发现 GP5 第 23 aa 由苯丙氨酸(Phe)突变为丝氨酸(Ser)，推测疏水性氨基酸"Phe"突变为亲水性氨基酸"Ser"对蛋白跨膜区的改变可能起到一定作用(图 4-11)。

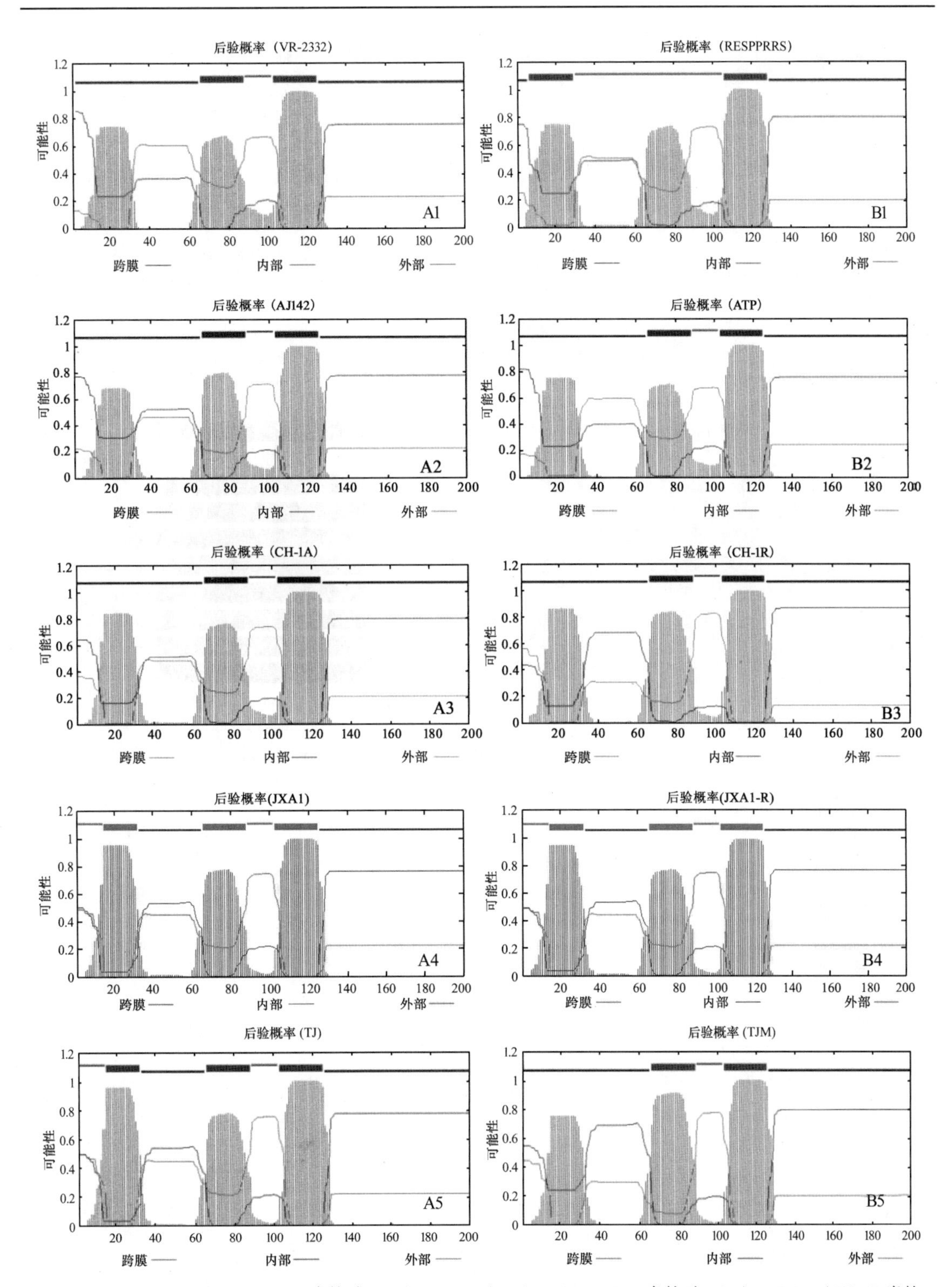

A1/B1：VR-2332/RespPRRS MLV 毒株对；A2/B2：JA142/Ingelvac ATP MLV 毒株对；A3/B3：CH-1a/CH-1R 毒株对；A4/B4：JXA1/JXA1-R 毒株对；A5/B5：TJ/TJM 毒株对

图 4-10　PRRSV GP5 蛋白跨膜区

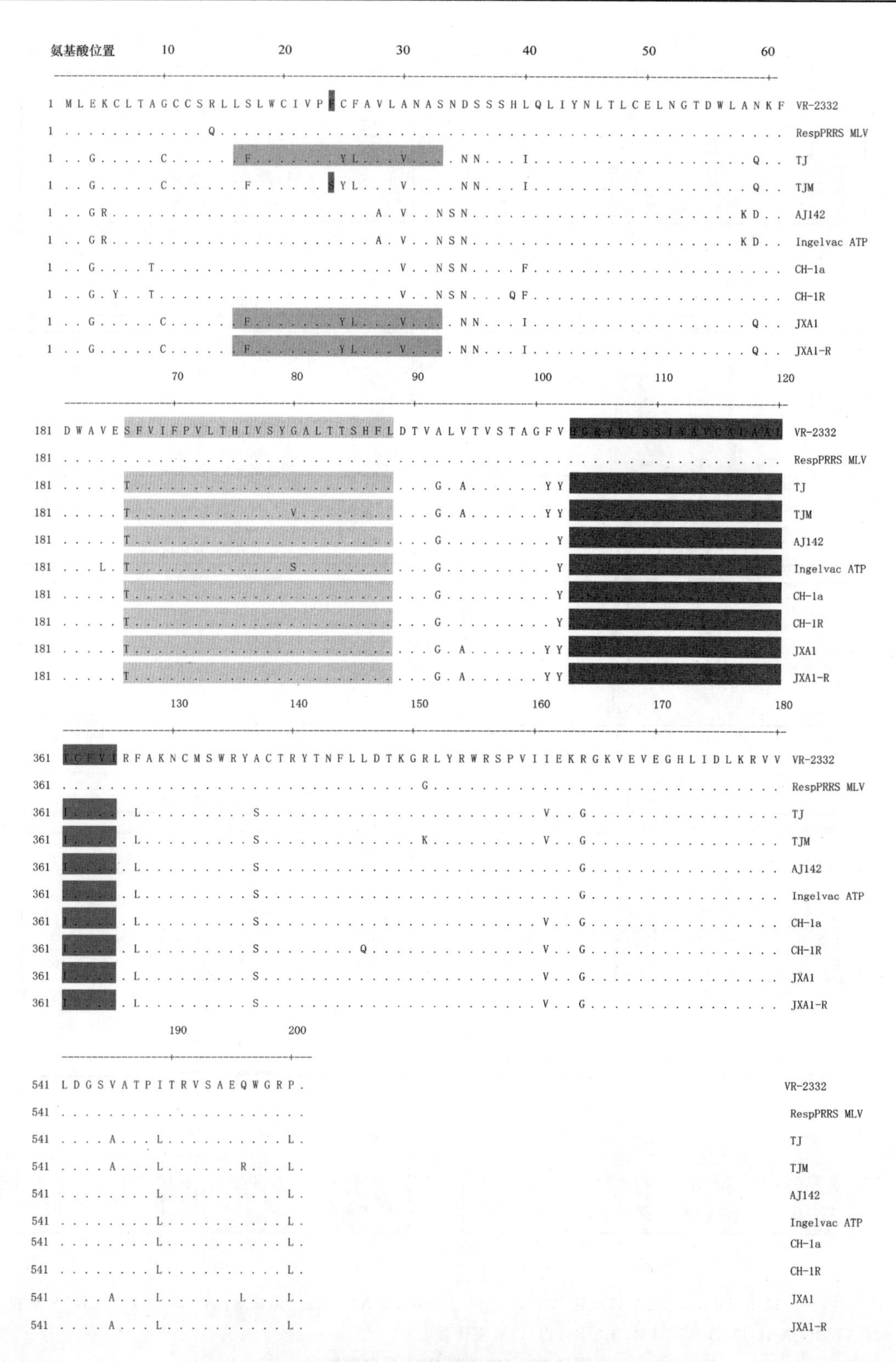

图 4-11 PRRSV 强毒/弱毒株间 GP5 跨膜区氨基酸序列比较

注：· 表示氨基酸与参考毒株相同。

VR-2332/RespPRRS MLV、JA142/Ingelvac ATP MLV、JXA1/JXA1-R 和 CH-1a/CH-1R 在经细胞传代致弱过程中，基因组内分别有 24、40、54 和 47 个氨基酸发生突变。本研究中，HP-PRRSV TJ 株经 Marc-145 细胞传 92 代进行致弱，致弱过程中共有 48 个氨基酸发生突变，而且经过对突变氨基酸位置和氨基酸种类的比较发现，TJ/TJM 与 CH-1a/CH-1R 和 JXA1/JXA1-R 间仅有 1 个(K391E，NSP2)和 3 个(E574G，NSP2；T225A，GP3；D43G，GP4)相同的突变氨基酸，而 TJ/TJM 与 VR-2332/RespPRRS MLV 和 JA142/Ingelvac ATP MLV 之间在致弱过程中没有相同的突变氨基酸。以上结果表明，PRRSV 的致弱是结构基因和非结构基因等多基因变异共同作用的结果。

第三节 讨 论

PRRSV 美洲型标准毒株 VR-2332 对仔猪的致病性主要表现为食欲减退、嗜睡、腹泻、被毛粗糙和短暂发热，接种母猪后可引起所产仔猪中每窝平均有 6 头死亡。猪感染 JA142 株病毒引起中等程度的临床症状，主要包括厌食、被毛粗乱和个别猪出现间断性喷嚏和咳嗽。猪感染 CH-1a 株病毒后表现出体温升高(41℃以上)，明显的肺脏、肾脏和脾脏损伤以及长期的病毒血症(4 周)。2006 年以后在我国出现的 HP-PRRSV 毒株 JXA1、HuN4 和 TJ 均对仔猪具有较强的致病性，死亡率可达 50%以上。通过将 PRRSV 强毒株经细胞连续传代后获得致弱疫苗株 RespPRRS MLV、Ingelvac ATP MLV、CH-1R、JXA1-R 和 HUN4-F112，能够有效地保护同源强毒的攻击。

除了非结构蛋白和结构蛋白，病毒基因组的 5′非编码区(5′UTR)和 3′非编码区(3′UTR)对病毒的复制和转录也是至关重要的，而且这些区域是一些病毒致弱的目标区域。本研究中，TJ 株在传代致弱的过程中 5′UTR 有 1 个氨基酸发生突变(T60A)，而 3′UTR 较为保守，没有氨基酸发生突变。Wang 等研究表明，5′UTR 或 3′UTR 均可单独引起病毒致弱，因此，本研究中出现在 5′UTR 的突变(T60A)是否与病毒毒力致弱有关还有待于进一步研究。

NSP2 蛋白被认为是 PRRSV 基因组中最容易变异的区域，该区域可耐受一定数量氨基酸的突变、插入和缺失。有研究表明，NSP2 蛋白与 PRRSV 对细胞和组织的嗜性相关，并可能参与病毒复制复合体多聚蛋白的组装。NSP2 蛋白含有较多的线性 B 细胞表位，这表明 PRRSV NSP2 蛋白具有免疫原性，在病毒感染宿主的过程中可刺激机体产生特异性抗体。序列分析表明，TJ 株致弱过程中在 NSP2 蛋白存在 19 个氨基酸的突变，其中 6 个(G450D、P485L、L488F、F554S、A557T 和 G809E)分布在依据美洲型 PRRSV 毒株 NVSL97～NVSL7895 确定的 B 细胞线性表位(441～455 位、476～490 位、576～590 位和 826～840 位)上。而这些氨基酸的突变是否与不同毒株间生物学功能的差异有关，还有待进一步研究。从 TJ 株 F19 开始出现的 120 个氨基酸的缺失一直稳定遗传至 F92。近来许多学者对 PRRSV 强弱毒株 NSP2 蛋白进行了插入和缺失研究。Kim 等通过反向遗传学技术，应用美洲型标准毒株 VR-2332 构建了在 NSP2 蛋白缺失 131 个连续氨基酸(657～787 位)的感染性克隆，动物感染试验结果表明，缺失了 131 个氨基酸的重组病毒接种动物后，所引起的肺脏的眼观变化和组织病理变化轻于原始强毒株。通过对 NSP2 基因序列比较分析发现，这 131 个缺失的氨基酸有 90 个与本研究中 TJ 株传代致弱过程中出现的 120 个氨基酸的缺失位置相同，因此推测，本研究中 NSP2

出现的120个氨基酸的缺失可能与TJ株毒力致弱有关。

TJ株致弱过程中，有4个氨基酸(F23S、G80V、R151K和Q196R)突变出现在糖蛋白GP5上。Yuan等研究表明，存在于GP5上的突变R151G可能影响PRRSV的毒力。因此推测本研究中的突变R151K可能有类似的功能；推测突变Q196R位于GP5 C-末端(164～200位)。目前对C-末端结构域的生物学功能认识较少，有研究推测可能与病毒复制过程中的信号转导有关。通过对不同强弱毒株对之间GP5可能的跨膜区进行分析发现，TJ株含有3个可能的跨膜区，经传代致弱，分析TJM株含有2个可能的跨膜区，其中第23 aa由苯丙氨酸(Phe)突变为丝氨酸(Ser)，推测疏水性氨基酸"Phe"突变为亲水性氨基酸"Ser"，对蛋白跨膜区的改变可能起到一定作用。Pirzadeh等报道，GP5蛋白可能参与病毒与细胞受体的结合，包含有诱导体液免疫和细胞免疫反应的主要表位，因此本研究中GP5发生的氨基酸突变和跨膜区的改变对GP5蛋白的二级结构、亲水性、疏水性和抗原性等特性有何影响，是否会改变病毒对组织的嗜性，进而进一步导致毒力减弱还有待进一步研究。

通常情况下，将病毒使用非同源的细胞系进行体外培养驯化，在病毒适应细胞系的过程中毒力趋于致弱。一般来说，在传代的早期阶段发生的突变与病毒的适应性相关。在传代的后期阶段出现的突变更可能与病毒毒力致弱相关。这种观点与An等报道的结果一致，将PRRSV HUN4株传代早期病毒F20接种仔猪后表现出明显的临床症状，而将传代后期病毒F65接种仔猪后只有1头猪表现出明显的临床症状。然而，本研究的结果与上述描述的结果不同，接种F19的10头猪均未表现出体温升高，且只有3头猪表现出轻度呼吸困难，而后恢复正常。这一结果表明，HP-PRRSV TJ株对仔猪的致病性从F19开始明显降低。此外，我们发现，F19和TJM(F92)接种猪后，3 dpi和10 dpi采集的血清中病毒滴度明显低于接种F3的血清样品。因此，我们推测，F19和TJM在猪体内的复制水平或细胞嗜性发生了变化，从而进一步导致病毒毒力降低。

TJ株经Marc-145细胞连续传代后，病毒毒力不断致弱。对病毒致弱过程中不同代次病毒进行全基因序列分析将有助于理解与病毒生物学、致弱以及免疫反应相关的氨基酸变异情况。序列分析结果表明，TJ株致弱过程中出现的48个氨基酸突变中，31个(64.6%)、7个(14.6%)、7个(14.6%)和3个(6.3%)氨基酸的突变分别出现在致弱过程中的F19、F46、F78和F92，由此，我们推测从F19出现的位于NSP1β、NSP2～NSP5、NSP7、NSP9、NSP10、GP4和GP5的31个氨基酸的突变和120个氨基酸的缺失对TJ株的致弱起到了重要作用。然而，更进一步的研究需要通过将病毒经猪体内连续传代开展。此外，存在于TJ致弱株中的120个氨基酸的缺失可以用来作为标记，用以区别野生型病毒和疫苗株。

第五章　PRRSV 不同毒株 RT-PCR 鉴别检测方法的建立

猪繁殖与呼吸综合征的潜伏期和临床症状与所感染的毒株类型密切相关，且受到饲养管理条件、动物个体差异、免疫状态等因素影响。弱毒株可能引起无症状感染，强毒株则可能引起严重的临床疾病。目前临床上多采用 ELISA 方法通过检测血清中 PRRSV 抗体鉴别诊断，但无法区分阳性结果是野毒感染还是疫苗免疫所引起的阳转现象。而 PRRSV 基因缺失疫苗的出现为临床鉴别野毒和疫苗毒带来可能。部分地区采用实时定量 RT-PCR 方法鉴别检测，但因其成本较高，难以在临床上推广应用。因此建立一种灵敏、快捷、经济的 PRRSV 不同毒株鉴别检测的方法就显得十分必要，从而达到迅速、准确诊断出是疫苗免疫猪还是野毒感染猪，以及野毒感染种类的目的。为评估猪群的感染状态、制定防疫方案、评价疫苗的免疫效果和防止 PRRSV 的流行提供帮助。

猪繁殖与呼吸综合征病毒经典株与高致病性毒株的毒力及致病力有明显差异，猪感染后临床表现差别较大，快速鉴别毒株类型对于猪繁殖与呼吸综合征的防治十分重要。TJM-F92 株疫苗为弱毒活疫苗，其基因存在一段 360 bp 的连续缺失，从而使区分疫苗毒和野毒成为可能。准确鉴别出疫苗免疫猪与野毒感染对 PRRSV 的净化将提供有效帮助。本研究根据猪繁殖与呼吸综合征经典毒株、高致病性毒株、TJM-F92 疫苗株的 *NSP*2 基因存在的差异，PRRSV 高致病性毒株相比于经典毒株不连续缺失 90 个核苷酸，而 TJM-F92 疫苗株在此基础上又缺失 360 个核苷酸，本试验选择基因缺失位点两侧相对保守区域设计引物，建立 RT-PCR 鉴定检测方法。根据 PCR 扩增产物片段大小不同区分猪繁殖与呼吸综合征经典株、高致病性株和 TJM-F92 疫苗株，并对此方法进行反应条件优化以及特异性试验、灵敏性试验、重复性试验、符合性试验，以确定此检测方法的准确性。应用建立的 RT-PCR 鉴别检测方法对吉林、黑龙江、内蒙古、北京地区疑似猪 PRRS 病料进行检测，分析当前 PRRSV 流行类型，为猪繁殖与呼吸综合征的有效防治及疫苗的合理使用提供理论依据。

第一节　材料与方法

一、主要试剂

RNA 提取试剂盒、质粒小提试剂盒购自 AXYGEN 公司；10×PCR Buffer、dNTP Mix、rTaq、6×Loading Buffer、200 bp DNA Ladder、pMD18-T Vector、连接液 Solution、10 mmol/L dNTPs、Random Primer 均购自宝生物工程(大连)有限公司;M-MLV Reverse Transcriptase、M-MLV RT 5×Buffer、RNase Inhibitor 购自 PROMEGA 公司;DNA 纯化回收试剂盒(离心柱性 DP1501)购自北京百泰克生物技术有限公司;核酸染料购自 BIOTIUM 公司;琼脂糖购自 invitrogen 公司;TRIzol 购自 ambion 公司;氨苄购自 biosharp 公司;氯仿、异丙醇、无水乙醇、焦碳酸二乙酯、Tris、EDTA、醋酸等化学试剂均为国产分析纯。

二、毒株与疫苗

高致病性猪繁殖与呼吸综合征病毒 TJ 株和高致病性猪繁殖与呼吸综合征弱毒疫苗株 TJM-F92 株均由本试验室保存;猪繁殖与呼吸综合征 CH-1R 株为购自哈尔滨维科生物技术公司的商品化疫苗;猪繁殖与呼吸综合征 JXA1-R 株为购自中牧实业股份有限公司成都器械厂的商品化疫苗;猪瘟病毒为购自哈药集团生物疫苗有限公司的商品化疫苗;猪传染性胃肠炎病毒和猪流行性腹泻病毒为试验室保存。

三、病料

来自吉林、黑龙江、内蒙古、北京地区的疑似猪繁殖与呼吸综合征病料,主要为肺脏、脾脏、淋巴结、肾脏等脏器。

四、试验方法

(一)疫苗毒株参比品的制备

将猪繁殖与呼吸综合征病毒 CH-1R 株、TJ 株、TJM-F92 株接种于 Marc-145 细胞传代扩繁,3~5 d 观察细胞病变明显,冻融收毒。

(二)引物设计与合成

根据 GenBank 中登录的猪繁殖与呼吸综合征 CH-1a 株(EU807840.1)、猪繁殖与呼吸综合征 TJ 株(EU860248.1)的 NSP2 基因序列进行分析比对,运用 Primer5.0 生物学软件设计 3 对引物,送往生工生物(上海)股份有限公司合成。引物序列见表 5-1。

表 5-1 引物序列

引物名称	碱基序列	碱基数	解链温度/℃	产物大小/bp		
				经典毒株	高致病性毒株	基因缺失疫苗株
JD1F	GTTGGGTCCGATTGTGGC	18	59.58	1 214	1 124	764
JD1R	ACAGGGAGATGGGAGACG	18	59.58			
JD2F	GCGGCGATGTCTCTAAC	17	59.42	1 332	1 242	882
JD2R	GCCGACAAGACCCAGAAA	18	57.30			
JD3F	AGGTTGGGTCCGATTGTGGC	20	61.90	1 066	976	616
JD3R	CTGAAGGCGGCAAATCGGTA	20	59.85			

（三）病毒 RNA 提取及第一链 cDNA 合成

1. 总 RNA 的提取

按照 AxyPrep 病毒 DNA/RNA 小量试剂盒（10114KC5）说明书操作，提取猪繁殖与呼吸综合征 TJ 株、TJM-F92 株、CH-1R 株和 JXA1-R 株病毒 RNA。提取 RNA 过程中注意防止 RNA 酶污染以保证 RNA 纯度，因此试验操作中需佩戴洁净一次性口罩、手套，使用专用 RNA 提取超净工作台，避免讲话。试验所需离心管、吸管、吸头等耗材均由 0.1%DEPC 处理或为无 RNA 酶产品。具体操作步骤如下：

（1）收集 200 μL 样品，转入 1.5 mL 离心管。

（2）向离心管中加入 200 μL BufferV-L，漩涡震荡混合均匀，静置 5 min。

（3）向离心管中加入 75 μL BufferV-N，漩涡震荡混合均匀，12 000*g* 离心 5 min。

（4）吸取上清液并转移到新的 2 mL 离心管中，并加入 300 μL 含有 1 %冰乙酸的异丙醇，缓慢上下颠倒离心管，使溶液混匀。

（5）将分离柱安置在 2 mL 离心管中，吸取步骤 4 混合液加入分离柱内，6 000*g* 离心 1 min。

（6）弃滤液，将分离柱重新安置于 2 mL 离心管中，向离心柱内加入 500 μL Buffer W1，室温静置 1 min。12 000*g* 离心 1 min。

（7）弃滤液，将分离柱重新安置于 2 mL 离心管中，向离心柱内加入 800 μL BufferW2，12 000*g* 离心 1 min。

（8）将分离柱重新安置于 2 mL 离心管中，12 000*g* 离心 1 min。

（9）将分离柱安置于洁净 1.5 mL 离心管，在分离柱膜中央加入 50 μL Buffer TE，室温静置 1 min。12 000*g* 离心 1 min 洗脱 RNA。

2. 第一链 cDNA 的合成

按照试剂说明书建立 20 μL 体系，具体如下：RNA 2 μL，Random Primer 2 μL，M-MLV RT 5×Buffer 4 μL，M-MLV 1 μL，RNase Inhibitor 0.5 μL，RNase free H_2O 8.5 μL。充分混匀后短暂离心，按如下条件进行反应：30℃ 10 min，42℃ 90 min，70℃ 10 min。

（四）引物筛选试验

以猪繁殖与呼吸综合征病毒 TJ 株、TJM-F92 株、CH-1R 株 3 种毒株为模板，使用设计合成的 3 对引物分别进行 PCR 扩增。在 0.2 mL PCR 管中配制 25 μL 反应体系。PCR 反应体系如下：10×PCR Buffer 2.5 μL，dNTP Mix 2 μL，引物 JDF 0.5 μL，引物 JDR 0.5 μL，cDNA 模板 2.5 μL，rTaq 0.25 μL，去离子水 16.75 μL。

混匀后分别按各自反应条件进行 PCR 扩增，反应条件如下：

JD1：95℃，5 min 预变性；94℃，30 s；57℃，45s；72℃，1 min；35 个循环；72℃，10 min；

JD2：95℃，5 min 预变性；94℃，30 s；56℃，45s；72℃，1 min；35 个循环；72℃，10 min；

JD3：95℃，5 min 预变性；94℃，30 s；58℃，45s；72℃，1 min；35 个循环；72℃，10 min；4℃ 保存。

（五）PCR 产物的鉴定

1. 琼脂糖凝胶电泳

PCR 结束，使用 1.5%琼脂糖凝胶电泳进行检测。

2. DNA 纯化回收

使用多功能 DNA 纯化回收试剂盒(DP1501)对大小符合目的片段大小的特异性片段凝胶产物进行纯化回收。按照说明书具体操作步骤如下：

(1)在长波紫外灯下,用干净刀片切下符合目的片段大小的 DNA 条带,尽量切下明亮的 DNA 条带,且无不含 DNA 片段的凝胶。

(2)称量一个洁净 1.5 mL 离心管重量,然后将切下含有 DNA 条带的凝胶块放入离心管中后再次称量,将两次所称重量相减计算凝胶块重量。

(3)加 3 倍与溶胶体积的溶解液 DB,即溶胶质量为 0.1 g 可视为体积为 100 μL,加入 300 μL 溶解液 DB。

(4)56℃水浴溶解凝胶块,每隔 2～3 min 进行一次漩涡震荡以加速胶块溶解。

(5)胶块溶解后,每 100 mg 凝胶质量加入 150 μL 的异丙醇,缓慢震荡混匀,以提高 DNA 的回收率。当回收片段大于 4 kb 时不需异丙醇。

(6)将吸附柱安置于 2 mL 收集管内,吸取步骤 5 溶液加入吸附柱中,12 000 r/min 离心 60 s。

当混合液总体积超过 750 μL 时,可分两次加入吸附柱内。

(7)弃滤液,向吸附柱内加入 700 μL 漂洗液 WB,12 000 r/min 离心 1 min。

(8)弃滤液,向吸附柱加内入 500 μL 漂洗液 WB,12 000 r/min 离心 1 min。

(9)弃滤液,将吸附柱重新安置于 2 mL 收集管中,12 000 r/min 离心 2 min。

(10)将吸附柱安置于新的 1.5 mL 离心管中,在吸附膜中央缓慢加入 50 μL 洗脱液(洗脱液水浴加热至 65℃),室温静置 2 min,12 000 r/min 离心 1 min。

3. PCR 产物的克隆

根据 pMD18-T Vector 说明书进行如下操作。

在微量离心管中配制以下溶液,总体积为 5 μL,反应体系如下:pMD18-T Vector 1 μL,目的片段 1～3 μL,ddH$_2$O 至 5 μL,混合均匀后置于 16℃过夜连接。

4. 连接产物转化

(1)－70℃取出感受态(JM109)细菌室温溶解后置于冰上 30 min。

(2)无菌条件下吸取 5 μL 连接产物加入感受态细菌中混匀。

(3)冰上放置 30 min。

(4)42℃热激 90 s,立即放置于冰上 2 min。

(5)向溶液中加入 800 μL 液体 LB 培养基,混匀,置于 37℃、180 r/min 摇床 2～3 h 复状。

(6)取 200 μL 菌液均匀涂布在具有氨苄抗性的平板 LB 培养基,37℃过夜培养。

5. 重组质粒提取

使用 AxyPrep 质粒 DNA 小量提取试剂盒进行重组质粒提取。按照说明书操作步骤如下：

(1)吸取 4 mL 在 LB 培养基中过夜培养的菌液加入 1.5 mL 离心管中,12 000*g* 离心 1 min,弃上清液。

(2)向离心管中加入 250 μL BufferS1 重新悬浮细菌沉淀,尽量均匀,悬浮液中无菌块。

(3)向离心管中加入 250 μL BufferS2,上下颠倒离心管混匀 4～6 次,使菌体充分裂解,直至溶液澄清。

(4)向离心管中加入 350 μL BufferS3,上下颠倒离心管混匀 4～6 次,12 000g 离心 10 min。

(5)将制备管安置于 2 mL 收集管中,将步骤 4 离心后上清液转移至制备管中,12 000g 离心 1 min。

(6)弃滤液,将制备管安置于 2 mL 收集管中,向制备管中加入 500 μL BufferW1,12 000g 离心 1 min。

(7)弃滤液,将制备管安置于 2 mL 收集管中,向制备管中加入 700 μL BufferW2,12 000g 离心 1 min。

(8)重复步骤(7)。

(9)弃滤液,将制备管安置于 2 mL 收集管中,12 000g 离心 1 min。

(10)将制备管安置于新的 1.5 mL 离心管中,在制备管膜中央加入 60 μL Eluent,室温静置 1 min,12 000g 离心 1 min。将 Eluent 水浴加热至 65℃有助于提高洗脱效率。

6.质粒 PCR 鉴定

以含有猪繁殖与呼吸综合征病毒 CH-1R 株、TJ-F3 株和 TJM-F92 株特异性片段质粒为模板,以 JD2 为引物分别进行 PCR 扩增。在 0.5 mL PCR 管中配制反应体系。PCR 反应体系为 25 μL,具体如下:10×PCR Buffer 2.5 μL,dNTP Mix 2 μL,引物 JD2F 0.5 μL,引物 JD2R 0.5 μL,质粒 1.5 μL,rTaq 0.25 μL,超纯水 17.75 μL。

混匀后按如下反应条件进行 PCR 扩增,反应条件为:95℃,5 min 预变性;94℃,30 s;56℃,45 s;72℃,1 min;35 个循环;72℃,10 min。

PCR 扩增产物经 1.5%琼脂糖凝胶电泳进行检测。

五、RT-PCR 反应条件优化

(一)退火温度优化

以猪繁殖与呼吸综合征 CH-1R 株、TJ 株、TJM-F92 株合成 cDNA 模板,以 JD2 为引物分别进行 PCR 扩增。其他反应条件均相同,梯度设置退火温度,退火温度分别为 60.0℃、58.6℃、57.3℃、55.7℃、53.5℃。

(二)引物浓度优化

以猪繁殖与呼吸综合征 CH-1R 株、TJ 株、TJM-F92 株合成 cDNA 模板,对引物 JD2 进行 5 倍系列稀释,其他反应条件均相同,采用不同浓度引物分别进行 PCR 扩增。引物浓度分别为:1 000 pmol/mL、200 pmol/mL、40 pmol/mL、8 pmol/mL、1.6 pmol/mL。

(三)酶使用量优化

以猪繁殖与呼吸综合征 CH-1R 株、TJ 株、TJM-F92 株合成 cDNA 模板,以 JD2 为引物分别进行 PCR 扩增。其他反应条件均相同,使用不同 rTaq 量,酶使用量分别为:0.5 U、1.25 U、2.5 U。

(四)循环数优化

以猪繁殖与呼吸综合征 CH-1R 株、TJ 株、TJM-F92 株合成 cDNA 模板,以 JD2 为引物分别进行 PCR 扩增。其他反应条件均相同,进行不同循环数扩增,循环数分别为:30、35、40。

六、方法检验

(一)特异性试验

取猪繁殖与呼吸综合征 CH-1R 株、TJM-F3 株、TJM-F92 株、猪瘟病毒、猪流行性腹泻病毒、猪传染性胃肠炎病毒、Marc-145 细胞培养物提取 RNA 进行反转录,使用引物 JD2 进行 PCR 扩增。观察电泳结果。

(二)敏感性试验

取猪繁殖与呼吸综合征 CH-1R 株、TJ-F3 株、TJM-F92 株提取 RNA,反转录合成 cDNA,使用核酸定量分析仪测定 cDNA 浓度,将 cDNA 进行 10 倍系列稀释,每个毒株稀释成 5 个稀释度,对各稀释度模板进行 PCR 扩增。观察电泳结果。

(三)重复性试验

利用建立的 RT-PCR 反应对阳性对照、病毒、阴性对照进行检测,在不同时间重复 3 次,评价重复性。

(四)符合性试验

分别采用本试验建立的 RT-PCR 方法、梅林建立的猪繁殖与呼吸综合征病毒野毒株与基因缺失弱毒疫苗株 TJM-F92 一步 RT-PCR 鉴别方法、安春霞建立的高致病性与低致病性猪繁殖与呼吸综合征病毒二重 RT-PCR 检测方法对 10 份临床病料进行检测。

七、临床样品检测

(一)病料处理

1. 病料采集后立即放入液氮或超低温冰箱中冷冻,若组织体积较大,应将其剪碎并迅速浸入液氮中,以防止内源性 RNA 降解酶使组织内 RNA 降解。

2。研磨组织前,首先预冷研钵,向研钵内反复加入液氮 4～5 次,充分预冷研钵。

3. 将冷冻的病料放入充分预冷的研钵中研磨,研磨同时不断加入液氮。每次研磨组织块重量不超过 200 mg。

4. 当病料组织被研磨成粉末状时加入 TRIzol 并继续研磨。

5. 研磨均匀后将溶液转移至 1.5 mL 离心管,提取 RNA。

(二)病毒 RNA 的提取及 cDNA 合成

本部分方法参照本章第四部分(三)介绍方法进行。

(三)PCR 扩增

使用引物 JD2 对病料 cDNA 模板进行 PCR 扩增。反应条件为:95℃,5 min 预变性;94℃,30 s;55.7℃,45 s;72℃,1 min;35 个循环;72℃,10 min;4℃,保存。

对 PCR 产物进行琼脂糖凝胶电泳,观察扩增片段大小,判定结果。

第二节 结果与分析

一、引物筛选

(一)引物筛选试验结果

使用设计的3对引物JD1、JD2、JD3分别对猪繁殖与呼吸综合征CH-1R株、TJ株、TJM-F92株进行扩增。扩增结果见图5-1。

由图5-1可见,引物JD1对CH-1R株和TJM-F92扩增效果较好,对TJ株无特异性扩增。引物JD3对3种毒株均无特异性扩增。而引物JD2对3种毒株均能够扩增出特异明亮条带,说明引物JD2与3种模板均能够特异性结合,因此JD2为最适鉴别引物。

(二)重组质粒PCR鉴定结果

将使用引物JD2对3个毒株的扩增产物进行纯化回收,将回收产物连接入pMD18-T Vector载体,转化至JM109感受态大肠杆菌,提取细菌质粒,以细菌质粒为模板使用引物JD2进行PCR扩增。结果见图5-2。

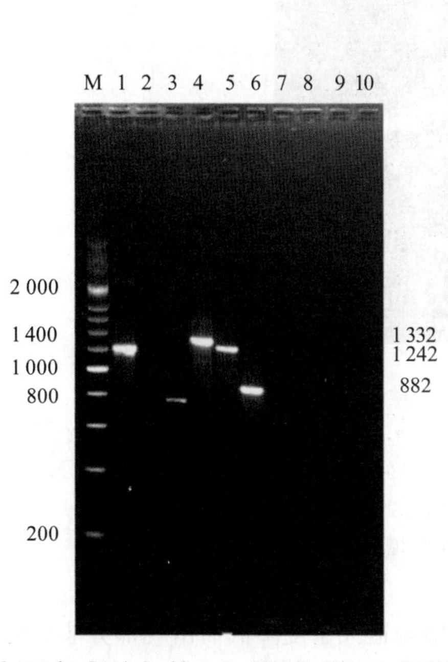

M:200 bp DNA Ladder; 1:CH-1R,JD1; 2:TJ-F3,JD1; 3:TJM-F92,JD1; 4:CH-1R,JD2; 5:TJ-F3,JD2; 6:TJM-F92,JD2; 7:CH-1R,JD3; 8:TJ-F3,JD3; 9:TJM-F92,JD3; 10:阴性对照。

图5-1 引物筛选PCR扩增结果

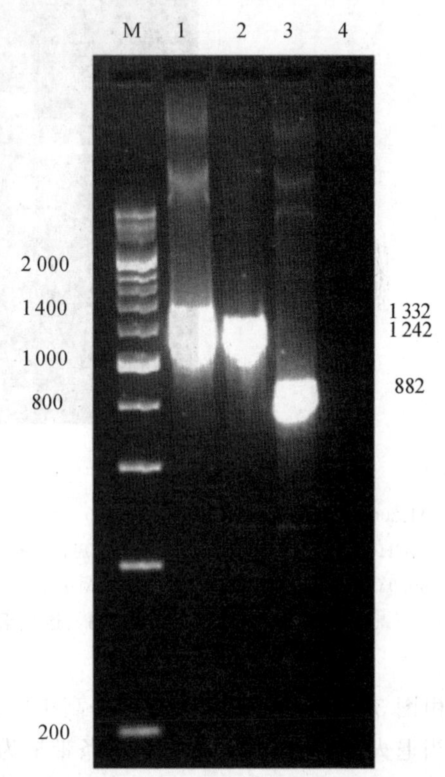

M:200 bp DNA Ladder; 1:CH-1R株重组质粒; 2:TJ株重组质粒; 3:TJM-F92株重组质粒; 4:阴性对照。

图5-2 重组质粒鉴定PCR扩增结果

由图 5-2 可见,在 1 332 bp、1 242 bp、882 bp 处有明亮特异条带,说明 3 个模板的扩增产物分别成功连接质粒中。

(三)重组质粒测序

将重组质粒基因测序结果分别与 NCBI 登录的猪繁殖与呼吸综合征经典毒株(EU807840.1)相比,结果 CH-1R 株、TJ 株和 TJM-F92 株与参考毒株相比核苷酸同源性分别为 99.0%、92.3%、98.6%。

二、RT-PCR 反应条件优化

(一)退火温度梯度优化结果

使用引物 JD2 对猪繁殖与呼吸综合征 CH-1R 株、TJ 株、TJM-F92 株合成的 cDNA 模板进行 PCR 扩增。设置梯度退火温度,退火温度分别为 60.0℃、58.6℃、57.3℃、55.7℃、53.5℃。结果见图 5-3。

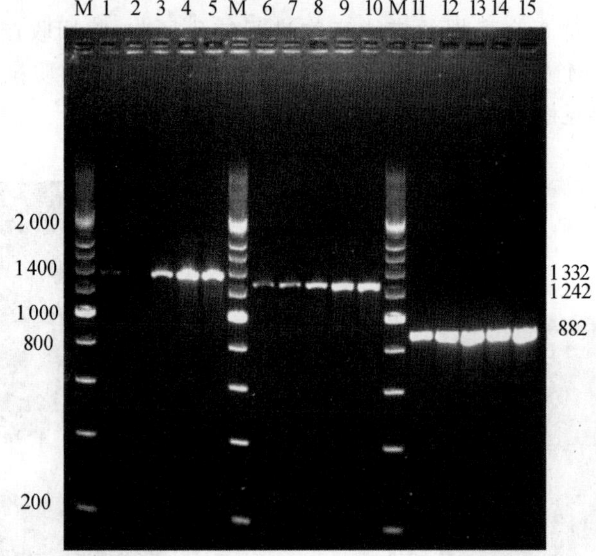

M:200 bp DNA Ladder; 1:CH-1R,60.0℃; 2:CH-1R,58.6℃; 3:CH-1R,57.3℃; 4:CH-1R,55.7℃; 5:CH-1R,53.5℃; 6:TJ,60.0℃; 7:TJ,58.6℃; 8:TJ,57.3℃; 9:TJ,55.7℃; 10:TJ; 11:TJM-F92,60.0℃; 12:TJM-F92,58.6℃; 13:TJM-F92,57.3℃; 14:TJM-F92,55.7℃; 15:TJM-F92,53.5℃。

图 5-3 退火温度优化 PCR 扩增结果

由图 5-3 可见,随着退火温度升高扩增条带变暗,随着退火温度降低而出现部分非目的条带。当退火温度为 55.7℃时,扩增条带最为明亮单一,扩增效率最高。

使用引物 JD2 对猪繁殖与呼吸综合征 CH-1R 株、TJ 株混合物合成的 cDNA 模板进行 PCR 扩增。梯度设置退火温度,退火温度分别为 60.0℃、58.6℃、57.3℃、55.7℃、53.5℃。结果见图 5-4。

由图 5-4 可见，随着退火温度升高扩增条带变暗，当退火温度为 55.7℃时，扩增条带最为明亮单一，扩增效率最高。因此，反应的最适退火温度为 55.7℃。

单一和混合模板均是退火温度为 55.7℃时扩增效果最好，因此，反应的最适退火温度为 55.7℃。

(二)引物浓度优化结果

使用不同浓度引物对猪繁殖与呼吸综合征 CH-1R 株、TJ 株、TJM-F92 株合成的 cDNA 模板分别进行 PCR 扩增。其他反应条件均相同，引物浓度分别为：1 000 pmol/mL、200 pmol/mL、40 pmol/mL、8 pmol/mL、1.6 pmol/mL。结果见图 5-5。

如图 5-5 所示，当引物浓度为 200 pmol/mL 时，PCR 扩增条带单一明亮。当引物浓度小于 200 pmol/mL 时，模板 CH-1R 无法扩增出明亮片段，当引物浓度为 1 000 pmol/mL 时，模板 TJM-F92 扩增出部分非目的条带。所以最适引物浓度为 200 pmol/mL。

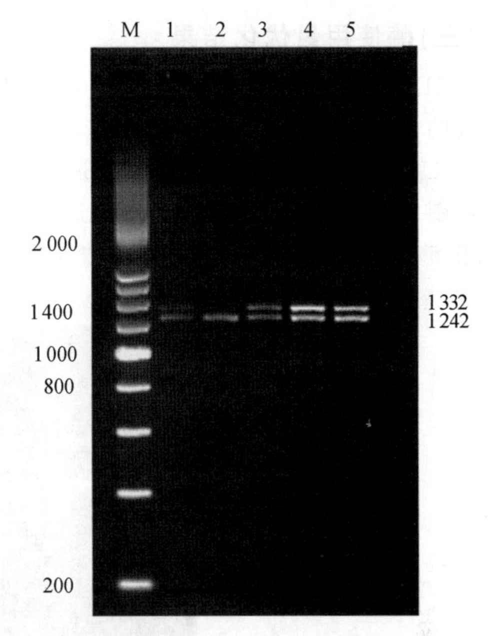

M：200 bp DNA Ladder；1：CH-1R 与 TJ 混合模板，60.0℃；2：CH-1R 与 TJ 混合模板，58.6℃；3：CH-1R 与 TJ 混合模板，57.3℃；4：CH-1R 与 TJ 混合模板，55.7℃；5：CH-1R 与 TJ 混合模板，53.5℃。

图 5-4 退火温度优化 PCR 扩增结果

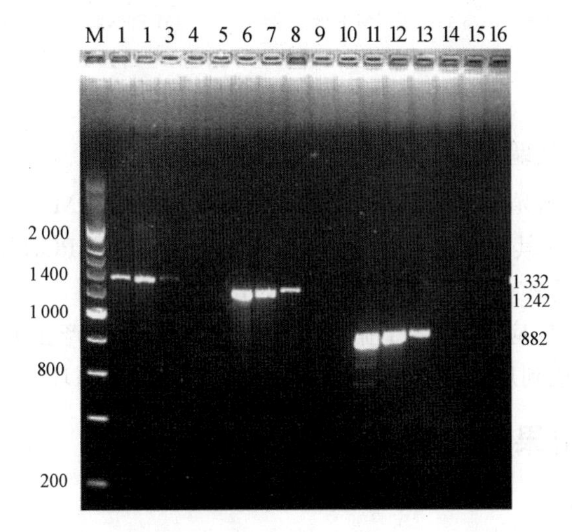

M：200 bp DNA Ladder；1：CH-1R，1 000 pmol/mL；2：CH-1R，200 pmol/mL；3：CH-1R，40 pmol/mL；4：CH-1R，8 pmol/mL；5：CH-1R，1.6 pmol/mL；6：TJ，1 000 pmol/mL；7：TJ，200 pmol/mL；8：TJ，40 pmol/mL；9：TJ，8 pmol/mL；10：TJ，1.6 pmol/mL；11：TJM-F92，1 000 pmol/mL；12：TJM-F92，200 pmol/mL；13：TJM-F92，40 pmol/mL；14：TJM-F92，8 pmol/mL；15：TJM-F92，1.6 pmol/mL；16：阴性对照。

图 5-5 引物浓度优化 PCR 扩增结果

(三)酶使用量优化结果

以 JD2 为引物使用不同剂量 rTaq 酶对猪繁殖与呼吸综合征 CH-1R 株、TJ 株、TJM-F92 株合成的 cDNA 模板分别进行 PCR 扩增,保证其他条件不变,比较扩增效果。酶使用量分别为:0.5 U、1.25 U、2.5 U。结果见图 5-6。

如图 5-6 所示 3 种浓度下 rTaq 酶进行 PCR 反应后扩增条带亮度几乎相同,说明 0.5 U rTaq 能够满足反应所需,所以最适酶浓度为 0.5 U。

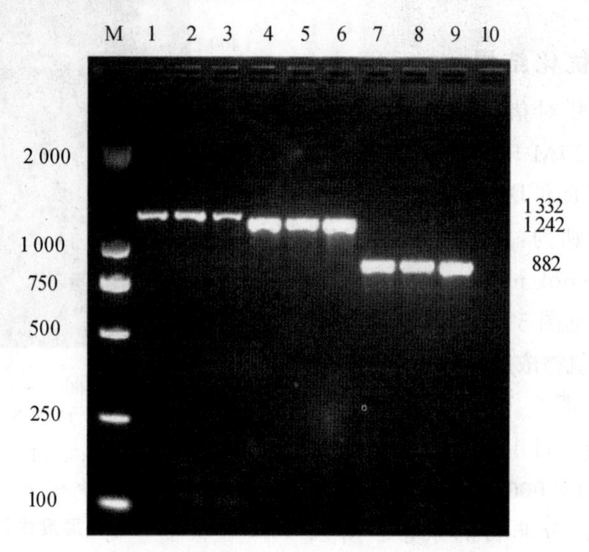

M:DL2 000 maker; 1:CH-1R,0.5 U; 2:CH-1R,1.25 U; 3:CH-1R,2.5 U; 4:TJ,0.5 U; 4:TJ,0.5 U; 5:TJ,1.25 U; 6:TJ,2.5 U; 7:TJM-F92,0.5 U; 8:TJM-F92,1.25 U; 9:TJM-F92,2.5 U; 10:阴性对照。

图 5-6 酶使用量优化 PCR 扩增结果

(四)循环数优化试验结果

以 JD2 为引物对猪繁殖与呼吸综合征 CH-1R 株、TJ 株、TJM-F92 株合成的 cDNA 模板分别进行 PCR 扩增,保证其他反应条件不变,改变循环数,比较 PCR 扩增效果。循环数分别为:30 个循环、35 个循环、40 个循环。结果见图 5-7。

如图 5-7 所示 PCR 反应进行 35 个循环和 40 个循环均能够产生明亮单一扩增条带,说明 PCR 进行至 35 个循环达到反应终点,所以最适循环数为 35 个循环。

三、方法检验结果

(一)特异性试验

采用建立的 RT-PCR 检测方法分别对猪繁殖与呼吸综合征 CH-1R 株、TJ 株、TJM-F92 株、猪瘟病毒、猪传染性胃肠炎病毒细胞培养物和猪流行性腹泻病毒细胞培养的 cDNA 模板进行 PCR 扩增。结果见图 5-8。

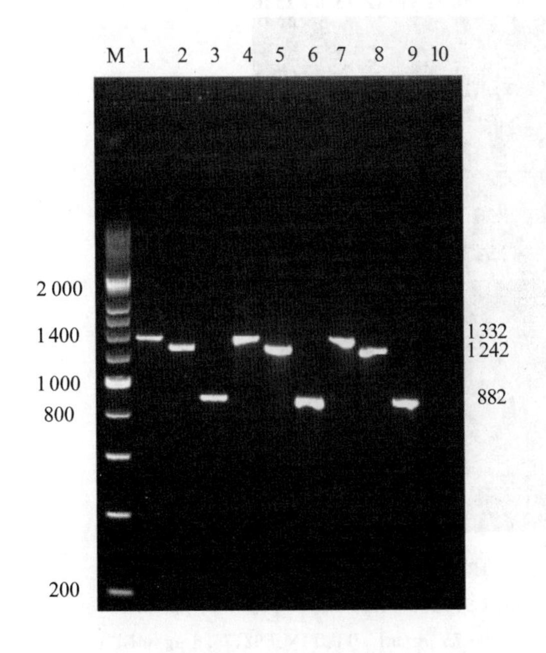

M:200 bp DNA Ladder; 1:CH-1R,30 循环; 2:TJ,30 循环; 3:TJM-F92,30 循环; 4:CH-1R,35 循环; 5:TJ,35 循环; 6:TJM-F92,35 循环; 7:CH-1R,40 循环; 8:TJ,40 循环; 9:TJM-F92,40 循环; 10:阴性对照。

图 5-7 循环数优化 PCR 扩增结果

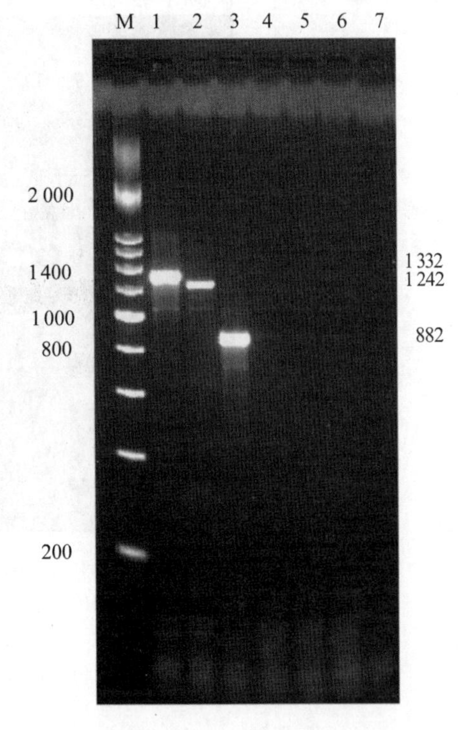

M:200 bp DNA Ladder; 1:CH-1R; 2:TJ; 3:TJM-F92;4:CSFV;5:TEGV;6:PEDV;7:阴性对照。

图 5-8 特异性试验 PCR 扩增结果

如图 5-8 所示,对猪繁殖与呼吸综合征 CH-1R 株、TJ 株、TJM-F92 株 3 种 cDNA 均扩增出单一明亮目的条带,对猪瘟病毒、猪传染性胃肠炎病毒细胞培养物和猪流行性腹泻病毒细胞培养和阴性对照均未扩增出特异性条带。所引物 JD2 具有对于猪繁殖与呼吸综合征病毒具有较强的特异性。该方法特异性较强。

(二)敏感性试验

测定 CH-1R 株、TJ 株、TJM-F92 的 cDNA 模板浓度,将 cDNA 模板 10 倍系列稀释,每个毒株稀释成 5 个稀释度,对各稀释度模板进行 PCR 扩增。结果见图 5-9。

如图 5-9 所示扩增条带随 cDNA 模板降低而变暗,当对模板进行 100 倍稀释时,即 CH-1R 株模板浓度为 1.005 μg/mL;TJ 株模板浓度为 0.675 μg/mL;TJM-F92 株模板浓度为 0.366 μg/mL,均能够扩增出单一明亮、与预期相符的目的条带。所以建立的 RT-PCR 方法检测 PRRSV 经典毒株最低浓度是 1.005 μg/mL;高致病性毒株最低浓度是 0.675 μg/mL;基因缺失弱毒疫苗株最低浓度是 0.366 μg/mL。与同类方法比较敏感性较好。

(三)重复性试验

使用建立的 RT-PCR 检测方法对阳性对照、病毒、阴性对照分别进行检测,在不同时间重复 3 次,结果完全相同。说明建立的 RT-PCR 检测方法重复性良好。

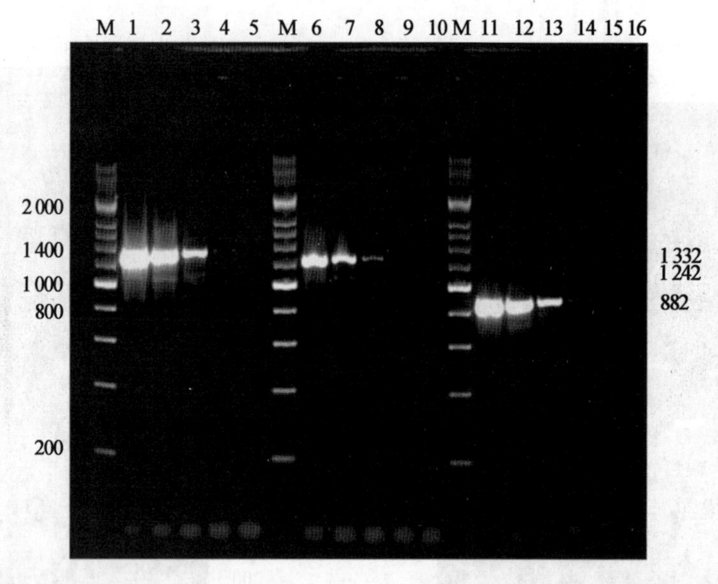

M:200 bp DNA Ladder; 1:CH-1R,100.5 μg/mL; 2:CH-1R,10.05 μg/mL; 3:CH-1R,1.005 μg/mL; 4:CH-1R,0.100 5 μg/mL; 5:CH-1R,0.010 05 μg/mL; 6:TJ,67.5 μg/mL; 7:TJ,6.75 μg/mL; 8:TJ,0.675 μg/mL; 9:TJ,0.067 5 μg/mL; 10:TJ,0.006 75 μg/mL; 11:TJM-F92,36.6 μg/mL; 12:TJM-F92,3.66 μg/mL; 13:TJM-F92,0.366 μg/mL; 14:TJM-F92,0.036 6 μg/mL; 15:TJM-F92,0.003 66 μg/mL。

图 5-9 敏感性试验 PCR 扩增结果

(四)符合性试验

分别采用本试验建立的 RT-PCR 方法、梅林建立的猪繁殖与呼吸综合征病毒野毒株与基因缺失弱毒疫苗株 TJM-F92 一步 RT-PCR 鉴别方法、安春霞建立的高致病性与低致病性猪繁殖与呼吸综合征病毒二重 RT-PCR 检测方法对 10 份临床病料进行检测。

3 种方法检测结果相同,结果表明建立的 RT-PCR 方法符合性良好。

四、病料检测结果

收集来自吉林、内蒙古、黑龙江、北京等地区病料。进行液氮研磨,提取病毒 RNA,反转录合成 cDNA,采用建立的 RT-PCR 检测方法进行 PCR 扩增,将 PCR 产物进行琼脂糖凝胶电泳,紫外光下观察扩增条带大小,见图 5-10 和图 5-11。

如图 5-10 所示,泳道 1、2、6、8、9、10 在 882 bp 处具有较明亮扩增条带,说明病料 1~3、病料 5~7 为猪繁殖与呼吸综合征基因缺失疫苗阳性。

如图 5-11 所示泳道 1、2、3、4、10、12 在 1 242 bp 处有较明亮扩增条带,泳道 5、9 在 1 332 bp 处有明显扩增条带,说明病料 15~18、病料 51、病料 53 为猪繁殖与呼吸综合征高致病性毒株感染,病料 79、病料 84 为猪繁殖与呼吸综合征经典毒株感染。

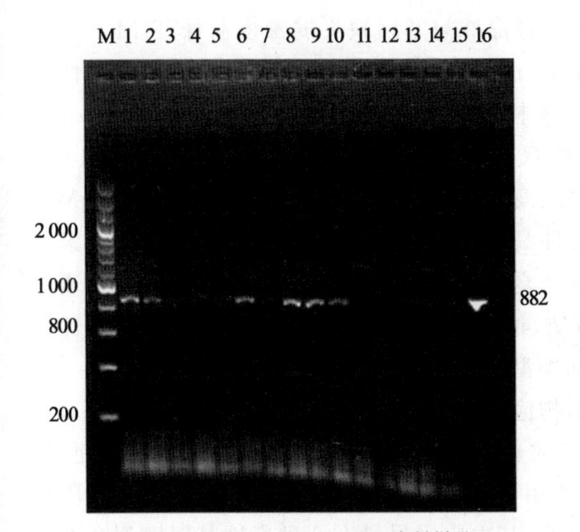

M：200 bp DNA Ladder；1～14：病料样品；15：阴性对照；16：阳性对照。

图 5-10　部分样品 RT-PCR 扩增检测结果

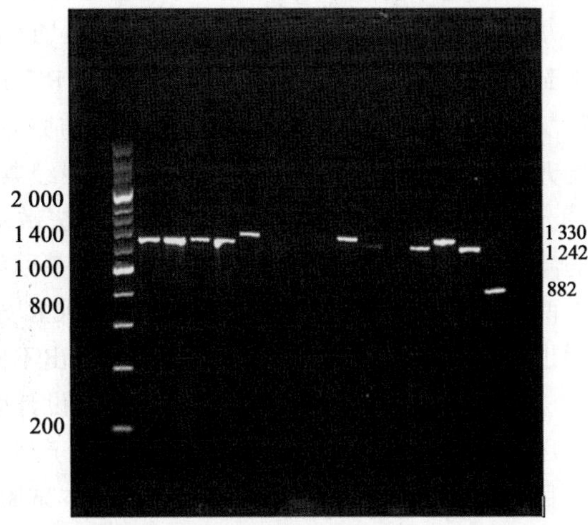

M：200 bp DNA Ladder；1～12：病料样品；13：经典阳性对照；14：HP-PRRSV 毒株阳性对照；15：TJM-F92 阳性对照；16：阴性对照。

图 5-11　部分样品 RT-PCR 扩增检测结果

应用建立的 RT-PCR 方法对来自吉林、黑龙江、内蒙古、北京等地区 98 份样品进行检测结果见表 5-2。

表 5-2　阳性率统计结果

毒株类型	总样品数	阳性样品数	阳性率
经典毒株	68	9	13.23%
高致病性毒株	68	14	20.58%
基因缺失疫苗株	68	6	8.82%

由表 5-2 可见，对吉林等采样地区 68 头猪的 98 份样品进行检测，其中 PRRSV 经典毒株阳性率为 13.23%(9/68)，高致病性毒株阳性率为 20.58%(14/68)，基因缺失疫苗 TJM-F92 株阳性率为 8.82%(6/68)。表明高致病性毒株在采样地区流行较为广泛。且猪繁殖与呼吸综合征 TJM-F92 株基因缺失疫苗在吉林地区使用较为广泛，免疫猪未检出感染其他毒株，基因缺失疫苗保护效果良好。

第三节　讨　　论

猪繁殖与综合征病毒不同毒株的 NSP2 基因存在部分差异，与经典毒株相比，高致病性毒株不连续缺失 90 个核苷酸，而 TJM-F92 疫苗株在此基础上又缺失 360 个核苷酸。根据不同毒株 NSP2 基因碱基数的差别能够建立 RT-PCR 鉴别检测方法，通过扩增产物大小判断毒株类型。近年来，国内外学者建立了多种鉴别不同 PRRSV 毒株的 PCR 检测方法，梅林等于

2012 年建立了鉴别诊断猪繁殖与呼吸综合征病毒野毒株与基因缺失弱毒疫苗株 TJM-F92 的一步 RT-PCR 方法，方法敏感性为 1×10^{1} $TCID_{50}$/mL。2013 年沈春霞等建立了高致病性与低致病性猪繁殖与呼吸综合征病毒二重 RT-PCR 检测方法，方法敏感性达到 100 拷贝/μL。张文利建立了高致病性 PRRSV 疫苗株与野毒株双重荧光定量 RT-PCR 鉴别方法。2014 年施开创等建立了同时检测 PRRSV 美洲型经典株、变异株和 TJM-F92 疫苗株的多重 TaqMan 荧光定量 RT-PCR 方法，比普通 PCR 方法敏感性高 100 倍。但还没有一步直接鉴别猪繁殖与呼吸综合征高致病性毒株、经典毒株和基因缺失弱毒疫苗株的 RT-PCR 方法。本研究通过在两段缺失位点两侧设计引物建立 RT-PCR 方法，使其针对 3 种不同毒株模板能够特异性扩增出 3 种不同长度的目的片段，从而鉴别出不同类型的毒株。

引物特异是 PCR 扩增准确的保证。设计引物应当遵循引物长度在 15～30 bp 之间；G+C 含量在 45%～55%之间；避免引物自身产生二聚体；避免形成发卡结构；避免产生错配、扩增目的片段大小适当等基本原则。设计本试验所用引物时，首先应保证上、下游引物在两段缺失位点两端，以达到扩增不同大小目的片段的目的；其次应当尽量在 3 种毒株基因序列高度相似的位点设计引物，以确保引物与 3 种毒株均能够特异性结合；最后控制目的片段大小，如将目的片段大小设计在所用 DNA maker 指示条带两端，以便于区分。

建立的 RT-PCR 方法由于目的片段需要同时包含两段缺失位点，目的片段较大，而经典株与高致病性株仅相差 90 bp，所以较难区分。因此琼脂糖凝胶电泳使用的 200 bp DNA Ladder 作为 maker，在 800 bp、1 000 bp、1 200 bp、1 400 bp 均有指示条带。同时，通过增大凝胶的琼脂糖浓度(1.5%)、通过延长电泳时间增加泳动距离都能够有效提高分辨率。

本试验建立的 RT-PCR 鉴别方法无法鉴别高致病性毒株与基因缺失弱毒疫苗毒株混合感染，即动物在注射过基因缺失弱毒疫苗后仍感染高致病性猪繁殖与呼吸综合征。在建立此方法试验过程中，多次尝试使用引物 JD2 在不同反应条件下对高致病性毒株和疫苗株的混合模板进行 PCR 扩增，电泳结果显示在 1 242 bp、882 bp 出现特异性片段同时，1 000 bp 左右也出现特异性条带。且当分别对单一模板进行扩增时，特异条带单一明亮，与目的片段大小相符。经部分试验验证分析，出现此结果的原因可能是：猪繁殖与呼吸综合征高致病毒株与基因缺失弱毒疫苗株同源性高达 99%以上，对这两种毒株混合模板进行 PCR 扩增反应进行到最后一个循环达到变性温度时，会同时出现 4 种扩增片段，即高致病性毒株上游目的片段、高致病性毒株下游目的片段、疫苗株上游目的片段和疫苗株下游目的片段。此时目的片段浓度远大于引物浓度，在退火和延伸后有部分目的片段仍为单链，未与引物结合，即以上 4 种单链片段，在温度降低过程中 DNA 复性，由于两种序列同源性很高，复性过程中不同毒株的上下游片段有可能产生杂合双链，较长片段会形成类似发卡结构。

猪繁殖与呼吸综合征不同毒株感染动物后的潜伏期、临床表现和危害程度存在较大差别，及时检测出 PRRSV 感染猪的毒株类型对评估猪群的感染状态、制定防疫方案、评价疫苗的免疫效果、防止 PRRSV 的流行具有积极意义。

2010 年何斌对吉林部分地区进行的猪繁殖与呼吸综合征流行病学调查发现，在 193 份样品中有 94 份为阳性样品，阳性率 48.70%，其中经典毒株占阳性样品的 14.89%，高致病性毒株占 85.11%。周铁忠对辽宁省 13 个地区所采集的 305 份样品进行 PRRS 流行病学调查发现阳性率高达 82.4%，并且多数为多病原混合感染。2008 年国外学者 Evans 采用 ELISA 方法对英国部分地区 103 个猪群 4 852 头猪进行 PRRSV 血清学调查发现阳性率为 39.8%，阴性率为 34％，疫苗接种率为 26.2％。本研究对吉林等地区的 68 份样品进行检测，其中 PRRSV 经典株阳性率为 13.23％，高致病性毒株阳性率为 20.58％，基因缺失疫苗 TJM-F92 株阳性率为 8.82％。本研究和以上调查均表明，在吉林等采样地区高致病性毒株流行较为广泛，且本研究表明，猪繁殖与呼吸综合征 TJM-F92 株基因缺失疫苗在吉林地区具有一定使用率，免疫猪未检出感染其他毒株，保护效果良好。

猪繁殖与呼吸综合征病毒感染动物体后首先侵染肺脏及淋巴器官，随后扩散至全身，肺脏所含病毒量最高。试验对同一患病猪的不同器官均进行了检测，结果表明，肺脏对猪繁殖与呼吸综合征的检出率较高，PCR 扩增后电泳条带较明亮。所以检测猪繁殖与呼吸综合征病毒时，应优先采集肺脏作为病料。

第六章 HP-PRRSV 致弱株经猪体内连续传代遗传变异和致病性分析

安全性是衡量弱毒活疫苗质量的首要标准。当前国内外弱毒活疫苗研究中一个重要的评价指标为弱毒疫苗株经动物体内连续传代后是否发生毒力返强，同时病毒经动物连续传代后对机体的损伤，以及自身基因组发生的改变，对理解病毒的致病机理起到至关重要的作用。当前应用于市场销售的弱毒活疫苗主要包括 Ingelvac PRRS MLV，Porcilis PRRSV（Intervet，the Netherlands），PrimePacPRRS（Schering-Plough），Ingelvac PRRSATP（Boehringer Ingelheim），AMERVAC-PRRS（西班牙），PYRSVAC-183（西班牙），PRRS 弱毒疫苗（CH-1a 株，中国），以及在我国市场上使用的针对 HP-PRPS 的致弱活疫苗 HUN4-F112 和 JXA1-R。但对于这些弱毒活疫苗经猪体内连续传代后毒力的变化和基因组变异情况的报道并不多，因此开展本试验研究，以期通过本研究对 PRRSV 的致弱机制有进一步的认识。

PRRSV TJM 株由 HP-PRRSV TJ 株经 Marc-145 细胞连续传代致弱至 92 代后得到，为进一步检验该毒株的安全性，并确定该毒株经猪体内连续传代后，其基因型和表型之间的关系，开展本试验研究。试验共接种 5 代（P1～P5），P1 代接种病毒为 TJM 株，每头猪接种 $10^{5.7}$ $TCID_{50}$/mL 的病毒 2 mL。P2～P5 代接种物均为上一代（P1～P4）病毒分离阳性的血清样品混合物。每代病毒接种后通过临床观察、病毒血症检测、病理学检测和血清分离病毒的基因序列分析对 TJM 株经猪体内传代后毒力和遗传变异情况进行分析。结果表明，TJM 株病毒在猪体内连续传 5 代后，动物体温无明显变化，无临床可见异常，剖检肺脏正常，但病毒血症水平有所提高，说明 TJM 株经猪体内连续传代后在猪体内的适应性增强，病毒复制能力有所提高。对 P5 代分离病毒进行全基因序列测定，结果表明，TJM 株 NSP2 存在的连续 120 个氨基酸的缺失至 P5 代仍然存在，说明该缺失可在猪体内稳定遗传。P5 代病毒与 TJM 株相比病毒基因组编码的 20 个蛋白中有 21 个氨基酸发生突变，其中有 14 个为回复突变，位于病毒基因组的非结构蛋白 NSP2、NSP3 和 NSP9 以及结构蛋白 GP3、GP4 和 GP5，推测这 14 个位点的氨基酸可能与病毒在猪体内的复制能力相关。

第一节 材料与方法

一、主要试验试剂

MEM 培养基为 GIBCO 公司产品；胰蛋白酶、EDTA 为索莱宝公司产品；胎牛血清为 Hyclone 公司产品；*Ex Taq*、dNTP Mixture、DL2000 DNA Marker、限制性内切酶、DNA 提取试剂盒均为宝生物工程(大连)有限公司产品；RNA 提取试剂盒为生工生物工程(上海)股份有限公司产品；质粒提取试剂盒为 Axygen 公司产品；PRRSV、CSFV、PRV 和 SIV 抗体检测试剂盒为 IDEXX 公司产品，PCV 抗体检测试剂盒为 Ingenasa 公司产品。

二、主要仪器设备

超净工作台为苏州惠丰净化设备有限公司产品；生物安全柜为新加坡 ESCO 产品；CO_2 培养箱为美国 Thermo 公司产品；电热恒温水槽为上海一恒科技有限公司产品；96 孔梯度 PCR 仪为美国伯乐公司产品；凝胶成像系统为上海天能公司产品；倒置显微镜为上海光学仪器厂产品；倒置荧光显微镜为上海巴拓仪器厂产品；低温离心机为日本三洋公司产品。

三、毒株和细胞

PRRSV 致弱疫苗株 TJM，由 HP-PRRSV TJ 株经 Marc-145 细胞连续传代致弱至 92 代得到，毒株及细胞由本试验室保存。

四、试验猪

4～5 周龄杂交品种猪购自山西省太谷县某无 PRRS 发病史的健康猪场，试验猪使用商品化 ELISA 试剂盒分别检测血清中 PRRSV、CSFV、PCV2、PRV 和 SIV 特异性抗体，结果均为阴性；应用本书第四章中介绍方法验证试验猪均无 PRRSV、CSFV、PCV2、PRV 和 SIV 感染。

五、动物感染试验

P1～P4 代每代病毒接种组为 3 头猪，对照组为 2 头猪。P5 代病毒接种组为 6 头猪，对照组为 4 头猪。P1 代接种组每头猪颈部肌肉接种 TJM 疫苗毒 2 mL，病毒滴度为 $10^{5.7}$ $TCID_{50}$/mL，对照组每头猪接种 MEM 培养液 2 mL。病毒接种后连续 14 d 测量猪的直肠温度，观察临床症状，并于病毒接种后第 0、3、7、10 和 14 日采血分离血清用于病毒分离和血清病毒含量测定；试验结束所有猪进行剖检观察，并取肺脏制备病理切片。P5 代猪病毒接种后 14 d 抽取病毒接种组 3 头猪和对照组 2 头猪剖检观察肺脏病变，剩余 3 头病毒接种猪和 2 头对照猪观察至 56 d，每隔 7 d 采血，用于病毒分离。P2～P5 代使用病毒接种物均为前一代收集的病毒分离阳性的血清样品的混合物。

(一)病毒血症检测

将病毒感染后第 0、3、7、10 和 14 日收集血清样品，接种长满单层 Marc-145 细胞的 96 孔细胞培养板，每个样品接种 3 个孔，50 μL/孔，置 37℃、含 5% CO_2 培养箱吸附 1 h 后，弃去血清样品，换维持液，置 37℃、含 5% CO_2 培养箱继续培养 4～5 d 观察细胞病变(CPE)。将病毒分离阳性血清样品使用维持液进行 10 倍系列稀释，稀释度范围为 10^{-1}～10^{-5}，而后接种长满单层 Marc-145 细胞的 96 孔细胞培养板，每个稀释度接种 8 个孔，每孔接种 0.1 mL，接种后继续培养 4～5 d，观察 CPE，使用 Reed-Muench 方法计算每个血清样品的 $TCID_{50}$。

(二)肺脏病理变化和组织病理学检测

方法同本书第四章。

六、P5代收集病毒全基因序列测定

取P5代病毒接种,每头猪接种后第10日采集血清样品,接种Marc-145细胞传1代后进行全基因序列测定,全基因测序使用的引物及方法见本书第三章。同时,将获得的P5代病毒全基因序列与TJM疫苗和TJ强毒株进行比较分析。

第二节 结果与分析

一、P1～P5代猪接种病毒后临床症状观察

TJM株接种猪后,在猪体内连续传5代,每代接种后体温均正常,未表现出任何临床可见异常,试验过程中对照组猪均正常。

二、P1～P5代猪接种病毒后病毒血症

TJM株经猪体内连续传5代后,随着传代次数的增加,血清中病毒分离阳性动物数量增加(表6-1)。P1和P2代病毒接种后第3、7、10和14日采集血清中PRRSV滴度明显低于P4和P5代($P<0.01$);P3代在第3、7和10日血清病毒滴度明显低于P5代($P<0.01$);P4代在第7日采集血清样品病毒滴度明显低于P5代,其他时间点两组间病毒滴度无明显差异($P>0.05$)(图6-1)。

表6-1 P1～P5代猪病毒分离阳性动物数量

传代次数	病毒分离阳性动物数										
	0 d	3 d	7 d	10 d	14 d	21 d	28 d	35 d	42 d	49 d	56 d
P1	0/3	0/3	2/3	2/3	1/3	—	—	—	—	—	—
P2	0/3	0/3	3/3	3/3	2/3	—	—	—	—	—	—
P3	0/3	1/3	3/3	3/3	3/3	—	—	—	—	—	—
P4	0/3	3/3	3/3	3/3	3/3	—	—	—	—	—	—
P5	0/6	6/6	6/6	6/6	6/6	3/3	2/3	0/3	0/3	0/3	0/3

注:— 表示未进行试验。

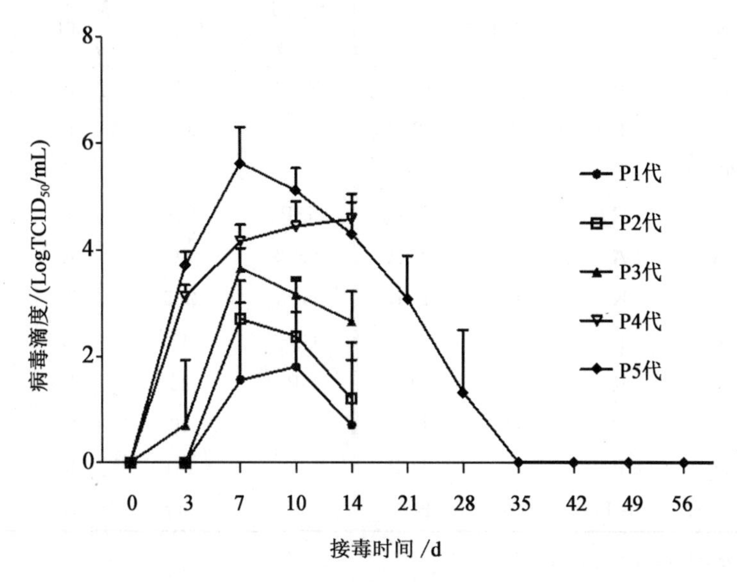

图 6-1　各试验组猪感染病毒后血清 PRRSV 滴度

三、剖检变化

P1～P5 代猪接种病毒后 14 d 剖检，肺脏无明显眼观变化，病理组织学检测正常。

四、P5 代猪分离病毒全基因序列分析

TJM 株经猪体内连续传 5 代后获得第 5 代毒力返强试验病毒 P5，将 6 头猪分离获得的病毒均进行全基因序列测定，结果表明，6 个返强毒株全基因长均为 15 320 bp（不包含 PolyA 尾），在 TJM 株 NSP2 区域 628～747 位存在的不连续 120 个氨基酸的缺失经 5 代毒力返强后仍然存在。

TJM 株经猪体内连续传 5 代后获得返强病毒 P5，与 TJM 相比病毒编码的 20 个蛋白中有 21 个氨基酸发生了改变，分别在非结构蛋白 NSP1β、NSP2、NSP3 和 NSP9 以及结构蛋白 GP3、GP4、GP5 和 N。其中有 7 个氨基酸的突变为新出现的突变，突变后的氨基酸与 TJ 和 TJM 株病毒均不相同，位于 NSP1β(F63L)、NSP2(P376S、M470T、S841F、F850S 和 G894S) 和 N 蛋白(A117V)。其余 14 个氨基酸则发生了回复突变，其中有 6 个氨基酸在部分猪体内发生了回复突变，包括 NSP2 的第 8 位、26 位、262 位、298 位、324 位和 485 位。而其余 8 个氨基酸在试验的 6 头猪体内均发生了回复突变，包括 NSP2 的第 397 位，NSP3 的 248 位，NSP9 的 36 位，GP3 的 225 位，GP4 的 43 位和 GP5 的 23 位、80 位和 151 位（表 6-2）。

表 6-2 病毒经猪体内传至第 5 代后突变氨基酸情况

基因组区域	位置[a]	TJ	TJM	P5	基因组区域	位置[a]	TJ	TJM	P5
NSP1β	63	F	F	L/F[a]	NSP2	841	S	S	F
NSP2	8	P	T	T/P		850	F	F	S
	26	T	I	I/T		894	G	G	S
	262	G	D	D/G	NSP3	248	T	A	T
	298	A	T	T/A	NSP9	36	L	P	L
	324	K	E	E/K	GP3	225	T	A	T
	376	P	P	S	GP4	43	D	G	D
	397	K	E	K	GP5	23	F	S	F
	470	M	M	T/M		80	G	V	G
	485	P	L	L/P		151	R	K	R
	598～717	S-I	缺失	缺失	N	117	A	A	V

注：[a] 为不同猪分离病毒测序结果。

第三节　讨　　论

Mortensen 等报道，在丹麦应用 PRRS 活疫苗的 3～18 周龄的猪群超过 1 100 个，而这些猪群大部分都出现过 PRRSV 相关的繁殖障碍，如流产、弱胎或死胎等。通过病毒分离和病毒特性分析发现，致弱的 PRRS 疫苗株在田间发生了遗传变异，出现了毒力返强，进而导致繁殖障碍的出现。

为了鉴定毒力返强可能相关的遗传变异，有研究人员对 PRRS 致弱疫苗毒和多株疫苗源的田间分离毒的 5′UTR 和 *ORF*2～*ORF*7 基因进行测序分析。Allende 等对弱毒疫苗株 *ORF*1 进行测序，并将其与美洲型毒株 16244B 进行比较。结果发现，这些检测部位的基因组在选择压力的作用下均发生了不同程度的变异。Henriette 等对在丹麦使用的弱毒疫苗及该疫苗应用于田间后的分离毒与其原始强毒 VR-2332 株的 *ORF*1 基因序列进行比较发现，3 个疫苗源的田间分离株共有 5 个位置发生了突变，其中 2 个氨基酸的突变为回复突变，与其亲本毒株 VR-2332 相同，分别位于 NSP1β(Phe-Ser)和 NSP10(His-Tyr)。Grebennikova 等对 NADC-8 株病毒的第 2 代、第 251 代和 251 代接种猪后收集病毒进行全基因序列分析，结果表明，第 251 代病毒与第 2 代病毒相比共发生 50 个核苷酸的改变和 3 个核苷酸的缺失；在 251 代病毒和 251 代病毒的猪体内分离毒之间共有 8 个核苷酸的改变，导致 6 个氨基酸的突变，其中 3 个氨基酸的突变为回复突变，分别位于 *ORF*1a、*ORF*1b 和 *ORF*6，可能对病毒的复制水平和毒力产生影响。

有研究表明，美洲型疫苗类似株 16244B 中存在 2 个回复突变位点。这 2 个回复突变位于木瓜蛋白酶样半胱氨酸蛋白酶(331 位)和解旋酶(编码位点 3449)。这 2 个回复突变在来自 2 个洲的 8 个疫苗类似毒株中均存在，表明这 2 个位点的突变与疫苗株的致弱和之后的毒力恢复有较强的关系。这一观点被如下发现所证实，PRRSV 经猪体内传代后在木瓜蛋白酶样半胱氨酸蛋白酶的 331 位(疫苗毒为苯丙氨酸，而疫苗源的分离株该处为丝氨酸)出现了根本性的改变，这种转变提高了蛋白结构和功能发生改变的可能性。此外，亲本株 VR-2332 和所有疫苗回复毒株均能在 Marc-145 细胞和 PAM 细胞中复制。相比，致弱的疫苗毒已失去其在自然靶细胞(巨噬细胞)内增殖的能力。这种对宿主细胞特异性的差异，可以解释为与猪或猴细胞不同成分相互作用的病毒非结构蛋白内的氨基酸发生改变。除了上述描述的 *ORF*1 内的 2 个回复突变，另外一个回复突变的位点位于 NSP2(668 位)，该位点在 16244B 株中已经鉴定，可能与病毒致弱相关。然而这一回复突变在丹麦分离的疫苗源的田间分离株中并未检测到。*ORF*1 中还发现了其他的突变为 952 位，然而 VR-2332 株与疫苗株在这一位点无差异。

本研究中，TJM 疫苗株经猪体内连续传 5 代后病毒编码的 20 个蛋白中共有 21 个氨基酸发生了变异。分别位于非结构蛋白 NSP1β、NSP2、NSP3、NSP9 和结构蛋白 GP3、GP4、GP5 和 N。其中有 7 个位点的氨基酸突变为新出现变异，其余 14 个位点的氨基酸在部分或全部猪体内发生了回复突变位于非结构蛋白 NSP2、NSP3、NSP9 和结构蛋白 GP3、GP4 和 GP5，推测这些氨基酸的突变可能与病毒在猪体内的复制能力增强有相关性。TJM 株 NSP2 存在的连续 120 个氨基酸的缺失经猪体内连续传 5 代后仍稳定存在，说明该缺失具有遗传稳定性。

疫苗毒经猪体内传播后可以检测到更加明显的选择压力所带来的氨基酸的变异。将 VR-2332 株经猪体内连续传代后获得致弱疫苗株。这种致弱是在强大的选择压力作用下出现的氨基酸的改变，使得病毒更加适应于在细胞内的复制。这种适应可能发生在最初的传代，可能会发生在病毒基因组内几个有限的位点。随着细胞培养传代次数的增加，多个占优势的突变会不断积累，尤其是与猴肾细胞相互作用无关的基因组。然而在猪体内传代的过程中，大多数的氨基酸均出现了强烈的选择压力，最终导致部分基因组内氨基酸发生改变。总之，PRRS 病毒强毒株经体外异源细胞传代后致弱过程中，以及疫苗毒经猪体内传代后在选择压力的作用下基因组内部均可发生氨基酸的改变，而这些改变对病毒致弱和接下来的毒力返强的影响还需通过反向遗传技术进行进一步的鉴定。本研究中 TJM 株经猪体内连续传 5 代后未发生明显毒力返强趋势，且其 NSP2 存在的 120 个连续氨基酸的缺失能够稳定遗传，说明该毒株对猪具有较好的安全性，可作为疫苗候选毒株进行进一步的研究。

第七章　HP-PRRS 活疫苗的研制

猪繁殖与呼吸综合征(Porcine Reproductive and Respiratory Syndrome,PRRS)是由PRRSV(Porcine Reproductive and Respiratory Syndrome Virus)引起的一种传染病,以母猪繁殖障碍、仔猪和育成猪呼吸道疾病和高死亡率为主要特征。该病1987年首次在美国发生,1991年分离到病原,并迅速在全球蔓延,给世界养猪业造成严重的经济损失。1996年我国郭宝清报道分离到猪繁殖与呼吸综合征病毒(PRRSV),证实了我国大陆已存在PRRS疾病的流行,目前该病在我国的流行呈上升趋势。2006年,我国暴发了以高发病率和高死亡率为特征的高致病性蓝耳病,给养猪业造成了毁灭性的打击。该病主要由高致病性PRRSV变异株引起。与之前在中国流行的毒株相比,目前在中国流行的PRRSV变异株在遗传变异、毒力和致病性等方面发生了较大变化,这对我国PRRS的防制提出更严峻的挑战。

目前针对本病的防制措施主要是应用疫苗接种。灭活苗安全性较高,但由于其所产生的免疫主要以体液免疫为主,对清除PRRSV感染的巨噬细胞无能为力,在不断变异的PRRSV面前,其作用也受到了很大的限制,所以免疫效果不理想。减毒活疫苗可在体内增殖,刺激产生体液免疫与细胞免疫,使用后可产生一定的保护力,相同亚群的毒株间可提供较好的保护效果。本研究于2006年从发生"高热病"猪群采集的血清样品中分离到一株PRRSV,并对其进行了全面鉴定,证明该病毒对猪具有高致病性,命名为HP-PRRSV TJ株。本研究将HP-PRRSV TJ株接种Marc-145细胞进行连续传代致弱,每5～10代进行一次噬斑克隆纯化。HP-PRRSV TJ株传至第92代时,致病性充分减弱,命名为TJM株。将该毒株与耐热冻干保护剂混合,经冷冻真空干燥制备弱毒活疫苗,并对其安全性、免疫保护效果和保存期进行了研究。

第一节　材料与方法

一、细胞和病毒

非洲绿猴肾(Marc-145)细胞、高致病性猪繁殖与呼吸综合征病毒TJ株,均由本试验室保存。

二、主要试剂

MEM细胞培养基购自Hyclone公司;新生牛血清购自Hyclone公司。明胶蔗糖购自Sigma公司。

三、实验动物

4～5周龄仔猪购自无PRRS感染猪场。试验前对实验动物进行采血,经IDEXX猪繁殖与呼吸综合征抗体检测试剂盒和猪繁殖与呼吸综合征 RT- PCR 检测试剂盒检测，实验动物为 PRRSV 抗原和抗体均呈阴性的猪。

四、病毒的传代和蚀斑克隆

将国内分离的 HP-PRRSV TJ 株在 Marc-145 细胞上连续传至 140 代(F140)，细胞生长液为含 60 mL/L 新生牛血清的 MEM，维持液为含 20 mL/L 新生牛血清的 MEM。每 5～10 代进行病毒蚀斑克隆。取 F3、F10、F20、F31、F51、F78、F92、F120 和 F140 病毒，参照文献方法测定病毒含量($TCID_{50}$)。

五、疫苗的制备及检验

(一)抗原液制备

转瓶内 Marc-145 细胞长满单层后，弃瓶内细胞生长液，按 MOI(病毒感染量，即病毒粒子数/细胞数的比值)0.1 接种第 97 代(F97)病毒，并补足维持液，置 37℃恒温室转瓶机上旋转培养 48～60 h，同时设未接种 PRRSV 的 Marc-145 细胞作为对照。当接种 PRRSV 的转瓶内约 70%以上细胞出现细胞病变效应(CPE)，而对照细胞仍正常时，取出有 CPE 的转瓶，置 −20℃冰柜冻融 1 次收获病毒液。对病毒液进行无菌检验和病毒含量($TCID_{50}$)测定。

(二)配苗及分装

根据收获病毒液中 PRRSV 含量确定加入病毒液和稀释液(MEM)的体积，而后与以明胶和蔗糖为主要成分的耐热冻干保护剂混合。抗原液与冻干保护剂的混合比例为 4∶1，混匀后定量分装并加盖。

(三)冻干

将分装好的疫苗瓶置于冻干机内，进行冷冻真空干燥。

(四)疫苗检验

抽样观察疫苗冻干后的物理性状；将冻干后的疫苗用 MEM 液稀释至 1 头份/mL，混匀后取病毒液进行病毒含量测定，并进行无菌检验。

六、疫苗安全性试验

取制备的 3 批疫苗，分别接种 4～5 周龄断乳仔猪 5 头，每头接种 2 mL，每毫升病毒含量为 $10^{6.7}$ $TCID_{50}$。同时设 3 头猪作为对照，接种 2 mL Marc-145 细胞培养液。疫苗接种后连续 14 d 测量动物体温，观察有无临床可见异常。每组抽取 3 头猪剖检，观察肺脏有无实变。

七、疫苗效力试验

将试验猪分为 3 组，每组 5 头，分别接种 3 个不同批次疫苗，每头接种 1 mL，每毫升病毒含量为 $10^{5.0}$ $TCID_{50}$。同时设 5 头不接种疫苗作为对照。疫苗接种后 28 d，所有猪以 PRRSV TJ 株强毒攻毒，每头猪肌肉注射 1 mL，滴鼻接种 2 mL(每毫升病毒含量为 $10^{4.0}$ $TCID_{50}$)。攻毒后连续 21 d 观察各组猪的临床症状并记录直肠温度；攻毒第 0、2、6、10、14、18 和 21 日采血分离血清，用于病毒分离；疫苗接种当日、攻毒当日和试验结束称量所有猪体重；攻毒后 21 d

处死存活猪，观察剖检变化，统计攻毒保护率。

八、疫苗保存期试验

将冻干的3批疫苗置于2～8℃保存，于保存后3、6、9、12、18、21和24个月分别取样测定疫苗病毒含量，确定疫苗2～8℃保存期。

九、疫苗37℃耐老化试验

将冻干的3批疫苗取样置于37℃保存，于保存后第3、7、10、14日取样测定疫苗病毒含量。

第二节　结果与分析

一、不同代次PRRSV TJ株$TCID_{50}$测定

HP-PRRSVTJ株在传代过程中，随着传代次数增加，病变速度逐渐加快，收毒时间由96～120 h减少为48～72 h，病毒含量逐渐提高，至F31后病毒含量稳定在$1\times10^{7.0}$ $TCID_{50}$/mL以上(表7-1)。

表7-1　HP-PRRSV TJ株不同代次病毒在Marc-145细胞上的含量　$TCID_{50}$/mL

病毒代次	F3	F10	F20	F31	F51	F78	F92	F120	F140
病毒含量	$10^{5.5}$	$10^{5.7}$	$10^{6.3}$	$10^{7.0}$	$10^{7.2}$	$10^{7.5}$	$10^{7.5}$	$10^{7.6}$	$10^{7.8}$

二、制苗用抗原液$TCID_{50}$测定

经测定收获的3批病毒液病毒含量分别为$10^{7.5}$ $TCID_{50}$/mL、$10^{7.6}$ $TCID_{50}$/mL和$10^{7.5}$ $TCID_{50}$/mL，符合要求。

三、疫苗检验

疫苗冻干后为淡黄色疏松团块，易溶解；测得每头份病毒含量分别为$10^{5.8}$ $TCID_{50}$/mL、$10^{5.7}$ $TCID_{50}$/mL和$10^{5.8}$ $TCID_{50}$/mL，且无菌和支原体检验均合格。

四、疫苗安全性试验

4～5周龄断乳仔猪接种2 mL(病毒含量为$10^{6.7}$ $TCID_{50}$/mL)疫苗后，试验组和对照组的仔猪均无异常反应，体温正常，剖检肺脏正常无实变。

五、疫苗免疫效力试验

3批疫苗接种组攻毒后，第1组和第2组5头猪体温均正常，第3组有1头猪体温升高(≥41℃)；对照组体温全部升高(图7-1A)。第1组和第2组5头猪均未表现出任何临床症状，第3组1头猪表现出轻微临床症状，死亡率均为0/5；对照组5头猪均表现出明显临床症状，

死亡率为 3/5(图 7-1B)。疫苗接种组攻毒后体重仍呈上升趋势,对照组攻毒后体重呈下降趋势(图 7-1C)。疫苗接种组攻毒后分别有 3/5、3/5 和 2/5 头猪出现病毒血症,对照组 5 头猪均出现病毒血症,且病毒血症持续时间短于对照组(表 7-2)。剖检可见疫苗接种组肺脏基本正常,对照组 5 头猪肺脏均出现大面积实变。3 批疫苗接种组攻毒保护率分别为 5/5、5/5 和 4/5。实验动物临床症状分值主要依据呼吸症状、精神状态、食欲、神经症状和皮肤颜色程度而定,为各症状分值的累加值(根据各症状程度,分值分别为 3 分、2 分、1 分和 0 分)。

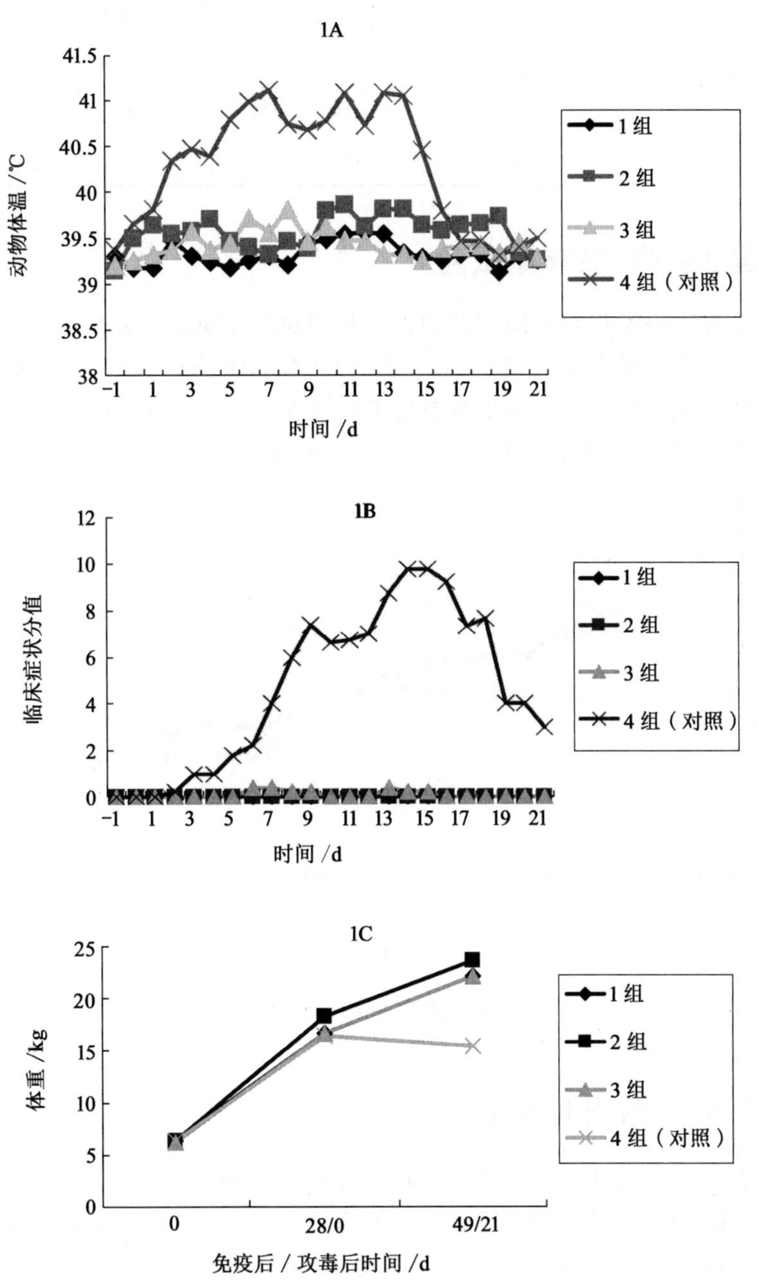

图 7-1 实验动物攻毒后平均体温、临床症状分值和体重变化曲线

表 7-2 实验动物攻毒后病毒分离结果

攻毒后时间/d	病毒分离阳性动物数量/头			
	SD001	SD002	SD003	对照
2	0/5	0/5	0/5	5/5
6	1/5	1/5	1/5	5/5
10	1/5	3/5	2/5	5/5
14	1/5	0/5	1/5	3/4
18	0/5	0/5	0/5	1/3
21	0/5	0/5	0/5	0/2

六、疫苗 2～8℃保存期试验

3 批冻干疫苗 2～8℃保存不同时间病毒含量测定结果见图 7-2，3 批疫苗在 2～8℃保存 24 个月后，病毒含量分别为 $10^{5.3}$ $TCID_{50}$/mL、$10^{5.2}$ $TCID_{50}$/mL、$10^{5.4}$ $TCID_{50}$/mL。降低不超过 $10^{0.5}$ $TCID_{50}$/mL，仍高于每头份疫苗要求病毒含量（$10^{5.0}$ $TCID_{50}$/mL）。因此冻干苗在 2～8℃保存期可达 24 个月（图 7-2）。

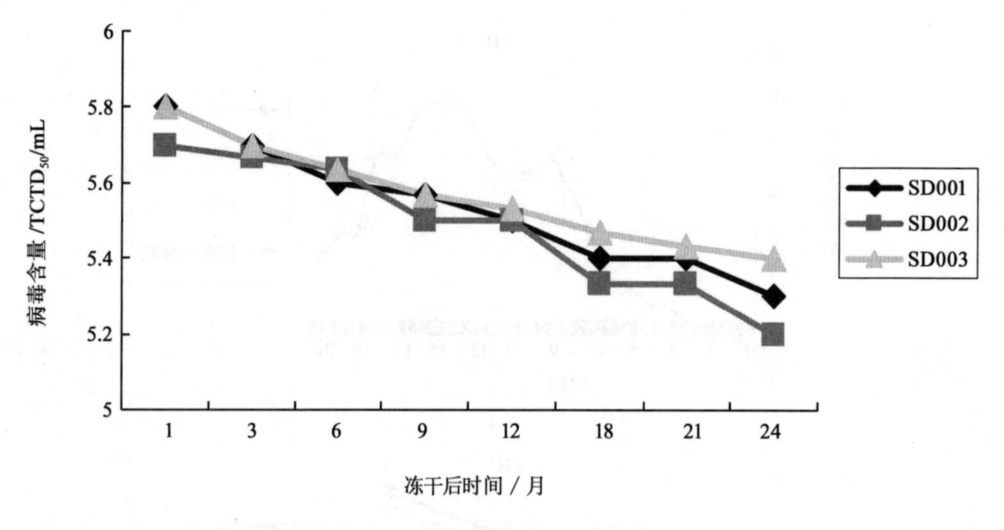

图 7-2 冻干疫苗 2～8℃保存期

七、疫苗 37℃耐老化试验

3 批制品于 37℃存放第 3、7、10 和 14 日取样测得疫苗病毒含量分别为 $10^{5.3}$ $TCID_{50}$/mL、$10^{5.2}$ $TCID_{50}$/mL、$10^{5.2}$ $TCID_{50}$/mL。最多降低为 $10^{0.6}$ $TCID_{50}$/mL，仍高于每头份疫苗要求病毒含量（$10^{5.0}$ $TCID_{50}$/mL），所以疫苗具有较好的热稳定性（图 7-3）。

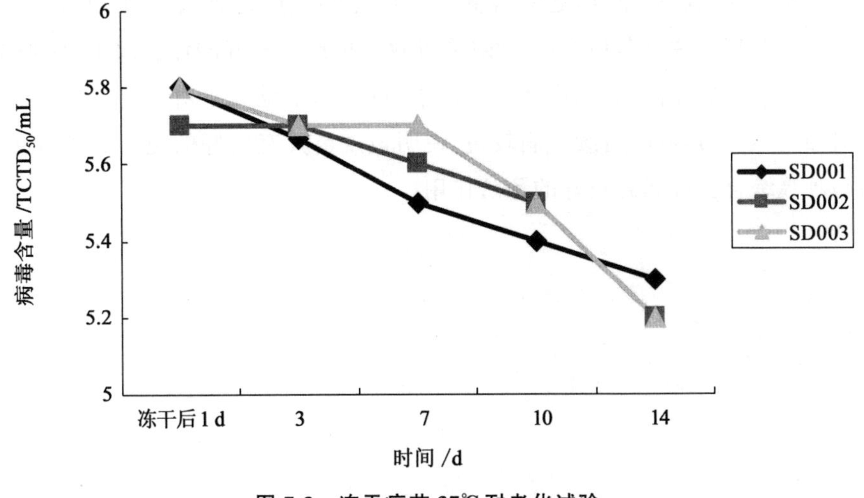

图 7-3 冻干疫苗 37℃耐老化试验

第三节 讨 论

2006 年我国南方大面积发生高致病性猪繁殖与呼吸综合征，至今该病已在全国大范围存在，给我国养猪业造成了巨大的经济损失。目前针对本病的防制措施主要是应用疫苗接种。灭活苗安全性较高，但由于其产生的免疫主要以体液免疫为主，对清除 PRRSV 感染的巨噬细胞无能为力，在不断变异的 PRRSV 面前，其作用也受到了很大的限制，因此免疫效果并不理想。减毒活疫苗可在动物体内增殖，刺激机体产生体液免疫与细胞免疫，使用后可产生一定的保护力，相同亚群的毒株间可提供较好的保护效果，因此本研究采用高致病性猪繁殖与呼吸综合征病毒 TJ 株致弱的 TJM 株为疫苗株用于弱毒疫苗研制，针对高致病性猪繁殖与呼吸综合征可产生较好的保护效果。

疫苗的贮存和运输条件是控制疫苗质量的关键因素。传统冻干保护剂的保存条件通常为－15℃以下，增加了疫苗保存和运输的成本，且我国目前养殖条件下散养户较多，基层条件较差，很难保证疫苗的保存条件。本研究采用先进的耐热冻干保护剂，使疫苗在 2～8℃的保存期可达到 24 个月，大大降低了疫苗保存和运输的成本，保证了疫苗使用时的质量，这无疑对活疫苗的研究有重要意义。

安全性是衡量弱毒活疫苗质量的首要标准。因弱毒活疫苗生产环节不需灭活处理，如果在病毒增殖过程中有其他病原微生物污染，所生产的冻干疫苗接种动物后易引起动物发热甚至疾病的暴发，因此在进行 PRRS 弱毒活疫苗生产时，必须与所有强毒严格分区生产，并对出现污染的病毒液及时检出、废弃。高致病性猪繁殖与呼吸综合征活疫苗接种 4～5 周龄断奶仔猪后，体温均正常，未见任何临床可见异常，剖检肺脏正常无实变。说明该疫苗生产工艺成熟，安全性好。

弱毒活疫苗除对动物安全外,还应具备一定的免疫原性,即刺激动物机体产生针对强毒感染的抵抗力。试验猪接种疫苗后 28 d 针对强毒攻击可产生较好的保护效果,保护率在 4/5 以上。疫苗接种组攻毒后体温、临床症状分数低于对照组,增重高于对照组,出现病毒血症猪的数量少于对照组,且病毒血症持续时间较短,说明该疫苗具有较好的免疫保护效果,对高致病性猪繁殖与呼吸综合征可起到较好的预防作用。

第八章　HP-PRRS 活疫苗安全性和免疫保护效果研究

猪繁殖与呼吸综合征(porcine reproductive and respiratory syndrome，PRRS)以母猪繁殖障碍、仔猪和育成猪呼吸道疾病为主要特征。该病 1987 年在北美首次暴发，迅速在全球蔓延，给世界养猪业造成了严重的经济损失。1996 年我国郭宝清等报道，在国内分离到猪繁殖与呼吸综合征病毒(porcine reproductive and respiratory syndrome virus，PRRSV)，证实我国已存在 PRRS 疾病的流行。引起该病的病原为猪繁殖与呼吸综合征病毒，PRRSV 可分为美洲型和欧洲型 2 种基因型，在遗传特性和抗原性上存在较大差异。目前用于该病防控的疫苗主要包括弱毒活疫苗和灭活疫苗，这些疫苗均含有单一的 PRRS 病毒株，多数情况下针对变异较为明显的田间流行毒株保护效果并不理想。此外，疫苗接种猪仍有报道出现非典型或急性 PRRSV 感染。2006 年 5 月，我国暴发了以高热、高发病率和高死亡率为主要特征的高致病性猪繁殖与呼吸综合征(highly pathogenic porcine reproductive and respiratory syndrome，HP-PRRS)，给我国的养猪业造成了巨大的经济损失。引起该病的病原为高致病性猪繁殖与呼吸综合征病毒(highly pathogenic porcine reproductive and respiratory syndrome virus，HP-PRRSV)，由于传统的美洲型弱毒疫苗对 HP-PRRSV 感染的保护效果有限，因此，需研制新型、安全、有效的疫苗用于 HP-PRRSV 的预防。本课题组应用分离的 HP-PRRSV TJ 株接种 Marc-145 细胞进行传代致弱，获得弱毒疫苗株 TJM-F92 用于疫苗制备，本研究对该疫苗的安全性和免疫保护效果进行报道。

第一节　材料与方法

一、细胞和病毒

非洲绿猴肾(Marc-145)细胞用于病毒繁殖，细胞培养液为含 8%新生牛血清的 MEM，维持液为含 2%新生牛血清的 MEM，按常规方法消化传代；高致病性猪繁殖与呼吸综合征病毒 TJM-F92 株用于疫苗制备；高致病性猪繁殖与呼吸综合征病毒 TJ 株 F3 为检验用强毒，均由本试验室保存。

二、主要试剂

MEM 细胞培养基、新生牛血清均购自 Hyclone 公司；明胶购自 Sigma 公司；猪繁殖与呼吸综合征抗体检测试剂盒购自 IDEXX 公司。

三、实验动物

4～5 周龄断乳仔猪购自无 PRRSV 感染猪场。试验前对实验动物进行采血，经检测均为猪繁殖与呼吸综合征抗体阴性猪。

四、PRRSV 的增殖

转瓶内 Marc-145 细胞长满单层后，弃瓶内细胞生长液，按 MOI 0.1 接种病毒，并补足维持液，置 37℃恒温转瓶机上旋转培养 48～60 h，同时设未接种 PRRSV 的 Marc-145 细胞作为对照。当接种 PRRSV 转瓶内 70%以上细胞出现细胞病变效应(CPE)，而对照细胞仍正常时，取出有 CPE 的转瓶，置－20℃冰柜冻融 1 次收获病毒液。

五、病毒液 $TCID_{50}$ 测定

取制备的病毒液，用含 2%新生牛血清的 MEM 培养基进行 10 倍系列稀释，取 10^{-4}、10^{-5}、10^{-6} 和 10^{-7} 4 个稀释度，分别接种于 96 孔板 Marc-145 细胞中，每个稀释度接种 8 个孔，每孔 0.1 mL，同时设正常细胞对照，置 37℃ 5% CO_2 培养箱培养 4～5 d，观察细胞病变(CPE)，使用 Spearman Karber 公式计算 $TCID_{50}$。

六、疫苗最小免疫剂量试验

将试验猪分成 5 组，每组 5 头，1～4 组均接种病毒液 1 mL，病毒含量分别为 $10^{3.5}$ $TCID_{50}$/mL、$10^{4.0}$ $TCID_{50}$/mL、$10^{4.5}$ $TCID_{50}$/mL 和 $10^{5.0}$ $TCID_{50}$/mL，5 组为对照组，接种稀释液 1 mL。疫苗接种后 28 d，所有动物使用 PRRSV TJ 株强毒攻毒，每头猪肌肉注射 1 mL，滴鼻接种 2 mL(病毒含量为 $10^{4.0}$ $TCID_{50}$/mL)。攻毒后连续 21 d 观察各组猪的临床症状并记录直肠温度；攻毒后 21 d 处死存活猪，剖检观察病理变化，统计攻毒保护率。

七、疫苗制备

将收获的病毒液用 MEM 稀释后与以明胶为主要成分的耐热冻干保护剂混合，抗原液与冻干保护剂混合比例为 4∶1，混匀后定量分装并加盖，置冻干机内，进行冷冻真空干燥。抽样进行病毒含量测定和无菌检验。

八、疫苗安全性试验

取制备的 3 批疫苗，分别接种 4 周龄仔猪各 5 头，每头接种 2 mL(病毒含量为 $10^{6.4}$ $TCID_{50}$/mL)。同时设 3 头猪作为对照，每头接种疫苗稀释液 2 mL。疫苗接种后连续 14 d 测量动物体温，观察有无临床可见异常。疫苗接种当日和接种后 14 d 称量实验动物体重。试验结束所有仔猪剖检观察肺脏有无病变，并制备病理切片。

九、疫苗免疫效力试验

将试验猪分成 3 组，分别接种 3 个不同批次的疫苗，每组各接种 5 头猪，每头 1 mL(病毒含量为 $10^{5.0}$ $TCID_{50}$/mL)，同时设 5 头不接种疫苗作为对照。疫苗接种后每周采血检测其 ELISA 抗体水平。疫苗接种后 28 d，所有动物使用 PRRSV TJ 株强毒攻毒，每头猪肌肉注射

1 mL，滴鼻接种 2 mL（病毒含量为 $10^{4.0}$ $TCID_{50}$/mL）。攻毒后连续 21 d 观察各组猪的临床症状并记录直肠温度；攻毒后 21 d 处死存活猪，剖检观察病理变化，统计攻毒保护率。

第二节　结果与分析

一、PRRSV 的增殖

在接种病毒前 Marc-145 细胞生长形态良好，呈多角形、圆形等多重形态，接种 PRRSV TJM-F92 株后，可见细胞表现出明显的 PRRSV 特有的病变特征，即细胞圆缩、聚堆，最后破碎（图 8-1）。

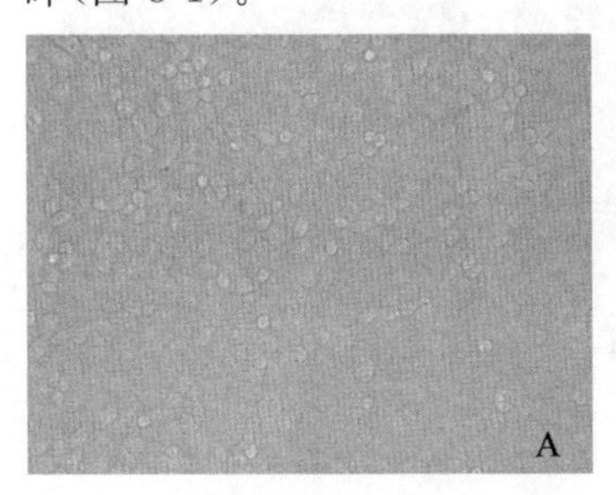
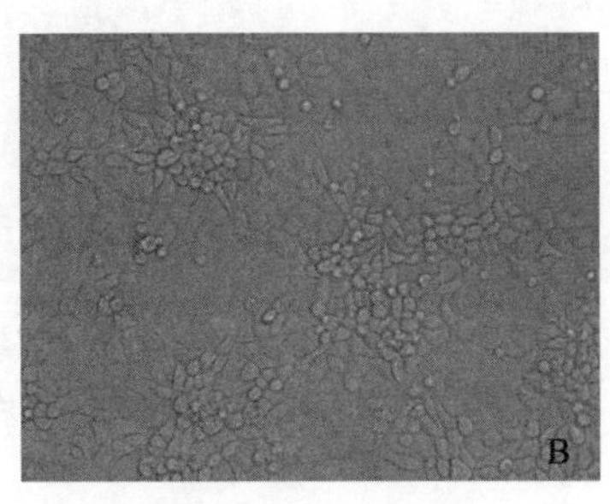
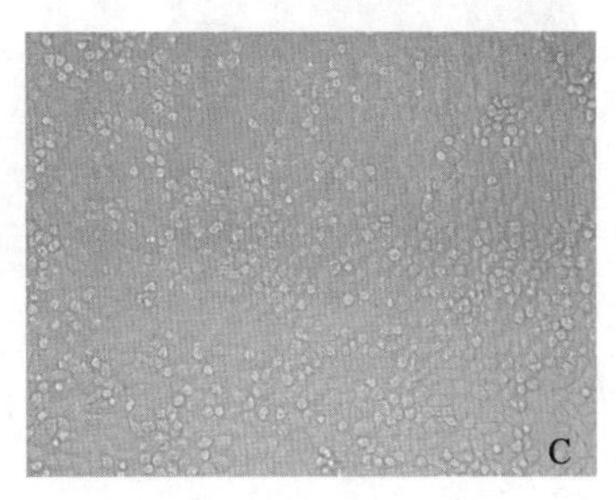

A. 正常 Marc-145 细胞；B. 接种 PRRSV TJM-F92 株 48 h；C. 接种 PRRSV TJM-F92 株 72 h。

图 8-1　细胞病变图片

二、病毒液 $TCID_{50}$ 测定

经测定收获的 3 批病毒液病毒含量分别为 $10^{7.5}$ $TCID_{50}$/mL、$10^{7.6}$ $TCID_{50}$/mL 和 $10^{7.5}$ $TCID_{50}$/mL，符合要求。

三、疫苗最小免疫剂量试验

第 1 组有 3 头猪体温升高，表现出较明显的临床症状，剖检肺脏出现明显实变，保护率为 2/5；第 3 组有 2 头猪体温升高，表现出轻微临床症状，剖检肺脏呈轻度实变，保护率为 3/5；第 3 组和第 4 组 5 头猪体温均正常，未表现出任何临床症状，剖检肺脏正常，保护率均为 5/5；疫苗接种组试验猪均未出现死亡。对照组 5 头猪体温均升高，表现出明显临床症状，剖检肺脏呈大面积实变，死亡率为 3/5（表 8-1）。1～4 组猪攻毒后体重增加分别为 5.3 kg、5.4 kg、4.9 kg 和 4.1 kg，对照组体重降低 1.5 kg。

表 8-1　疫苗最小免疫剂量试验保护率

组别	接种剂量（$TCID_{50}$/mL）	动物数量/头	发病动物数量/头			发病率	死亡率	保护率
			体温升高	表现临床症状	肺脏实变			
1	$10^{3.5}$	5	3	3	3	3/5	0/5	2/5
2	$10^{4.0}$	5	2	2	2	2/5	0/5	3/5
3	$10^{4.5}$	5	0	0	0	0/5	0/5	5/5
4	$10^{5.0}$	5	0	0	0	0/5	0/5	5/5
5	空白	5	5	5	5	5/5	3/5	0/5

四、疫苗检验

测得 3 批疫苗每头份病毒含量分别为 $10^{5.8}$ $TCID_{50}$/mL、$10^{5.7}$ $TCID_{50}$/mL 和 $10^{5.8}$ $TCID_{50}$/mL，且无菌和支原体检验均合格。

五、疫苗安全性试验

4～5 周龄断乳仔猪接种 2 mL(病毒含量为 $10^{6.4}$ $TCID_{50}$/mL)疫苗后，试验组和对照组的仔猪均无异常反应，体温正常，剖检肺脏正常无实变，无病理组织学改变(图 8-2)，疫苗接种组和对照组增重无明显差异。

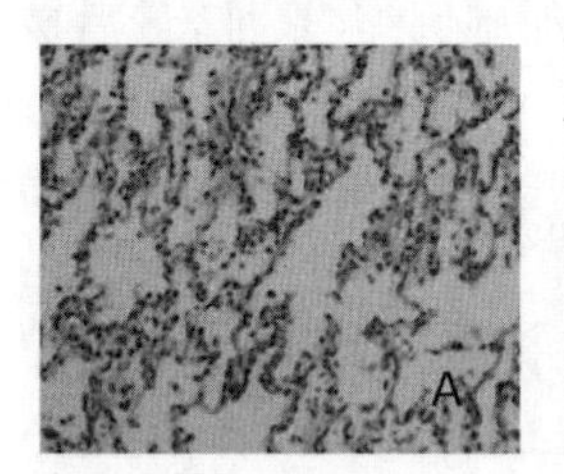

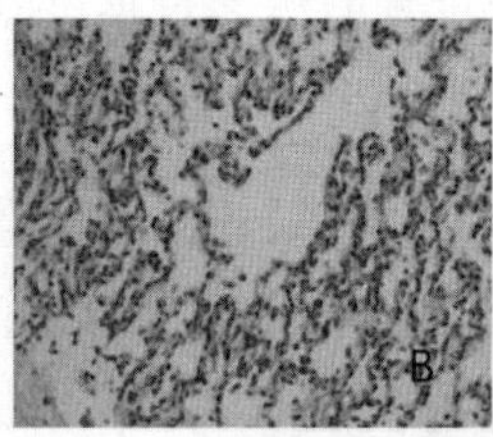

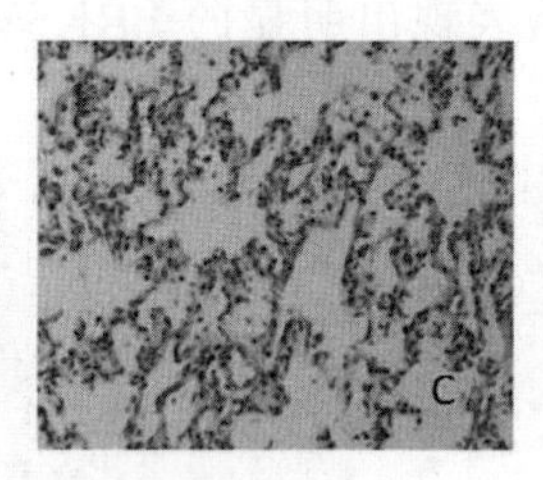

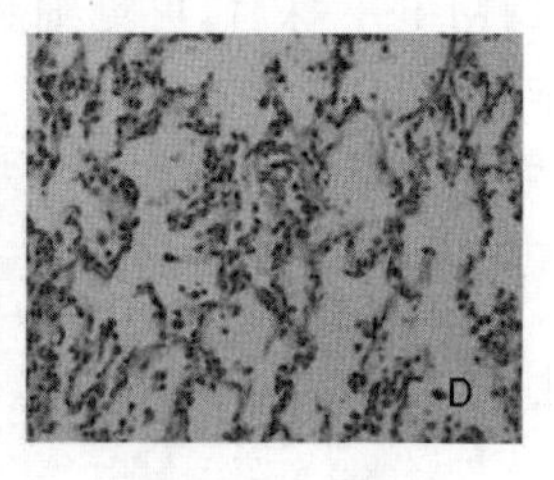

A、B 和 C 分别为 3 批疫苗接种组，D 为对照组。

图 8-2 疫苗接种后各组肺脏病理切片

六、疫苗免疫效力试验

3 批疫苗接种猪后第 7 日开始产生 ELISA 抗体，第 14 日抗体阳转率均为 5/5，各组间抗体水平差异不显著($P>0.05$)(图 8-3)。28 d 后攻毒，第 1 组和第 2 组 5 头猪体温均正常，未表现出任何临床症状，剖检肺脏正常，无病理组织学改变；第 3 组有 1 头猪体温升高(≥41℃)，表现出轻微临床症状，剖检肺脏出现轻度实变，病理组织学改变主要表现为炎性细胞浸润；对照组 5 头猪体温均升高，表现出明显临床症状，剖检肺脏均出现大面积实变，病理组织学均表现为肺泡间隔增宽，有大量炎性细胞浸润(图 8-4)，死亡率为 3/5。疫苗接种组攻毒后体重增加分别为 5.5 kg、5.4 kg 和 5.4 kg，对照组体重降低 1.2 kg。3 批疫苗接种组攻毒保护率分别为 5/5、5/5 和 4/5(表 8-2)。

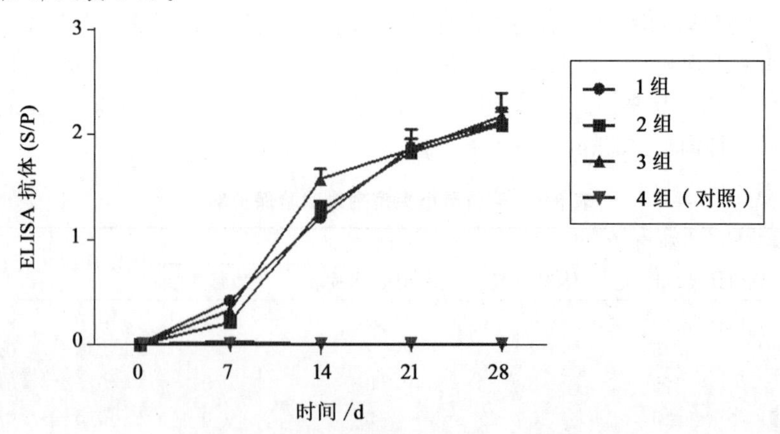

图 8-3 疫苗接种猪后血清 ELISA 抗体水平

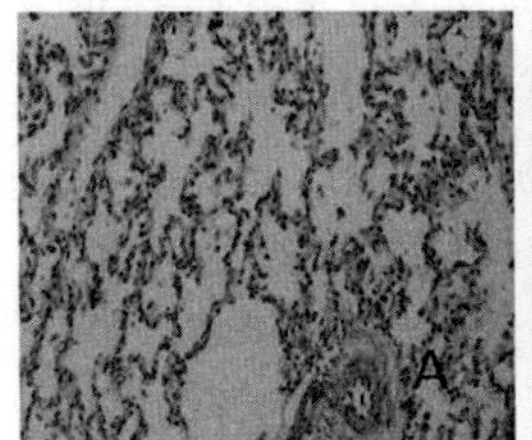

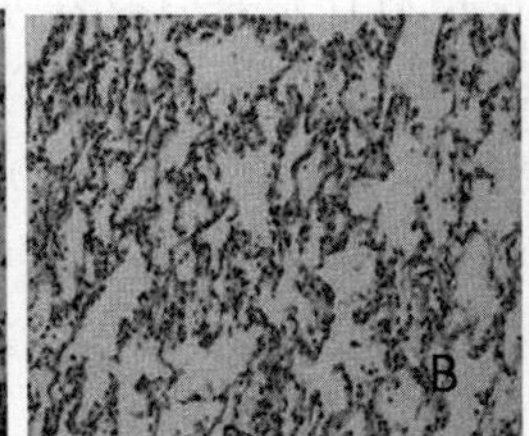

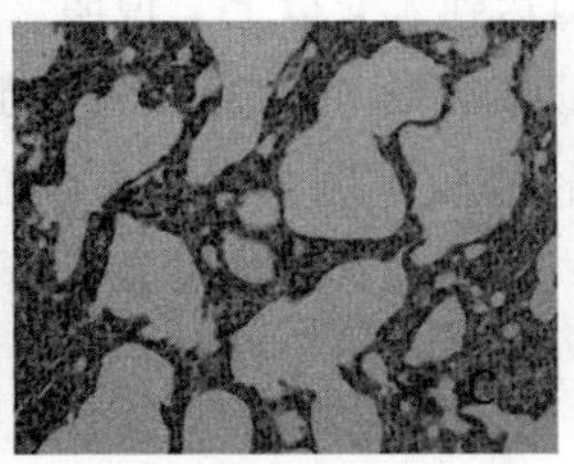

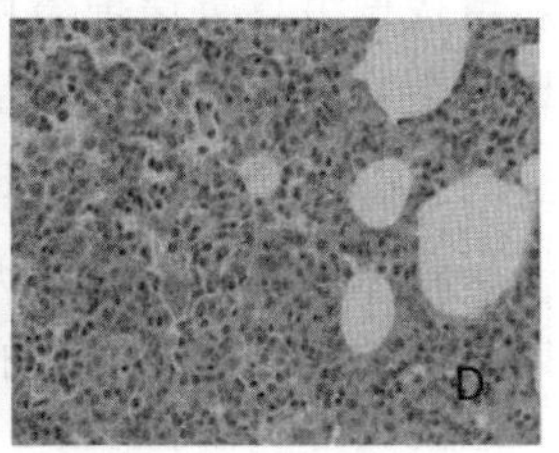

A、B和C分别为3批疫苗接种组，D为对照组。

图8-4　攻毒后各组肺脏病理切片

表8-2　疫苗免疫效力试验保护率

组别	疫苗批号	动物数量/头	发病动物数量/头			发病率	死亡率	保护率
			体温升高	表现临床症状	肺脏实变			
1	SD001	5	0	0	0	0/5	0/5	5/5
2	SD002	5	0	0	0	0/5	0/5	5/5
3	SD003	5	1	1	1	1/5	0/5	4/5
4	空白	5	5	5	5	5/5	3/5	0/5

第三节　讨　　论

对HP-PRRSV进行序列分析，结果表明，其非结构蛋白NSP2存在不连续30个氨基酸的缺失。An等将HP-PRRSV分离株和经典美洲型PRRSV毒株基因组进行比对，发现HP-PRRSV毒株间高度同源，相似性为98.2%～100%，而与经典美洲型PRRSV株亲缘关系相对较远，分别位于不同的亚群。这也进一步解释了经典美洲型PRRS疫苗对HP-PRRSV的保护效果有限的原因，因此，研制出针对HP-PRRS进行有效防控的弱毒活疫苗成为摆在人们面前急需解决的问题。

疫苗接种虽然不是预防PRRS的唯一方法，但却是最有效和实际的方法。在PRRS的预防上弱毒活疫苗一直发挥着重要的作用，如美洲型PRRS活疫苗Ingelvac1 ATP、RespPRRS MLV、RespPRRS/Reprol ATP和CH-1R。HP-PRRS出现后，Han等应用分离的HP-PRRSV JXA1株经Marc-145细胞连续传代至80代，获得致弱疫苗株JXA1-R，并用于弱毒疫苗研制。Tian等应用分离的HP-PRRSV HUN4株经Marc-145细胞连续传代至112代，研制出弱毒疫苗HUN4-F112株。这两种疫苗针对HP-PRRSV感染均能提供较好的保护。本课题组应用分离自HP-PRPS发病猪的TJ株病毒，经Marc-145细胞传代致弱获得弱毒疫苗株，并应用其研制出HP-PRRS活疫苗TJM-F92株，临床应用效果较好。

高致病性猪繁殖与呼吸综合征TJM-F92株活疫苗接种4～5周龄断奶仔猪后，体温均正常，未见任何临床可见异常，剖检肺脏正常，无病理组织学改变。试验猪接种疫苗后第7日开始检测到ELISA抗体，第14日ELISA抗体阳转率均达5/5。免疫后28 d攻毒结果表明，3批疫苗接种组攻毒保护率均达到4/5以上。说明该疫苗对仔猪具有较好的安全性和免疫保护效果。在疫苗最小免疫剂量试验中，每头猪接种疫苗病毒含量达 $10^{4.5}$ $TCID_{50}/mL$ 时，对强毒攻击的保护率可达5/5，因此，在疫苗制备时每头份疫苗病毒含量不低于 $10^{5.0}$ $TCID_{50}/mL$ 可以进一步确保疫苗的免疫保护效果。上述结果表明该疫苗对猪安全，免疫保护效果良好，其应用对猪病的防控将起到巨大的推动作用。

第九章　HP-PRRS活疫苗临床免疫效果研究

2006年以来，我国暴发了以猪的高热、高发病率和高死亡率为特征的高致病性猪繁殖与呼吸综合征(HP-PRRS)，由HP-PRRSV引起，仔猪发病率可达100%，死亡率50%以上，母猪流产率30%以上，育肥猪也发病死亡，给我国养猪业造成了巨大的经济损失。2011年高致病性猪繁殖与呼吸综合征活疫苗(TJM-F92株)问世，该毒株是由HP-PRRSV TJ株经Marc-145细胞连续传代致弱获得，传代过程中非结构蛋白NSP2毒力相关基因出现连续120个氨基酸的缺失，使得该疫苗株更为安全，同时可进行鉴别诊断。本研究对高致病性猪繁殖与呼吸综合征活疫苗TJM-F92株的临床免疫效果进行研究，以期对该疫苗的临床使用效果进行评价，同时为疫苗的临床应用提供参考。

第一节　材料与方法

一、病毒株和疫苗

HP-PRRSV TJ株、Marc-145细胞和高致病性猪繁殖与呼吸综合征活疫苗(TJM-F92株)，均由本试验室保存。

二、酶和化学试剂

猪繁殖与呼吸综合征抗体检测试剂盒，购自IDEXX公司；MEM培养基和新生胎牛血清，购自GIBCO公司；其余试剂均为分析纯试剂。

三、实验动物

选择吉林省吉林市饲养规模相似的3个猪场。猪场1：PRRSV抗体检测为阴性，猪群健康状况较好，未接种过PRRS疫苗；猪场2：PRRSV抗体检测为阳性，猪群健康状况较好，接种过PRRS相关疫苗；猪场3：PRRSV抗体检测为阳性，猪群有呼吸道症状，母猪流产和产弱仔，经检测存在HP-PRRSV野毒感染，采用药物保健，未接种过PRRS相关疫苗。从3个猪场随机抽取100头4～5周龄仔猪和20头母猪进行免疫，观察并检测免疫效果。

四、仔猪HP-PRRS活疫苗TJM-F92株免疫效果的观察和检测

从3个猪场随机抽取断奶仔猪各100头，于4～5周龄免疫高致病性猪繁殖与呼吸综合征

活疫苗 TJM-F92 株，每头猪耳根后部肌肉注射，猪场 1 和猪场 2 接种剂量均为 1 头份，免疫 1 次；猪场 3 接种剂量为 2 头份，间隔 21 d 加强免疫 2 头份。免疫前、首次免疫后第 28 日及以后每 30 d，3 个试验猪场随机抽取 20 头仔猪采集血样检测其抗体水平，观察免疫猪群与未免疫猪群的健康状况，直至上市。首次免疫后第 28 日，从猪场 1 和猪场 2 随机抽取 5 头猪运送至负压动物房进行攻毒试验，同时设 5 头 PRRS 阴性猪作为对照，攻毒剂量为每头 3 mL，病毒含量为 $10^{4.0}$ $TCID_{50}$/mL。攻毒后每天测量动物体温，观察临床症状，至攻毒后 21 d，所有猪剖检观察肺脏病变，统计攻毒保护率。

五、母猪 HP-PRRS 活疫苗 TJM-F92 株免疫效果的观察

从 3 个猪场随机抽取母猪 20 头，猪场 1 和猪场 2 接种剂量均为 1 头份，以后每隔 4 个月免疫 1 次，每次 1 头份；猪场 3 接种剂量为 2 头份，间隔 21 d 加强免疫 2 头份，以后每隔 3 个月免疫 1 次，每次 2 头份。免疫后观察母猪健康状况，统计产仔数量和健活仔数量，观察期 1 年。

第二节 结果与分析

一、仔猪 HP-PRRS 活疫苗 TJM-F92 株免疫效果的观察

猪场 1 和猪场 2 免疫后至出栏，猪群健康状况良好，无不良反应，免疫和未免疫 TJM-F92 株疫苗猪保育阶段成活率、育肥阶段成活率和出栏率无明显差异。猪场 3 免疫后，猪群健康状况明显好转，呼吸道症状减轻，关节炎和渐进性消瘦的发病率明显减少，免疫 TJM-F92 株疫苗猪保育阶段成活率、育肥阶段成活率和出栏率均高于未免疫猪，见表 9-1。

表 9-1 接种 TJM-F92 株疫苗前后的对照结果 %

指标	未接种 TJM-F92 株疫苗			接种 TJM-F92 株疫苗		
	猪场 1	猪场 2	猪场 3	猪场 1	猪场 2	猪场 3
保育阶段成活率	97	98	80	98	98	93
育肥阶段成活率	98	98	90	98	98	97
出栏率	95	96	72	96	96	90

二、仔猪免疫 HP-PRRS 活疫苗 TJM-F92 株抗体阳性率的检测

猪场 1 和猪场 2 免疫前抗 PRRS 抗体均为阴性，免疫后第 28 日至免疫后第 88 日，抽检抗体的阳性率均为 100%，免疫后第 118 日抗体阳性率分别为 80% 和 75%，免疫后第 148 日抗体阳性率均为 45%。猪场 3 免疫前抗体阳性率为 85%，免疫后第 28 日至第 148 日抗体阳性率均为 100%，见图 9-1。

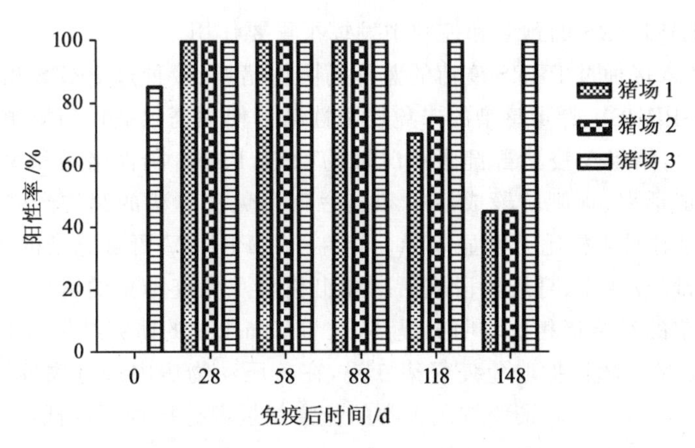

图 9-1 接种 TJM-F92 株疫苗后抗体阳性率的检测结果

三、仔猪免疫 HP-PRRS 活疫苗(TJM-F92 株)的攻毒保护效果

免疫后第 28 日,从猪场 1 和猪场 2 随机抽取 5 头免疫猪进行攻毒,其中 4 头猪体温均正常,未表现出任何临床症状,剖检观察肺脏正常;1 头猪出现体温升高、呼吸困难、皮肤发绀和神经症状等,剖检肺脏可见部分实变,攻毒保护率均为 4/5;对照组 5 头猪体温均升高(≥41℃),表现出明显临床症状,剖检肺脏均出现大面积实变,死亡率为 3/5,见表 9-2。

表 9-2 TJM-F92 株疫苗的攻毒保护效果

组别	动物数量/头	发病动物数量/头			保护率	死亡率
		体温升高	表现临床症状	肺脏实变		
猪场 1	5	1	1	1	4/5	0
猪场 2	5	1	1	1	4/5	0
对照	5	5	5	5	0	3/5

四、母猪 HP-PRRS 活疫苗(TJM-F92 株)免疫效果的观察

猪场 1 和猪场 2 母猪接种疫苗后均正常,无流产、产死胎和木乃伊胎,使用 TJM-F92 株疫苗组和未使用该疫苗组的窝均产健活仔数无明显差异,均为 11～12 头。猪场 3 使用 TJM-F92 株疫苗后母猪窝产健活仔数由原来的 7 头增至 10 头。

第三节 讨 论

疫苗免疫是预防猪繁殖与呼吸综合征的有效途径。2006 年在我国暴发了高致病性猪繁殖与呼吸综合征,引起此次疫病流行的病毒是发生明显变异的 HP-PRRSV,因此使用高致病性猪繁殖与呼吸综合征疫苗对该病具有更为理想的保护效果。目前,我国研制成功的高致病性猪繁殖与呼吸综合征弱毒活疫苗主要包括 TJM-F92 株、JXA1-R 株、HuN4-F112 株和

GDr180 株等，在 HP-PRRS 的预防和控制中发挥了重要作用。

本研究分别在未接种过 PRRS 疫苗的蓝耳病阴性猪场、接种过 PRRS 相关疫苗的免疫阳性猪场和存在 HP-PRRSV 野毒感染的未免疫阳性猪场使用高致病性猪繁殖与呼吸综合征活疫苗（TJM-F92 株），结果免疫猪群健康状况较为稳定，PRRS 阴性猪场和免疫阳性猪场的试验猪，在保育阶段成活率、育肥阶段成活率和出栏率及免疫母猪的窝均产健活仔数与未免疫 TJM-F92 株疫苗的对照猪相比无明显差异。存在 HP-PRRSV 野毒感染的未免疫阳性猪场，免疫仔猪在保育阶段成活率、育肥阶段成活率和出栏率及免疫母猪的窝均产健活仔数与未免疫 TJM-F92 株疫苗的对照猪相比均明显提高，这与 Thacker 的研究结果基本一致。免疫后第 28 日从猪场 1 和猪场 2 随机抽取免疫仔猪 5 头，在负压动物房内进行攻毒检验，结果免疫猪的攻毒保护率均为 4/5，进一步证明按照正常的免疫剂量进行接种可以抵抗强毒的感染，证明该疫苗具有较好的临床保护效果。

通常将猪繁殖与呼吸综合征抗体阳性率达到 70%作为免疫合格的指标，本研究中猪场 1 和猪场 2 接种疫苗后第 28～88 日，猪繁殖与呼吸综合征抗体阳性率均为 100%，免疫后第 118 日抗体阳性率分别为 80%和 75%，至免疫后第 148 日抗体阳性率降至 45%，因此可结合肉猪的出栏时间确定是否需要再次进行免疫及免疫的时间。猪场 3 于首次免疫后第 21 日进行二次免疫，结果至免疫后第 148 日，抗体阳性率均为 100%，因此也可通过加强免疫来提高仔猪从出生至出栏的抗体阳性率。对于猪繁殖与呼吸综合征病毒的净化必须采取综合防控措施，在疫苗免疫的基础上，加强饲养管理和猪群的保健，同时做好其他疫苗的免疫工作，注意避免在同一个猪场内使用多种疫苗或频繁更换疫苗。

参考文献

[1] 安同庆.猪繁殖与呼吸综合征病毒与宿主细胞受体之间相互作用的研究及病毒遗传变异分析[D].中国农业科学院,2007.

[2] 安同庆,田志军,冷超良,等.我国大陆地区 PRRSV 的遗传衍变分析,中国畜牧兽医学会动物传染病学分会第四次猪病学术研讨会,F,2010 [C].

[3] 蔡鑫娜. PRRSV NSP4 相互作用细胞蛋白的筛选与鉴定[D].山东农业大学,2017.

[4] 蔡雪辉.我国猪繁殖与呼吸综合征的流行特点、分布规律与防制策略[J].吉林畜牧兽医,2002(4):6-7.

[5] 蔡雪辉. PRRSV 流行毒株 NSP2 遗传变异分析及其疫苗的安全性评价[D].吉林大学,2012.

[6] 蔡雪晖,柴文君,翁长江,等. 猪繁殖与呼吸综合征及其在我国的现状与对策[J].中国预防兽医学报,2000,22:202-205.

[7] 陈婧瑶,刘小娟,王宇航,等. 猪繁殖与呼吸综合征病毒致病机理及其抗病育种研究进展[J]. 畜牧兽医学报,2013,44(11):1693-1699.

[8] 陈瑞爱,裴几福,罗满林.高致病性猪繁殖与呼吸综合征活疫苗的免疫效果观察[J].中国动物保健,2009,11(7):83-86.

[9] 陈希文,汪谦,尹苗,等.猪繁殖与呼吸综合征病毒 RT-LAMP 快速检测方法的建立[J].中国畜牧兽医,2017,44(6):1630-1636.

[10] 崔丹丹.不同 PRRSV 毒株的分离鉴定、序列及致病性分析[D].河南农业大学,2017.

[11] 崔丹丹,王傲杰,王新港,等.1 株 PRRSV 类 NADC30 毒株的分离鉴定及序列分析[J].河南农业科学,2017,46(9):132-138.

[12] 崔丹丹,王忠田,常洪涛,等. 2 株与疫苗病毒高度同源的猪繁殖与呼吸综合征病毒的鉴定和致病性分析[J].病毒学报,2017,(9):728-737.

[13] 崔尚金,姜建宏,周艳君,等. 猪繁殖与呼吸综合征胶体金抗体检测技术的建立和初步应用[J].中国预防兽医学报,2005,3(27):213-216.

[14] 崔亚兰,周碧君,文明,等. 猪繁殖与呼吸综合征综合防控技术的研究[J].中国畜兽医,2012,39(3):206-210.

[15] 董伟,高立欣,卢继文. 猪繁殖与呼吸综合征疫苗的研究进展[J].吉林畜牧兽医,2009,30(4):14-16.

[16] 杜永坤. 新型 Toll 样受体 7 激动剂抑制猪繁殖与呼吸综合征病毒感染猪肺泡巨噬细胞的研究[D]. 西北农林科技大学,2016.

[17] 方六荣. 猪繁殖与呼吸综合征“自杀性”DNA 疫苗与活病毒载体疫苗研究[D].华中农业大学,2003.

[18] 龚旺,宋德平,唐玉新,等. 江西省规模化猪场公猪精液中 5 种病毒 RT-PCR/PCR 检测

与分析[J]. 黑龙江畜牧兽医,2018(5):1-4.
[19] 郭鳌德. 浅析高致病性猪蓝耳病和普通猪蓝耳病的鉴别诊断[J]. 甘肃畜牧兽医,2014,44(8):46-47.
[20] 郭宝清,陈章水,刘文兴,等. 从疑似 PRRS 流产胎儿分离 PRRSV 的研究[J]. 中国畜禽传染病,1996a,18(2):1-5.
[21] 郭宝清,陈章水,刘文兴,等. 应用间接荧光法从国内生殖障碍综合征猪群中检测生殖和呼吸综合征阳性抗体的研究[J]. 中国兽医科技,1996b,26(3):3-5.
[22] 郭宝清,蔡雪晖,刘文兴,等. 猪繁殖与呼吸综合征灭活疫苗的研制[J]. 中国预防兽医学报,2000,22(4):252-262.
[23] 郭廷军. 猪繁殖与呼吸障碍综合征发生及反思[J]. 中国动物保健,2007(07):14-16.
[24] 韩占松. 猪繁殖与呼吸综合征的临床症状、诊断及防控措施[J]. 现代畜牧科技,2017(10):81.
[25] 何斌. 长春市及其周边地区猪繁殖与呼吸综合征病毒分子流行病学调查[D]. 吉林大学,2012.
[26] 何信群,闫福栋,申咏红,等. 猪繁殖与呼吸综合征病毒弱毒株活疫苗抗体应答水平的观察[J]. 中国兽医杂志,2003,16(3):335-346.
[27] 侯婕,李睿,马红芳,等. 猪繁殖与呼吸综合征病毒入侵受体唾液酸黏附素的表达与纯化[J]. 河南农业科学,2016,45(3):130-134.
[28] 胡玲玲,汤德元,曾智勇,等. 猪繁殖与呼吸综合征诊断技术的研究进展[J]. 猪业科学,2017,34(6):113-116.
[29] 贾锐. 华东地区部分猪场猪繁殖与呼吸综合征流行状况调查及 *ORF*5 遗传变异分析[D]. 上海交通大学农业与生物学院,2014.
[30] 姜晓晨,刘业兵,王晶钰,等. 高致病性猪繁殖与呼吸综合征病毒分离株 HLJ-09 感染仔猪的组织病理学和电镜观察[J]. 中国兽医杂志,2011,47(9):27-30.
[31] 蒋雨,林保忠. 猪繁殖与呼吸综合征的防制[J]. 河北畜牧兽医,2003,19(2):32-33.
[32] 孔宁. Marc-145 细胞周期同步化及 PRRSV 细胞受体表达与病毒感染的关系[D]. 山东农业大学,2013.
[33] 兰新财,仇伟武,章红兵,等. 增免康(芪贞增免颗粒)增强仔猪免疫功能的试验研究[J]. 浙江畜牧兽医,2011,3:6-7.
[34] 冷雪,温永俊,齐巧玲,等. 高致病性猪繁殖与呼吸综合征病毒 TJ 株的分离与鉴定[J]. 吉林农业大学学报,2008,30(6):862-865.
[35] 冷雪,赵炳武,郭利,等. 牛传染性鼻气管炎灭活疫苗的安全性和免疫保护效果[J]. 中国兽医科学,2010,40(11):1161-1165.
[36] 李彬. 中国大陆欧洲型 PRRSV N 蛋白的遗传变异分析[A]. 2013 国际猪繁殖与呼吸综合征大会[C]. 2013,北京.
[37] 李冰,卢赫. 欧洲型 PRRSV 辽宁株 LNEU12 的分离及其 ORF5 的序列分析[J]. 畜牧与兽医,2017,49(7):88-93.

[38] 李红,周恩民,易建中. 猪繁殖与呼吸综合征病毒细胞受体研究进展[J]. 中国畜牧兽医,2013,40(7):77-81.

[39] 李军. 浅述猪繁殖与呼吸综合征的临床症状和防控措施[J]. 现代畜牧科技,2017(2):104.

[40] 李军,林继煌,姜平,等. 用免疫金技术检测猪繁殖与呼吸综合征病毒[J]. 畜牧与兽医,2001,33(2):1-2.

[41] 李新生,陈红英,崔沛,等. 彩色免疫金银染色法检测猪繁殖与呼吸综合征病毒的研究[J]. 河南农业科学,2005,(9):94-98.

[42] 李勇,梅书棋,郑新民,等. 用 RT-PCR 对湖北省部分猪场猪繁殖与呼吸综合征的检测[J]. 华中农业大学学报,2000,19(4):363-365.

[43] 李玉峰,姜 平,蒋文明. 猪繁殖与呼吸综合征病毒 GP5 蛋白重组腺病毒的构建与免疫原性测定[J]. 中国病毒学,2006,21(4):364-367.

[44] 李真,张洪亮,张晶,等. 2014—2016 年某大型规模化猪场猪繁殖与呼吸综合征病毒的遗传演化分析[J]. 中国预防兽医学报,2017,39(1):10-14.

[45] 李正甫,赵谦,刘佳,等. 种公猪精液携带猪繁殖与呼吸障碍综合征病毒调查[J]. 上海畜牧兽医通讯,2016(4):53-55.

[46] 梁欠欠,侯绍华,贾红,等. 基于甲病毒复制子的 PRRSV DNA 疫苗在小鼠体内诱导的免疫应答[J]. 畜牧兽医学报,2013,44(11):1805-1811.

[47] 刘成文. 阜阳地区猪"高热病"流行病学调查和防控[D]. 南京农业大学,2007.

[48] 刘从军,丁玉春,樊吉林. 猪繁殖与呼吸综合征病毒实验室诊断技术的研究[J]. 兽医研究,2011(7):52-54.

[49] 刘春晓,张洪亮,张文立,等. 2016—2017 年我国华北地区某规模化猪场经典美洲型猪繁殖与呼吸综合征病毒的分离鉴定及全基因组序列分析[J]. 中国预防兽医学报,2017,39(9):691-696.

[50] 刘惠莉,周宗清,邢继兰,等. 多重 RT-PCR 检测猪流感病毒及血清亚型[J]. 中国兽医学报,2008,11(28):1262-1265.

[51] 刘慧. PRRS 液相阻断 ELISA 试剂盒及免疫胶体金诊断试纸条的研制及应用[D]. 吉林大学,2013.

[52] 刘樱,丁度伟,高求炜,等. 3 种中药及其提取物体外抗猪繁殖与呼吸综合征病毒作用的研究. 中国畜牧兽医,2016,43(10):2730-2735.

[53] 刘云,朱善元,龚祝南,等. 6 种中药体外抗猪繁殖与呼吸综合征病毒的作用[J]. 河南农业科学,2019,48(10):147-154.

[54] 鲁刚. 猪繁殖与呼吸综合征(PRRS)随进口种猪传入的风险分析[D]. 中国农业大学,2004.

[55] 卢景,杨汉春,刘棋. 猪繁殖与呼吸综合征血清学调查[J]. 中国兽医杂志,2006,8(42):28-29.

[56] 罗翠红,方玉珍. 猪流感的流行现状与防控途径[J]. 畜牧兽医科技信息,2017(12):90.

[57] 蒋志政,张改平,刘明阳,等. 抗猪 FcγRⅡb 多抗阻断猪繁殖与呼吸综合征病毒抗体依赖增强作用研究[J]. 河南农业科学,2012,41(4):139-142.
[58] 敬晓棋,孟建斌,高晓阳,等. 猪繁殖与呼吸综合征病毒免疫抑制研究进展[J]. 动物医学进展,2012,33(10):75-78.
[59] 马德慧,马国文,丁英,等. 猪生殖与呼吸综合征病理损害与免疫抑制观察[J]. 中国兽医科技,2001,31(6):15-16.
[60] 倪良福. PRRS 弱毒活疫苗免疫效果评价[D]. 华南农业大学,2016.
[61] 牛军伟,郭龙军,谷伟红,等. 稳定表达猪繁殖与呼吸综合征病毒受体 CD163 的 HEK293 细胞系的建立[J]. 中国预防兽医学报,2015,37(3):163-166.
[62] 邱德新,张凤秋. 猪繁殖与呼吸综合征研究进展[A]. 猪的重要传染病防治研究新成果[C]. 重庆:中国畜牧兽医学会家畜传染病学分会,2002.
[63] 仇华吉,郭宝清,童光志,等. 猪繁殖-呼吸道综合征病毒(PRRSV)CH-1a 株基因型鉴定[J]. 中国预防兽医学报,1998,18(2):118-121.
[64] 仇华吉,童光志,郭宝清,等. 猪生殖-呼吸综合征病毒(PRRSV)CH-1a 株 *ORF*5 分子分析[J]. 中国畜禽传染病,1998,20(增刊):79-83.
[65] 邱骏. 猪繁殖与呼吸综合征(PRRS)病原分离鉴定及防控措施研究[D]. 吉林大学,2016.
[66] 任飞,冯二凯,尹茉莉,等. 生物反应器微载体放大培养 Marc-145 细胞及 PRRSV 增殖情况[J]. 中国生物制品学杂志,2017,30(3):302-306.
[67] 任慧英,杨汉春,高云. 用反转录聚合酶链反应检测猪繁殖与呼吸综合征病毒的研究[J]. 中国兽医科技,1999,2(29):3-5.
[68] 任荣清. 猪繁殖与呼吸综合征[J]. 贵州畜牧兽医,2003,27(5):11-12.
[69] 施开创,许心婷,舒秀远,等. 高水平母源抗体仔猪接种猪繁殖与呼吸综合征弱毒活疫苗的免疫效果分析[J]. 中国预防兽医学报,2017,39(5):402-406.
[70] 舒秀伟,宣华,王文成,等. 猪繁殖与呼吸综合征病毒分子生物学研究进展[J]. 中国兽药杂志,2005,39(8):36-40.
[71] 宋林林. PRRSV 感染对细胞周期的影响及其机制研究[D]. 西北农林科技大学,2017.
[72] 孙晶. 猪繁殖与呼吸综合征病毒基因工程缺失疫苗株 ELISA 鉴别诊断方法的建立[D]. 上海兽医研究所研究生院,2013.
[73] 孙文超. PRRSV 与 PCV2 的分子流行病学调查及其重组腺病毒疫苗试验免疫研究[D]. 广西大学,2017.
[74] 孙颖杰,孙延峰,潘风城,等. 用微量 IFA 法检测猪繁殖呼吸综合征[J]. 中国动物检疫,1997,5(14):11-14.
[75] 孙志,王金勇,张建武,等. 猪繁殖与呼吸障碍综合征病毒(PRRSV)3′末端非翻译区中调控序列的研究[J]. 微生物学报,2007,45(7):774-778.
[76] 谭伟,邓显文,谢芝勋. 猪繁殖与呼吸综合征病毒及疫苗的研究进展[J]. 中国畜牧兽医,2014,41(6):240-247.
[77] 谭溪清. 猪高热病的发生与防治[J]. 岳阳职业技术学院学报,2007,5:83-84.

[78] 汤景元,姜平,蒋文明. 表达 PRRSV M 蛋白重组腺病毒的构建及其免疫特性研究[J]. 中国病毒学,2005,20(6):618-622.

[79] 唐娜. PRRSV 诊断方法的建立及鲁豫冀地区 PRRSV 的流行与遗传变异研究[D]. 吉林大学,2013.

[80] 田克恭,陈瑞爱,遇秀玲,等. 一种生物反应器制备高致病性猪繁殖与呼吸综合征活疫苗(JXA1-R 株)的方法及其应用[M]. 2012.

[81] 田书苗. 猪繁殖与呼吸综合征病毒变异株 HN07-1 纯化及 PRRSV-IPMA 筛选单克隆抗体[D]. 河南农业大学,2016.

[82] 童光志,周艳君,郝晓芳,等. 高致病性猪繁殖与呼吸综合征病毒的分离鉴定及其分子流行病学分析[J]. 中国预防兽医学报,2007,29(5):323-327.

[83] 王冬梅. 不同免疫原对 PRRSV 诱导中和抗体的影响及 SHP1 在 PRRSV 感染中的作用[D]. 河南农业大学,2015.

[84] 王刚,张鹤晓,甘孟侯,等. IPMA 检测猪生殖和呼吸综合征病毒抗体的研究[J]. 中国兽医杂志,1996,22(12):3-5.

[85] 王维民. 猪蓝耳病病毒受体硫酸乙酰肝素相关基因的分离、定位及其功能的初步研究[D]. 华中农业大学,2010.

[86] 王小敏,李燕华,蔺涛,等. 高致病性猪繁殖与呼吸综合征病毒野毒株持续性感染细胞模型的建立 [J]. 华北农学报,2012,27(5):150-156.

[87] 王新港. 猪繁殖与呼吸综合征病毒分离鉴定、变异与重组及致病性研究[D]. 河南农业大学,2018.

[88] 王雅兰. 猪繁殖与呼吸综合征病毒遗传变异分析及 DNA 疫苗的初步研究[D]. 中国农业大学,2013.

[89] 王振华,曹晓涵,宋禾,等. 猪繁殖与呼吸综合征病毒的危害及免疫策略[J]. 中国畜牧兽医,2014,41(02):239-244.

[90] 魏春华,刘建奎,戴爱玲,等. 福建 NADC30-like PRRSV FJLY01 株的全基因组分子特征分析[J]. 西北农林科技大学学报(自然科学版),2017,45(3):51-60.

[91] 韦海涛,赵景义. 浅谈高致病性猪蓝耳病的特点及其防控[J]. 北京农业,2007,8:31-32.

[92] 韦天超. 高致病性猪繁殖与呼吸综合征病毒人工感染模型的建立及其部分生物学特性研究[D]. 中国农业科学院,2009.

[93] 韦天超,田志军,安同庆,等. 猪繁殖与呼吸综合征病毒 Taq Man-MGB 荧光定量 RT-PCR 方法的建立和应用[J]. 中国预防兽医学报,2008,30(12):944-948+991.

[94] 吴俊静,乔木,彭先文,等. PRRSV 逃逸宿主天然免疫的分子机制[J]. 黑龙江农业科学,2013,12:58-61.

[95] 吴香菊,李芳韬,陈蕾,等. 稳定高效表达猪 CD163 的 Marc-145 细胞系的构建与鉴定[J]. 中国畜牧兽医,2015,42(8):2074-2080.

[96] 吴延功,徐天刚,王志亮,等. 重组 N 蛋白抗原检测 PRRSV 抗体 EL ISA 的研究[J]. 中国兽医学报,2005,4(25):339-345.

[97] 吴禹熹,李璞君,王娟,等. LAMP 方法及其在病原微生物检测中的应用[J]. 中国畜牧兽医,2016,43(2):389-393.

[98] 席光胜,吴其彪,黄百花,等. 猪繁殖与呼吸综合征病毒的分离鉴定及流行病学调查[J]. 中国畜牧兽医,2009,36(6):165-168.

[99] 夏向荣,柏庆荣,柏坤桃,等. PRRSV 抗体竞争 EL ISA 检测方法的建立与标准化研究[J]. 畜牧与兽医,2005,11(37):7-10.

[100] 夏向荣,姜平. PRRSV 抗体竞争 ELISA 检测方法的建立与标准化研究[J]. 畜牧与兽医,2005,37(11):7-9.

[101] 夏九鲜,李锐,周显珍,等. PRRSV 感染不同时期 IFNγ 表达量分析[J]. 现代农业科技,2013,5275-5276.

[102] 冼琼珍,王丙云,伍盛鋆,等. 16 种中药体外抗猪繁殖与呼吸综合征病毒作用的研究. 中国畜牧兽医,2014,41(2):245-249.

[103] 肖国生,吕祖德,张全生. 猪繁殖与呼吸综合征病毒的研究进展[J]中国兽医杂志,2003,39(2):32-35.

[104] 许传田,张树光,刘玉庆,等. 中药产品苷肽对猪高热病防治效果分析[J]. 中国农学通报 2010,26(22):16-19.

[105] 徐辉,李晓成,陈伟杰,等. 猪高热病的流行病学调查与主要病因分析[J]. 中国动物检疫,2007(06):19-21.

[106] 徐黎晖,彭忠,赵婷婷. 猪伪狂犬病病毒直接免疫荧光检测方法的建立及初步应用[J]. 2017,12(39):993-997.

[107] 徐晓杰,张乔亚,谈晨,等. 2015—2016 年我国部分地区猪繁殖与呼吸综合征的分子流行病学调查[J]. 畜牧与兽医,2017,49(6):153-156.

[108] 徐彦召,王青,胡建和,等. 基于 CMV 启动子构建高致病性猪繁殖与呼吸综合征病毒反向遗传操作系统[J]. 中国兽医学报,2016,36(7):1092-1097.

[109] 薛青红. 猪繁殖与呼吸综合征病毒分离鉴定、遗传变异分析及其体内拯救系统的初步研究[D]. 西北农林科技大学,2009.

[110] 薛青红,张彦明,刘湘涛,等. 中国部分地区 2005—2007 年猪繁殖与呼吸综合征病毒分离株 *ORF*5 基因和 NSP2 基因遗传变异分析[J]. 中国农业科学,2009,42(5):1805-1812.

[111] 杨汉春. 猪繁殖与呼吸综合征综述[J]. 猪业科学,2006,(5):18-21.

[112] 杨汉春. 猪高热综合征的发生与流行概况. 猪业科学. 2007,24(1):78-80.

[113] 杨汉春,管山红,尹晓敏,等. 猪繁殖与呼吸综合征病毒的分离与初步鉴定[J]. 中国兽医杂志,1997,10(23):9-10.

[114] 杨汉春,黄芳芳,郭鑫,等. 猪繁殖与呼吸综合征病毒(PRRSV)BJ-4 株全基因组序列测定与分析[J]. 农业生物技术学报,2001,9(3):212-218.

[115] 杨德康. PRRSV 变异株的分离鉴定及生物学特性的研究[D]. 安徽农业大学,2009.

[116] 杨敏,王慧党,于潞,等. 环介导等温扩增法检测牛奶中结核分枝杆菌条件的优化[J]. 中

国畜牧兽医，2016，43(7)：1688-1693.
[117] 杨顺修，范承祥，李乃玲，等. 猪繁殖和呼吸综合征的防治[J]. 中国动物保健，2004，21(7)：33-34.
[118] 杨先进. 长江中下游地区猪繁殖与呼吸综合征流行病学调查及其在规模猪场的防控[D]. 南京农业大学，2008.
[119] 姚敬明，孟帆，吴忻，等. 猪繁殖与呼吸综合征母源抗体和免疫抗体的消长规律研究[J]. 中国畜牧兽医，2010，37(4)：205-208.
[120] 尹训南，郭宝清，司昌德，等. 呼吸道综合征病毒抗原在仔猪体内定位的研究[J]. 中国畜禽传染病，1997，5：47-49.
[121] 尹训南，司昌德，郭宝清，等. 仔猪生殖-呼吸道综合征病理形态学观察[J]. 中国畜禽传染病，1997，(1)：55-58.
[122] 殷震，刘景华. 动物病毒学[M]. 2 版. 北京：科学出版社，1997：1019-1020.
[123] 游术梅. 猪繁殖与呼吸综合征和猪圆环病毒病新型二联疫苗制备与免疫保护作用[D]. 南京农业大学，2016.
[124] 占松鹤，朱良强，何长生，等. 不同来源 PRRS 灭活疫苗(NVCD-JXA1 株)对仔猪免疫效果比较[J]. 安徽农业科学，2008，36(21)：9065-9066.
[125] 张彩勤，王旭荣，杨增岐，等. 猪繁殖与呼吸综合征河南毒株 Henan-1 的分离及其 NSP2、*ORF*3、*ORF*5 的序列分析[J]. 西北农业学报，2008，17(1)：1-6.
[126] 张治涛，李玉峰，姜 平，等. PRRSV GP5 和 M 蛋白重组腺病毒对猪的安全性和免疫效力[J]. 农业生物技术学报，2006，14(3)：312-318.
[127] 张长刚，肖延宁，校文海. 猪群高热病[J]. 今日畜牧兽医，2007，(9)：14-15.
[128] 张超轶，吴欣伟，闫明菲，等. 两株猪繁殖与呼吸征病毒的分离鉴定及遗传变异分析[J]. 中国畜牧兽医，2012，39(4)：82-86.
[129] 张辉，杨欢，常晓博，等. 猪繁殖与呼吸综合征病毒抗体 NSP7-ELISA 检测方法的建立[J]. 黑龙江畜牧兽医，2017(01)：174-176.
[130] 张玲妮，岑岑. VR-2332 菌株猪繁殖与呼吸综合征病毒活疫苗功效的相关研究[J]. 猪业科学，2017，34(8)：38-39.
[131] 张硕. 猪繁殖与呼吸综合征病毒分离株遗传进化分析及通用实时荧光 RT-PCR 检测方法的建立和应用[D]. 中国农业大学，2017.
[132] 张松林，韩静，李峰，等. 猪繁殖与呼吸障碍综合征病毒的免疫学和免疫逃避研究进展[J]. 病毒学报，2012，28(6)：689-698.
[133] 张莹莹，郭嘉，冯延，等. CD163 分子胞外区功能结构域在 PRRSV 感染 PAM 细胞中的作用[J]. 免疫学杂志，2016，32(10)：873-877.
[134] 赵恒. 规模化猪场猪繁殖与呼吸综合征诊断及综合防控[D]. 山东农业大学，2018.
[135] 赵亮，赵瑞萍，李向阳，等. 中草药饲料添加剂在畜禽上应用研究进展[J]. 山西农业科学，2014，42(2)：206-208.
[136] 赵坤，张慧辉，郭东升. 猪繁殖和呼吸综合征组织灭活苗的研制[J]. 安徽农业科学，

2005,33(7):1238-1257.

[137] 赵相鹏,汪琳,尹羿,等.猪繁殖与呼吸综合征 LAMP 检测方法建立[J].检验检疫学刊,2017,27(4):6-9.

[138] 周磊,杨汉春,姜平,等.猪繁殖与呼吸综合征综合防控技术与应用[J].中国畜牧杂志,2015,51(6):62-67.

[139] 周峰,常洪涛,赵军,等. 2012—2013 年猪繁殖与呼吸综合征病毒河南流行株的分离鉴定及分子流行病学调查[J].中国兽医学报,2014,34(9):1398-1410.

[140] 周伦江,王隆柏,方勤美,等.高致病性猪繁殖与呼吸综合征病毒感染 MARC-145 细胞的差异蛋白[J].中国农业科学,2012,45(4):786-793.

[141] 祖海涛,苏良科,朱连德.经典毒株 PRRSV 弱毒疫苗对高致病性 PRRSV 的临床控制报告[J].中国猪业,2015,4:28-33.

[142] 朱佳毅.猪繁殖与呼吸综合征病毒四种检测方法的比较[D].东北农业大学,2012.

[143] 庄金秋.胶体金免疫层析技术在兽医临床诊断中的应用进展[A].中国畜牧兽医学会兽医公共卫生学分会.中国畜牧兽医学会兽医公共卫生学分会第三次学术研讨会论文集[C].中国畜牧兽医学会兽医公共卫生学分会,2012:8.

[144] An TQ, Tian ZJ, Zhou YJ, et al. Comparative genomic analysis of five pairs of virulent parental/attenuated vaccine strains of PRRSV[J]. Veterinary Microbiology 2011, 149:104-112.

[145] Albina E, Carrat C, Charley B. Interferon-alpha response to swine arterivirus (PoAV), the porcine reproductive and respiratory syndrome virus[J]. J Interferon Cytokine Res 1998, 18(7):485-490.

[146] Allende R, Kutish GF, Laegreid W, et al. Mutations in the genome of Poreinere Produetive and respiratory syndrome virus responsible for the attenuation phenotype[J]. Areh Virol 2000,145(6):1149-1161.

[147] Allende R,Laegreid WW, Kutish GF, et al. Porcine reproductive and respiratory syndrome virus:description of persistence in individual pigs upon experimental infection [J]. J Virol 2000, 74(22):10834-10837.

[148] Allende R, Lewis TL, Lu Z, et al. North American and European porcine reproductive and respiratory syndrome viruses differ in non-structural protein coding regions [J]. J Gen Virol 1999, 80, 307-315.

[149] Balasch M, Pujols J, SegaleÂs J,et al. Study of the persistence of Aujeszky's disease (pseudorabies) virus in peripheral blood mononuclear cells and tissues of experimentally infected pigs[J]. Veterinary Microbiology 1998, 62:171-183.

[150] Bastos RG, Dellagostin OA, Barletta RG, et al. Immune response of pigs inoculated with Mycobacterium bovis BCG expressing at truncated form of GP5 and M protein reproductive and respiratory syndrome virus[J]. Vaccine 2004, 22(3-4):467- 474.

[151] Bautista EM, Faaberg KS, Mickelson D,et al. Functional properties of the predicted

helicase of porcine reproductive and respiratory syndrome virus[J]. Virology 2002, 298 (2), 258-270.

[152] Benfield DA, Cmstopher-Hennlngs J, Nelson EA, et al. Persistent fetal infection of porcine reproductive and respiratory syndrome(RRRS) virus[J]. Proc Am Assoc Swine Pract 1997,28:455-458.

[153] Benfield DA, Nelson E, Collins JE,et al. Characterisation of swine infertility and respiratory syndrome (SIRS) virus (isolate ATCC VR-2332) [J]. J Vet Diagn Investig 1992b, 4:127-133.

[154] BillM. Circovirus vaccines are modern marvel[J]. National Hog Farmer,2010,16(6): 35.

[155] Bilodeau R, Arehmabault D, Vezina SA, et al. Persistence of porcine reproductive and respiratoyr syndrome viurs infection in a swine operation[J]. Can J Vet Res. 1994, 58 (4):291-298.

[156] Bilodeau R, Dea S, Martineau GP, et al. Porcine reproductive and respiratory syndrome in Quebec [J]. Vet Rec 1991, 129:102-103.

[157] Botner A, Nielsen J, Bille-Hansen V. Isolation of porcine reproductive and respiratory syndrome (PRRS) virus in a Danish swine herd and experimental infection of pregnant gilts with the virus[J]. Vet Microbiol 1994, 40(3-4):351-360.

[158] Botner A,Nielsen J,Oleksiewiez MB,et al. Heterologous challenge with porcine reproductive and respiratory syndrome (PRRS) vaccine virus:no evidence of reactivation of previous European-type PRRS virus infection[J]. Vet. Microbiol 1999, 68(3-4):187-195.

[159] Botner A, Strandbygaard B, Sorensen KJ, et al. Appearance of acute PRRS-like symptoms in sow herds after vaccination with a modified live PRRS vaccine. Vet Rec 1997, 141:497-499.

[160] Cai XH, Wang HF, Liu YG, et al. Patent Application ZL 200710001253. 0.

[161] Calvert JG, Slade DE, Shields SL,et al. CD163 expression confers susceptibility to porcine reproductive and respiratory syndrome viruses. J Virol 2007, 81:7371-7379.

[162] Cancel-Tirado SM, Evans RB, Yoon KJ. Monoclonal antibody analysis of porcine reproductive and respiratory syndrome virus epitopes associated with antibody-dependent enhancement and neutralization of virus infection [J]. Vet Immunol Immunopathol 2004, 102(3):249-262.

[163] Cao J, Li B, Fang L, et al. Pathogenesis of nonsuppurative encephalitis caused by highly pathogenic Porcine reproductive and respiratory syndrome virus [J]. Journal of veterinary diagnostic investigation 2012, 24(4):767-771.

[164] Carmen S, Sanford SE,Dea S. Assessment of seropositivity to porcine reproductive and respiratory syndrome (PRRS) virus in swine herds in Ontario-1978 to 1982. Can

Vet J 1995, 36(12):776-777.

[165] Dewey CE, Wilson S, Buck P, et al. The reproductive perfomance of sows after PRRS vaccination depends on stage of gestation[J]. Preventive Veterinary Medicine 1999, 40(3-4):233-241.

[166] Cavanagh D, Nidovirales. A new order comprising Coronaviridae and Arteriviridae [J]. Arch Virol 1997, 142(3):629-633.

[167] Chuch LL, Lee KH, Jeng CR, et al. A sensitive fluorescence in situ hybridization technique for detection of porcine reproductive and respiratory syndrome virus[J]. J Virol Methods 1999,79 (2):133-140.

[168] Chang CC, Yoon KJ, Zimmerman JJ,et al. Evolution of porcine reproductive and respiratory syndrome virus during sequential passages in pigs [J]. J Virol 2002, 76 (10):4750-4763.

[169] Chang HC, Peng YT, Chang HL,et al. Phenotypic and functional modulation of bone marrow-derived dendritic cells by porcine reproductive and respiratory syndrome virus [J]. Vet Microbiol 2008, 129(3-4):281-293.

[170] Charerntantanakul W. Adjuvants for porcine reproductive and respiratory syndrome virus vaccines[J]. Veterinary Immunology & Immunopathology 2009, 129(1-2):1-13.

[171] Chen HT, Zhang J, Sun DH,et al. Reverse transcription loop-mediated isothermal amplification for the detection of highly pathogenic porcine reproductive and respiratory syndrome virus[J]. J Virol Methods 2008, 153(2):266-268.

[172] Chen HY , Wei ZY, Zhang HY, et al. Use of a Multiplex RT-PCR Assay for Simultaneous Detection of the North American Genotype Porcine Reproductive and Respiratory Syndrome Virus, Swine Influenza Virus and Japanese Encephalitis Virus[J]. Agricultural Sciences in China 2010, 9(7):1050-1057.

[173] Cheon DS, Chae C. Antigenic variation and genotype of isolates of porcine reproductive and respiratory syndrome virus in Korea[J]. Vet Rec 2000,147(8):215-218.

[174] Christopher-Hennings J, Nelson EA, Nelson JK, et al. Detection of Porcine Reproductive and Respiratory Syndrome Virus in Boar Semen by PCR[J]. J Clin Microbiol 1995,33:1730-1734.

[175] Christopher-Hennings J, Nelson EA, Nelson JK, et al. Effects of a modified-live virus vaccine against porcine reproductive and respiratory syndrome in boars[J]. Am J Vet Res 1997,58(1):40-45.

[176] Christoph E, Barbara T, Luzia L, et al. Quantitative TaqMan RT-PCR for the detection and differentiation of European and North American strains of porcine reproductive and respiratory syndrome virus[J]. J Virol Meth 2011, 98(1):63-75.

[177] Chung WB, Lin MW, Chang WF, et al. Persistence of porcine reproductive and re-

spiratory syndrome virus in intensive farrow-to-finish pig herds[J]. Can J Vet Res 1997, 61(4):292-298.

[178] Collins JE, Benfield DA, Christianson WT, et al. Isolation of swine infertility and experimental reproduction of the disease in gnotobiotic pigs [J]. J Vet Diagn Invest 1992,4(2):117-126.

[179] Collins JE, Benfield DA, Christianson WT,et al. Isolation of swine infertility and respiratory syndrome virus(isolate ATCC VR-2332) in North America and experimental reproduction of the disease in gnotobiotic pigs [J]. J Vet Diagn Invest 1992,4, 117-126.

[180] Conzelmann KK, Visser N, Van Woensel P,et al. Molecular characterization of porcine reproductive and respiratory syndrome virus, a member of the arterivirus group [J]. Virology 1993,(1): 329-339.

[181] de Lima M, Pattnaik AK, Flores EF, et al. Serologic marker candidates identified amongst B-cell linear epitopes of NSP2 and structural proteins of a North American strain of Porcine Reproductive and Respiratory Syndrome virus[J]. Virology 2006, 353, 410-421.

[182] de Vries AAF, Chirnside ED, Bredenbeck PJ, et al. All subgenomic RNAs of equine arteritis virus contain a common leader sequence[J]. Nucleic Acids Res 1990,18(11), 3241-3247.

[183] de Vries AA, Chirnside ED, Horzinek MC, et al. Structural proteins of equine arteritis virus[J]. J Virol 1992, 66:6294-6303.

[184] Dea S, Bilodeua R, Sauvageau R,et al. Virus isolations from farms in opebce experting severe outbreaks of respiratory and reproductive problems. Min Proc Mystery Swine Dis Comm Meet Conserv Inst DenveF, Colo, 1990, 67-72.

[185] Dea S, Gagnon C A, Mardassi H, et al. Antigenic variability among North American and European strains of porcine reproductive and respiratory syndrome virus as defined by monoclonal antibodies to the matrix protein[J]. J Clin Microbiol 1996, 34: 1488-1493.

[186] Dea S, Gagnon CA, Mardassi H,et al. Current knowledge on the structural proteins of porcine reproductive and respiratory syndrome(PRRS) virus: comparison of the North American and European isolates [J]. Arch Virol 2000, 145(4):659-688.

[187] Dea S, Wilson L, Therrien D and Cornaglia E. Competitive ELISA for detection of antibodies to porcine reproductive and respiratory syndrome virus using recombinant E. coli-expressed nucleocapsid protein as antigen. J Virol Methods 2000b, 87:109-122.

[188] Delputte PL, Costers S, Nauwynck HJ. Analysis of porcine reproductive and respiratory syndrome virus attachment and internalization: distinctive roles for heparan sulphate and sialoadhesin [J]. J Gen Virol 2005, 86:1441-1445.

[189] Delputte PL, Vanderheijden N, Nauwynck HJ, et al. Involvement of the matrix protein in attachment of porcine reproductive and respiratory syndrome virus to a heparinlike receptor on porcine alveolar macrophages[J]. J Virol 2002, 76:4312-4320.

[190] Done SH, Paton DJ, White ME. Porcine reproductive and respiratory syndrome (PRRS):a review, with emphasis on pathological, virological and diagnostic aspects [J]. Br Vet J 152(2):153-174.

[191] Drew TW,Lowings JP, Vapp F. Variation in open reading frames 3, 4 and 7 among porcine reproductive and respiratory syndrome virus isolates in the UK[J]. Vet Microbiol, 1997,55(1-4):209-221.

[192] Elvander M, Larsson B, EngVan A. Nation-wide surveys of TGE/PRCVCSF, PRRS, SVD, Lpomono and B. suis in pigs in Sweden[J]. Epidemiolo Sante Anim 1997(7):31-32.

[193] Epperson B,Holler L. An abortion storm and sow mortality syndrome[C]. In proc 28th Annu Meet Am Associa Swine Pract 1997,2(5):479-484.

[194] Faaberg KS, Plagemann PG. ORF 3 of lactate dehydrogenase-elevating virus encodes a soluble, nonstructural, highly glycosylated, and antigenic protein[J]. Virology 1997, 227:245-251.

[195] FangY, Kim D Y, Ropp S, et al. Heterogeneity in NSP2 of European-like porcine reproductive and respiratory syndrome virus isolated in the United States [J]. Virus Res 2004, 100:229-235.

[196] Feng Y, Zhao T, Nguyen T, et al. Porcine respiratory and reproductive syndrome virus variants, Vietnam and China, 2007 [J]. Emerging Infectious Diseases, 2008, 14 (11):1774-1776.

[197] Flores-Mendoza L, Silva-Campa E, Resendiz M,et al. Porcine reproductive and respiratory syndrome virus infects mature porcine dendritic cells and up-regulates interleukin-10 production[J]. Clin Vaccine Immunol. 2008, 15(4):720-725.

[198] Forsberg R,Storgaard T, Nielsen H S, et al. The genetic diversity of European type PRRSV is similar to that of the North American type but is geographically skewed within Europe.[J]. Virology 2002, 299(1):38-47.

[199] Gagnon CA, Lachapelle G, Langelier Y, et al. Adenoviral-expressed GP5 of porcine respiratory and reproductive syndrome virus differs in its cellular maturation from the authentic viral protein but maintains known biological functions [J]. Arch Virol 2003, 48(5):951-972.

[200] Gall A, Albina E, Magar R, et al. Antigenic variability of porcine reproductive and respiratory syndrome(PRRS) virus isolates, influence of virus passage in pig[J]. Vet Res 1997, 28:247-257.

[201] Gao ZQ, Guo X, Yang HC. Genomic characterization of two Chinese isolates of por-

cine respiratory and reproductive syndrome virus[J]. Arch Virol 2004, 149(7):1341-1351.

[202] Gate D, Allen D, Leman. Globe PRRS, Swine Conferenee, 1997,28-33.

[203] Ge M, Zhang Y, Liu Y, et al. Propagation of field highly pathogenic porcine reproductiveand respiratory syndrome virus in MARC-145 cells is promoted by cell apoptosis[J]. Virus research 2016, 213:322-331.

[204] Glaser AL, Vries AAF,Dubovi EJ. Comparison of equine arteritis virus isolates using neutralizing monoclonal antibodies and identification of sequence changes in GL associated with neutralization resistance[J]. J Gen Hrol 1995, 76(9):2223-2233.

[205] Gonin P, Mardassi H, Gagnon CA,et al. A nonstructural and antigenic Glycoprotein is encoded by ORF3 of the IAF-Klop strain of porcine reproductive and respiratory syndrome virus[J]. Arch Virol 1998, 143(10):1927-1940.

[206] Gorbalenya AE, Koonin EV. Endonuclease(R) subunits of type-Ⅰ and type-Ⅲ restriction-modification enzymes contain a helicase-like domain[J]. FEBS Lett 1991, 291:277-281.

[207] Goyal SM. Review article:Porcine reproductive and respiratory syndrome virus [J]. J Vet Diagn Invest 1993, 5:656-664.

[208] Halbur PG, Paul PS, Frey ML, et al. Comparison of the pathogenicity of two US porcine reproductive and respiratory syndrome virus isolates with that of the Lelystad virus[J]. Vet Pathol 1995, 32(6):648-660.

[209] Halbur PG, Paul PS, Frey ML, et al. Comparison of the antigen distribution of two US porcine reproductive and Respiratory syndrome virus isolates with that of the Lelystad virus[J]. Vet Pathol 1996, 33(2):159-170.

[210] Han J, Wang Y, Faaberg KS. Complete genome analysis of RFLP 184 isolates of porcine reproductive and respiratory syndrome virus[J]. Virus Res 2006, 122:175-182.

[211] Han M,Yoo D. Engineering the PRRS virus genome:updates and perspectives[J]. Vet Microbiol 2014,174(3-4):279-295.

[212] Han W, Wu JJ, Deng XY, et al. Molecular mutations associated with the in vitro passage of virulent porcine reproductive and respiratory syndrome virus[J]. Virus Genes 2009, 38:276-284.

[213] He Y, Wang G, Liu Y, et al. Characterization of thymus atrophy in piglets infected with highly pathogenic porcine reproductive and respiratory syndrome virus [J]. Veterinary microbiology, 2012,160(3):455-462.

[214] Henriette S, et al. Reversion of a live porcine reproductive and respiratory syndrome virus vaccine investigated by parallel mutations[J]. J Gen Virol 2001, 82:1263-1272.

[215] Hill H. Overview and history of mystery swine disease(swine infertility and respiratory syndrome). In Proceedings of the Mystery Swine Disease Committee Meeting. 6

October 1990, Denver, Colorado. Madison, WI. USA:Livestock Conservation Institute. 1990,29-30.

[216] Hopper SA,White ME, Twiddy N. An outbreak of blue-eared pig disease(porcine reproductive and respiratory syndrome) in four pig herds in Great Britain [J]. Vet Rec. 1992, 131(7):140-144.

[217] Hou YH, Chen J, Tong GZ, et al. A Recombinant Plasmid Co-Expressing Swine Ubiquit in and the GP5 Encoding-Gene of Porcine Reproductive and Respiratory Syndrome Virus Induces Protective Immunity in Piglets[J]. Vaccine 2008, 26(11):1438-1449.

[218] Huang C, Zhang Q, Feng W-h. Regulation and evasion of antiviral immune responses by porcine reproductive and respiratory syndrome virus [J]. Virus research 2015, 202:101-111.

[219] Jiang P, Chen PY, Dong YY,et al. Isolation and genome characterization of porcine reproductive and respiratory syndrome virus in PR China[J]. J Vet Diagno Invest 2000, 12:156-158.

[220] Jiang YB, Fang LR, Xiao SB, et al. DNA vaccines co-expressing GP5 and Mproteins of porcine reproductive and respiratory syndrome virus(PRRSV)display enhanced immunogenicity[J]. Vaccine 2006,24(15):2869- 2879.

[221] Johnsen CK, Botner A, Kamstrup S,et al. Cytokine mRNA profiles in bronchoalveolar cells of piglets experimentally infected in utero with porcine reproductive and respiratory syndrome virus:association of sustained expression of IFN-gamma and IL-10 after viral clearance[J]. Viral Immunol 2002, 15(4):549-556.

[222] Johnson CR, Griggs TF, Gnanandarajah J, et al. Novel structural protein in porcine reproductive and respiratory syndrome virus encoded by an alternative *ORF*5 present in all arteriviruses[J]. Journal of General Virology 2011, 92:1107-1116.

[223] Johnson W, Roof M, Vaughn E,et al. Pathogenic and humoral immune responses to porcine reproductive and respiratory syndrome Virus(PRRSV) are related to viral load in acute infection[J]. Vet Immunol Immunopathol 2004, 102(3):233-247.

[224] Jusa ER, Inaba Y, Kouno M, et al. Effect of heparin on a haemagglutinin of porcine reproductive and respiratory syndrome virus[J]. Res Vet Sci 1997b, 62:261-264.

[225] Jusa ER, Inaba Y, Kouno M, et al. Characterization of porcine reproductive and respiratory syndrome virus hemagglutinin[J]. J Vet Med Sci 1997a, 59:281-286.

[226] Jusa ER, Inaba Y, Kouno M, et al. Hemagglutination with porcine reproductive and respiratory syndrome virus[J]. J Vet Med Sci 1996, 58:521-527.

[227] Katz JB, Shafer AL,Eernisse KA, et al. Antigenic differences between European and American isolates of porcine reproductive and respiratory syndrome virus(PRRSV)are encoded by the carboxyterminal portion of viral open reading frame 3[J]. Vet Micro-

biol 1995,44(1):65-76.

[228] Keffaber KK. Reproductive failure of unknown etiology[J]. American Association of Swine Pratitioners Newsletter 1989, 1:1-10.

[229] Key KF,Haqshenasa G, Guenettea DK, et al. Genetic variation and phylogenetic analyses of the ORF5 gene of acute porcine reproductive and respiratory syndrome virus isolates[J]. Vet Microbiology 2001, 83(3):249-263.

[230] Kim DY, Kaiser TJ, Horlen K, et al. Insertion and deletion in a non-essential region of the nonstructural protein 2(NSP2) of porcine reproductive and respiratory syndrome(PRRS) virus:effects on virulence and immunogenicity[J]. Virus Genes 2009, 38:118-128.

[231] Kim HS, Kwang J, Yoon IJ, et al. Enhanced replication of porcine reproductive and respiratory syndrome(PRRS) virus in a homogeneous subpopulation of MA-104 cell line[J]. Arch Virol 1993,133:477-483.

[232] Kim JK, Fahad AM,Shanmukhappa K, et al. Defining the cellular target(s) of porcine reproductive and respiratory syndrome virus blocking monoclonal antibody 7G10. J Virol 2006, 80:689-696.

[233] Kono Y, Kanno T, Shimizu M, et al. Nested PCR for detection and typing of porcine reproductive and respiratory syndrome(PRRS) virus in pigs[J]. J Vet Med Sci 1996, 58(10):941-946.

[234] Kroese MV, Zevenhoven-Dobbe JC, Bos-de Ruijter JN, et al. The NSP1 alpha and NSP1 papain-like autoproteinases are essential for porcine reproductive and respiratory syndrome virus RNA synthesis[J]. J Gen Virol 2008, 89:494-499.

[235] Kwang J, Zuckermann F, Ross G, et al. Antibody and cellular immune responses of swine following immunization with plasmid DNA encoding the PRRS virus *ORF*s 4, 5, 6 and 7 [J]. Res Vet Sci 1999, 67:199-201.

[236] Kwon B, Ansari IH,Pattnaik AK, et al. Identification of virulence determinants of porcine reproductive and respiratory syndrome virus through construction of chimeric clones[J]. Virology 2008, 380:371-378.

[237] Lai MMC, Cavanagh D. The molecular biology of coronaviruses[J]. Virus Res 1997, 48:1-100.

[238] Lambert MÈ, Poljak Z, Arsenault J, et al. Epidemiological investigation ns in regard to porcine reproductive and respiratory syndrome(PRRS) in Quebec, Canada. Part 1: Biosecurity practices and their geographical distribution in two areas of different swine density [J]. Preventive Veterinary Medicine 2012, 104(1-2):74.

[239] Laroehelle R, Magar R. Differentiation of North American and Euorpean porcine reproductive and respiartory syndrome virus genotypes by in situ hybridization[J]. J Virol Methods 1997,68(2):161-168.

[240] Larochelle R, Mardassi H, Dea S, et al. Detection of porcine reproductive and respiratory syndrome virus in cell cultures and formalin-fixed tissues by situ hybridization using a digoxigenin-labeled probe[J]. JVet Diagn Invest 1996, 8(1):3-10.

[241] Lee C, Welch SK, Calvert JG, et al. A DNA-launched reverse genetics system for PRRSV reveals that homodimerization of the nucleocapsid protein is essential for virus infectivity[J]. Virology 2005, 331:47-62.

[242] Lee C, Yoo D. Cysteine residues of the porcine reproductive and respiratory syndrome virus small envelope protein are non-essential for virus infectivity[J]. J Gen Virol. 2005, 86(11):3091-3096.

[243] Leng X, Li ZG, Xia MQ, et al. Mutations in the genome of the highly pathogenic porcine reproductive and respiratory syndrome virus potentially related to attenuation. Vet. Microbiol 2012, 157:50-60.

[244] Li Q, Zhou QF, Xue CY, et al. Rapid detection of porcine eproductive and respiratory syndrome virus by reverse transcription loop-mediated isothermal amplification assay [J]. J Virol Methods 2009, 155(1):55-60.

[245] Li C, Zhuang J, Wang J, et al. Outbreak Investigation of NADC30-Like PRRSV in South-East China[J]. Transboundary & Emerging Diseases 2016, 63(5):474-479.

[246] Li Y, Ji G, Wang J, et al. Complete Genome Sequence of an NADC30-Like Porcine-Reproductive and Respiratory Syndrome Virus Characterized by Recombination with Other Strains[J]. Genome Announcements 2016, 4(3):e00330-e00316.

[247] Li Y, Wang X, Bo K, et al. Emergence of a highly pathogenic porcine reproductive and respiratory syndrome virus in the Mid-Eastern region of China[J]. Vet J 2007, 174:577-584.

[248] Liu D, Zhou R, Zhang J L, et al. Recombination analyses between two strains of porcine reproductive and respiratory syndrome virus in vivo[J]. Virus Research 2011, 155 (2):473-486.

[249] Loemba HD, Mounir S, Mardassi H, et al. Kinetics of humoral immune response to the major structural proteins of the procine reproductive and respiratory syndrome virus [J]. Arch Virol 1996, 141:751-761.

[250] Lunney J K, Fang Y, Ladinig A, et al. Porcine Reproductive and Respiratory Syndrome Virus(PRRSV): Pathogenesis and Interaction with the Immune System [J]. Annual review of animal biosciences 2015, 110-115.

[251] Mardassi H, Athanassious R, Mounir S, et al. Porcine reproductive and respiratory syndrome virus: morphological, biochemical and serological characteristics of Quebec isolates associated with acute and chronic outbreaks of porcine reproductive and respiratory syndrome[J]. Can J Vet Res 1994, 58(1):55-64.

[252] Magar R, Larochelle R, Dea S, et al. Antigenic comparison of Canadian and US iso-

lates of porcine reproductive and respiratory syndrome virus using monoclonal antibodies to the nucleocapsid protein[J]. Can J Vet Res1995,59(3):232-234.

[253] Mardassi H, Massie B, Dea S. Intracellular synthesis, processing, and transport of proteins encoded by *ORF*s 5 to 7 of porcine reproductive and respiratory syndrome virus[J]. J Virol 1996, 221:98-112.

[254] Mardassi H, Mounir S, Dea S. Molecular analysis of the *ORF*s 3 to 7 of porcine reproductive and respiratory syndrome virus Quebec reference strains[J]. Arch Virol 1995, 140:1404-1418.

[255] Mardassi H, Gonin P, Gagnon CA, et al. A subset of porcine reproductive and respiratory syndrome virus GP3 glycoprotein is released into the culture medium of cells as a non-virionassociated and membrane-free(soluble) form[J]. J Virol 1998, 72:6298-6306.

[256] Martin-Valls GE,Kvisgaard LK, Tello M, et al. Analysis of *ORF*5 and Full-Length Genome Sequences of Porcine Reproductive and Respiratory Syndrome Virus Isolates of Genotypes 1 and Retrieved Worldwide Provides Evidence that Recombination is a Common Phenomenon and May Produce Mosaic Isolates[J]. J Virol 2014,88(6):3170-3181.

[257] Mateu E, Diaz I. The challenge of PRRS immunology[J]. Vet J 2008, 177(3):345-351.

[258] Meng XJ, Paul PS,Halbur PG, et al. Sequence comparison of open reading frame 2 to 5 of low and high virulence United States isolates of porcine reproductive and respiratory syndrome virus [J]. J Gen Virol 1995, 76:3181-3188.

[259] Meng XJ, Paul PS,Halbur PG, et al. Phylogenetic analyses of the putative M(*ORF*6) and N (*ORF*7) genes of porcine reproductive and respiratory syndrome virus (PRRSV):Implication for the existence of two genotypes of PRRSV in the USA and Europe[J]. Arch Virol 1995,140:745-755.

[260] Meng XJ. Heterogeneity of porcine reproductive and respiratory syndrome virus:implications for current vaccine efficacy and future vaccine development[J]. Vet Microbiol 2000, 74:309-329.

[261] Mengeling WL, Lager KM, Vorwald AC. Clinical effects of porcine reproductive and respiratory syndrome virus on pigs during the early postnatal interval[J]. Am J Vet Res 1998, 59(1):52-55.

[262] Mengeling WL, Lager KM, Vorwald AC. Clinical consequences of exposing pregnant gilts to strains of porcine reproductive and respiratory syndrome(PRRS) virus isolated from field cases of "atypical" PRRS[J]. Am J Vet Res 1998, 59:1540-1544.

[263] Meulenberg JJ, Besten AP, Kluyver E,et al. Molecular charaterization of Lelystad virus[J]. Vet Microbiol 1997,55(1-4):197-202.

[264] Meulenberg JJ, Petersen-Den Besten A, de Kluyver EP, et al. Characterization of structural proteins of Lelystad virus[J]. Adv Exp Med Biol 1995a, 380:271-276.

[265] Meulenberg JJ, Petersen-Den BA. Identification and characterization of a sixthslructural protein of Lelystad virus: the glycoprotein GP2 encoded by ORF2 is incorporated in virus particles[J]. Virology 1996, 225(1):44-51.

[266] Meulenberg JJM, Petersen-Den BA, De Kluyver EP, et al. Characterization of proteins encoded by *ORF*s 2 to 7 of Lelystad virus [J]. J Virol 1995b, 206:155-163.

[267] Meulenberg JJ, vanNieuwstadt AP, van Essen-Zandbergen A, et al. Posttranslational processing and identification of a neutralization domain of the GP4 protein encoded by ORF4 of Lelystad virus[J]. J Virol 1997, 71(8):6061-6067.

[268] Meulenberg JJ, Hulst MM, de Meijer EJ, et al. Lelystad virus, the causative agent of porcine epidemic abortion and respiratory syndrome(PEARS), is related to LDV and EAV[J]. Virology 1993, 192(1), 62-72.

[269] Molitor TW, Bautista EM, Choi CS. Immuniy to PRRSV: double-edged sword[J]. Vet Microbiol 1997, 55(1-4):265-276.

[270] Morozov I, Meng XJ, Paul PS. Sequence analysis of open reading frames(*ORF*s)2 to 4 of a U. S. isolate of porcine reproductive and respiratory syndrome virus[J]. Arch Virol 1995, 140(7):1313-1319.

[271] Morozov I, Paul PS, Meng XJ. Characterization of leader-body junction sites in subgenomic mRNAs of a U. S. PRRSV isolate. 15th Annual Meeting of the AM. Soc. For Virol. London, Ontario, Canada, 1996, 150.

[272] Mortensen S, Stryhn H, Sogaard R, et al. Risk factors for infection of sow herds with porcine reproductive and respiratory syndrome (PRRS) virus [J]. Prev Vet Med, 2002, 53(1-2):83-101.

[273] Mu Y, Li L, Zhang B, et al. Glycoprotein 5 of porcine reproductive and respiratory syndrome virus strain SD16 inhibits viral replication and causes G2/M cell cycle arrest, but doesnot induce cellular apoptosis in Marc-145 cells[J]. Virology 2015, 484: 136-145.

[274] Murtaugh MP, Elam MP, Kaka LT. Comparison of the structural protein coding sequences of the VR-2332 and Lelystad virus strains of the PRRS virus[J]. Arch Virol 1998, 140:1451-1460.

[275] Nauwynck HJ, Duan X, Favoreel HW, et al. Entry of porcine reproductive and respiratory syndrome virus into porcine alveolar macrophages via receptor-mediated endoeytosis[J]. J Gen Virol 1999, 80(Pt2):297-305.

[276] Nelson EA, Christopher-Hennings J, Benfield DA. Serum immune responses to the proteins of porcine reproductive and respiratory syndrome(PRRS) virus[J]. J Vet Diagn Invest 1994, 6:410-415.

[277] Nelson EA, Christopher-Hennings J, Drew T, et al. Differentiation of U. S. and European isolates of porcine reproductive and respiratory syndrome virus by monoclonal antibodies[J]. J Clin Microbiol 1993, 31:3184-3189.

[278] Nelsen CJ, Murtaugh MP, Faaberg KS. Porcine reproductive and respiratory syndrome virus comparison: divergent evolution on two continents [J]. Journal of virology 1999, 73(1):270-280.

[279] Nielsen HS, Oleksiewicz MB, Forsberg R, et al. Reversion of a live porcine reproductive and respiratory syndrome virus vaccine investigated by parallel mutations[J]. J Gen Virol 2001, 82:1263-1272.

[280] Nielsen J, Botner A, Bille-Hansen V, et al. Experimental inoculation of late term pregnant sows with a field isolate of porcine reproductive and respiratory syndrome vaccine-derived virus[J]. Vet Microbiol 2002, 84(1-2):1-13.

[281] Neumann EJ, Kliebenstein JB, Johnson CD, et al. Assessment of the economic impact of porcine reproductive and respiratory syndrome on swine production in the United States[J]. J Am Vet Med Assoc 2005, 227(3), 385-392.

[282] Nielsen HS, Liu G, Nielsen J, et al. Generation of an infectious clone of VR-2332, ahighly virulent North American-type isolate of porcine reproductive and respiratory syndrome virus[J]. J Virol 2003, 77:3702-3711.

[283] Nielsen TL, Nielsen J, Have P, et al. Examination of virus shedding in semen from vaccinated and from previously infected boars after experimental challenge with porcine reproductive and respiratory syndrome virus[J]. Vet Microbiol 1997, 54(2):101-112.

[284] Novakovic P, Harding JC, Al-Dissi AN, et al. Pathologic Evaluation of Type 2 Porcine Reproductive and Respiratory Syndrome Virus Infection at the Maternal-Fetal Interface of Late Gestation Pregnant Gilts [J]. PloS one 2016, 11(3):e0151198.

[285] Oleksiewicz MB, Botner A, Madsen KG, et al. Sensitive detection and typing of porcine reproductive and respiratory syndrome virus by RT-PCR amplification of whole viral genes[J]. Vet Microbiol 1998, 64(1):7-22.

[286] Oleksiewicz MB, Botner A, Toft P, et al. Emergence of porcine reproductive and respiratory Syndrome virus deletion mutants: correlation with the porcine antibody response to a hypervariable site in the *ORF*3 structural glycoprotein[J]. Virology 2000, 267(2):135-140.

[287] Opriessnig T, Halbur PG, Yoon KJ, et al. Comparison of molecular and biological characteristics of a modified live porcine reproductive and respiratory syndrome virus (PRRSV) vaccine(ingelvac PRRS MLV), the parent strain of the vaccine(ATCC VR-2332), ATCC VR-2385, and two recent field isolates of PRRSV[J]. J Virol2002, 76(23):11837-11844.

[288] Opriessnig T, Pallare's FJ, Nilubol D, et al. Genomic homology of *ORF*5 gene sequence between modified live vaccine virus and porcine reproductive and respiratory syndrome virus challenge isolates is not predictive of vaccine efficacy[J]. J Swine Health Prod 2005,13(5):246-253.

[289] Ostrowski M, Galeota JA, Jar AM,et al. Identification of neutralizing and nonneutralizing epitopes in the porcine reproductive and respiratory syndrome virus GP5 ectodomain[J]. J Virol 2002, 76(9):4241-4250.

[290] Ouyang K, Binjawadagi B, Hiremath J, et al. Development and validation of PRRSV specific neutralizing antibody detection assay in pig oral fluid samples. 2013[C]. Beijing:International PRRS Symposium. 98.

[291] Park JY, Kim HS,Seo SH. Characterization of interaction between porcine reproductive and respiratory syndrome virus and porcine dendritic cells[J]. J Microbiol Biotechnol 2008, 18(10):1709-1716.

[292] Patrick G, Andrews JJ, Huffman EL, et al. Development of a treptavidin-biotin immunoperoxidase procedure for the detection of porcine repreductive and respiratory syndrome virus antigen in porcine lung[J]. J Vet Diagn Invest 1994,6:254-257.

[293] Peng YT, Chaung HC, Chang HL,et al. Modulations of phenotype and cytokine expression of porcine bone marrow-derived dendritic cells by porcine reproductive and respiratory syndrome virus[J]. Vet Microbiol 2008, in press.

[294] Pereda AJ, Greiser-Wilke I, Schmitt B, et al. Phylogenetic analysis of classical swine fever virus(CSFV) field isolates from outbreaks in South and Central America[J]. Virus Res 2005, 110:111-118.

[295] Pirzadeh B, Dea S. Immune response in pigs vaccinated with plasmid DNA encoding ORF5 of porcine reproductive and respiratory syndrome virus[J]. J Gen Virol 1998, 79:989-999.

[296] Pirzadeh B, Dea S. Monoclonal antibodies to the *ORF*5 product of porcine reproductive and respiratory syndrome virus linear neutralizing determinants[J]. J Gen Virol. 1997,78:1867-1873.

[297] Pirzadeh B, Gagnon CA, Dea S. Genomic and antigenic variations of porcine reproductive and respiratory syndrome virus major envelope GP5 glycoprotein[J]. Can J Vet Res 1998, 62(3):170-177.

[298] Plagemann PGW. Lactate dehydrogenase elevating virus and related viruses [M]. In: Fields BN, Knipe DM, Howley PM (eds) Field's Virology, 3rd. Lippincott-Raven Philadelphia, 1996,1105-1120.

[299] Plana-Durán J, Bastons M,Urniza A, et al. Efficacy of an inactivated vaccine for prevention of reproductive failure induced by porcine reproductive and respiratory syndrome virus[J]. Vet Microbiol 1997, 55(1-4):361-370.

[300] Plana Duran J, Climent I, Sarraseca J, et al. Baculovirus expression of proteins of porcine reproductiveand respiratory syndrome virus strain OIot/91. Involvement of *ORF*3 and *ORF*5 proteins in protection[J]. Virus Genes 1997,14(1):19-29.

[301] Pol JMA, Van Dijk JE, Wensvoort G, et al. Pathological, ultrastructural, and immunohistochemical changes caused by Lelystad virus in experimentally induced infections of mystery swine disease(synonym: porcine epidemic abortion and respiratory syndrome(PEARS)) [J]. Vet Q 1991,13:137-143.

[302] Qiu HJ, Tian ZJ, Tong GZ, et al. Protective immunity induced by a recombinant pseudorabies virus expressing the GP5 of porcine reproductive and respiratory syndrome virus in piglets[J]. Vet Immunol Immunopathol 2005,106(3-4):309-319.

[303] Raymond RR, Rowland, et al. The evolution of porcine reproductive and respiratory syndrome virus:Quasispecies and emergence of a virus subpopulation during infection of pigs with VR-2332[J]. Virology 1999, 259:262-266.

[304] Redondo E, Gil I, Garcia-duran M, et al. Development of real time RT-PCR(RRT-PCR) commercial kit for reliable detection and typing of PRRSV. 2013[C]. Beijing: International PRRS Symposium. 54.

[305] Rossow KD, Collins JS, Goyal SM. Pathogenesis of porcine reproductive and respiratory 373 virus infection in gnotobiotic pigs[J]. Vet Patho 1995(32):361.

[306] Rossow KD, Morrison RB, Goyal SM, et al. Lymph node lesions in neonatal pigs congenitally exposed to porcine reproduetive and respiratory syndrome virus[J]. J Vet Diagn Invest 1994,6:368-371.

[307] Rossow KD, Collins JE, Goyal SM, et al. Pathogenesis of porcine reproductive and respiratory syndrome virus infection in gnotobiotic pigs[J]. Vet Pathol 1995, 32(4): 361-373.

[308] Rowland RR, Steffen M, Ackerman T, et al. The evolution of porcine reproductive and respiratory syndrome virus: quasispecies and emergence of a virus subpopulation during infection of pigs withVR-2332[J]. Virology 1999, 259(2):262-266.

[309] Sang Y, Rowland R R, Hesse R A, Blecha F. Differential expression and activity of the porcine type I interferon family [J]. Physiological Genomics, 2010, 42(2):248-258.

[310] Sehommer SK, Carpenter SL, Paul PS. Comparison of porcine reproductive and respiratory syndrome virus growth in media supplemented with fetal bovine serum or a serum replacement[J]. J Vet Diagn Invest 2001, 13(3):276-279.

[311] Shen S, Kwang J, Liu W, et al. Determination of the complete nucleotide sequence of a vaccine strain of porcine reproductive and respiratory syndrome virus and identification of the NSP2 gene with a unique insertion[J]. Arch Virol 2000,145:871-883.

[312] Sina R, Lazar V,Pogranichniy R. Real time PCR detection of the PRRSV genome u-

sing a single primer set. 2011[C]. Chicago:International PRRS Symposium. 27.

[313] Shi M, Holmes EC, Brar MS, et al. Recobination is associated with an outbreak of novel highly pathogenic porcine reproductive and respiratory syndrome viruses in China [J]. J Virol 2013,87(19),10904-10917.

[314] Shi M, Lam T, Chungchau H, et al. Molecular epidemiology of PRRSV:a phylo genetic perspective [J]. Virus Research 2010, 154(1-2):7.

[315] Sui H, Yang JS. Construction and Immunogenicity of Associated DNA Vaccine of PRRS and PCV-2 Disease[J]. Agricultural Science & Technolog y 2009, 10(2): 108-112.

[316] Snijder EJ, Meulenberg JJM. The molecular biology of arteriviruses[J]. J Gen Virol 1998,79:961-979.

[317] Snijder EJ, van TH, Pedersen KW, et al. Identification of a novel structural protein of arteriviruses[J]. J Virol 1999, 73(8):6335-6345.

[318] Snijder EJ, Meulenberg JM, Kniper D, et al. (Ed.), 4th Edition. Arteriviruses in Fields Virology, 1. Publ. By Lippincott Williams & Wilkins, Philadelphia, 2001: 1205-1220.

[319] Snijder EJ, Wassenaar AL, Spaan WJ. The 5′ end of the equine arteritis virus replicase gene encodes a papainlike cysteine protease[J]. J Virol 1992, 66:7040-7048.

[320] Snijder EJ, Wassenaar AL, Spaan WJ, et al. The arterivirus NSP2 protease. An unusual cysteine protease with primary structure similarities to both papain-like and chymotrypsin-like proteases[J]. J Biol Chem 1995, 270:16671-16676.

[321] Spilman MS, Welbon C, Nelson E, et al. Cryo-electron tomography of porcine reproductive and respiratory syndrome virus: organization of the nucleocapsid[J]. J Gen Virol 2009, 90:527-535.

[322] Storgaard T, Oleksiewicz M, Botner A. Examination of the selective pressures on a live PRRS vaccine virus[J]. Arch Virol 1999, 144:2389-2401.

[323] Suarez P, Zardoya R, Martin MJ, et al. Phylogenetic relationships of European stains of porcine reproductive and respiratory syndrome virus inferred from DNA sequence of putative *ORF*5 and *ORF*7 genes[J]. Virus Res 1996,42:159-165.

[324] Suradhat S, Thanawongnuwech R. Upregulation of interleukin-10 gene expression in the leukocytes of pigs infected with porcine reproductive and respiratory syndrome virus[J]. J Gen Virol 2003, 84(10):2755-2760.

[325] Susanl. Apoptosis induced in vivo during acute infection by porcine reproductive and respiratory syndrome virus[J]. Vet Pathol 1998,35:506-514.

[326] Swenson SL, Nill HT, Zimrnerman JJ, et al. Excretion of poreine reproductive and respiratory syndrome virus in semen after experimentally induced infection in boars [J]. J Am Vet Med Assoc 1994, 204:1943-1948.

[327] Takikawa N, Kobayashi S, Ide S, et al. Detection of antibodies against porcine reproductive and respiratory syndrome(PRRS) virus in swine sera by enzyme-linked immunosorbent assay[J]. J Vet Med Sci 1996, 58(4):355-357.

[328] Tan C, Chang L, Shen S, et al. Comparison of the 5′leader sequences of North American isolates of reference and field strains of porcine reproductive and respiratory syndrome virus(PRRSV) [J]. Virus Genes 2001, 22(2):209-217.

[329] Terpstra C, Wensvoort G, Pol JMA. Experimental reproduction of porcine epidemic abortion and respiratory syndrome by infection wity Lelystad virus:Koch's postulates fulfilled[J]. Vet Quarterly 1991,13:131-136.

[330] Thanawongnuwech R, Thacker B, Halbur P, et al. Increased Produ ction of Proinflammatory Cytokines following Infection with Porcine Reproductive and Respiratory Syndrome Virus and Mycoplasma hyopneumoniae [J]. Clin Diagn Lab Immunol 2004, 11(5):901-908.

[331] Tian D, Meng XJ. Amino acid residues Ala283 and His421 in the RNA-dependent RNA polymerase of porcine reproductive and respiratpry synrome virus play important roles in viral Ribavirin sensitivity and quasispecies diversity[J]. J Gen Virol 2016,97, 53-59.

[332] Tian K, Yu X, Zhao T,et al. Emergence of fatal PRRSV variants:unparalleled outbreaks of atypical PRRS in China and molecular dissection of the unique hallmark[J]. PLoS ONE 2007, 2:e526.

[333] Tian ZJ, An TQ, Zhou YJ,et al. An attenuated live vaccine based on highly pathogenic porcine reproductive and respiratory syndrome virus(HP-PRRSV) protects piglets against HP-PRRS[J]. Vet Microbiol 2009, 138(1-2):34-40.

[334] Tirado SM, Yoon KJ. Antibody-dependent enhancement of virus infection and disease [J]. Viral Immunol 2003, 16(1), 69-86.

[335] Tong GZ, Zhou YJ, Hao XF,et al. Highly pathogenic porcine reproductive and respiratory syndrome, China[J]. Emerg Infect Dis 2007, 3:1434-1436.

[336] Tong GZ, An TQ, Tian ZJ,et al. Origin of highly pathogenic porcine reproductive and respiratory syndrome virus[J]. Emerging Infectious Diseases 2010, 16(2):365-366.

[337] van AD,Snijder EJ, Gorbalenya AE. Mutagenesis analysis of the NSP4 main proteinase reveals determinants of arterivirus replicase polyprotein autoprocessing[J]. J Virol 2006, 80(7):3428-3437.

[338] Van Nieuwstadt AP, Meulenberg JJM, Essen-Zandbergen A, et al. Proteins encoded by open reading frames 3 and 4 of the genome of Lelystad virus(Arteriviridae) are structural proteins of the virion[J]. J Virol 1996, 70:4767-4772.

[339] Verheije MH, Olsthoorn RCL, Kroese MV, et al. Kissing interaction between 3′

noncoding and coding sequences is essential for porcine arterivirus RNA replication [J]. J Virol 2002, 76(3):1521-1526.

[340] Voieul L, Silinm A, Morin M. Interaction of porcine reproductive and respiratory syndrome virus with swine monoeytes[J]. Vet Rec 1994,(134):422-423.

[341] Wang X, Jiang W, Jiang P,et al. Construction and immunogenicity of recombinant adenovirus expressing the capsid protein of porcine circovirus 2(PCV2) in mice[J]. Vaccine 2006,24:3374-3380.

[342] Wang Y, Liang Y, Han J, et al. Attenuation of porcine reproductive and respiratory syndrome virus strain MN184 using chimeric construction with vaccine sequence[J]. Virology 2008, 371:418-429.

[343] Wassenaar AL,Spaan WJ, Gorbalenya AE, et al. Alternative proteolytic processing of the arterivirus replicase *ORF*1a polyprotein:evidence that NSP2 acts as a cofactor for the NSP4 serine protease[J]. J Virol 1997, 71:9313-9322.

[344] Wensvoort G, Terpstra C, Pol JMA, et al. Mystery swine disease in the Netherlands: The isolation of Lelystad virus [J]. Vet Q 1991, 13:121-130.

[345] Weiland E, Wieezorek KM, Kohl D,et al. Monoclonal antibodies to the GP5 of porcine reproductive and respiratory syndrome virus arc more effective in virus neutralization than monoclonal antibodies to the GP4[J]. Vet Microbiol 1999, 66:171-186.

[346] Wesley RU, Mengeling WL, Andreyer VD. Differentiation of vaccine(Strain PRRS) and field strains of porcine reproductive and respiratory syndrome virus by restriction enzyme analysis in Proe 27th Annu Meet Am Assoe Swine Praet[M]. 1996,141-143.

[347] Wesley RD, Lager KM,Kehrli ME. Infection with porcine reproductive and respiratory syndrome virus stimulates an early gamma interferon response in the serum of pigs [J]. Can J Vet Res 2006,70(3):176-182.

[348] Wesley RD,Mengeling WL, Lager KM. Evidence for divergence of restriction fragment length polymorphism patterns following in vivo replication of porcine reproductive and respiratory syndrome virus[J]. Am J Vet Res 1999, 60(4):463-467.

[349] White MEC. The clinical signs and symptoms of blue eared pig disease(PRRS)[J]. Pig Vet 1992, 28:62-68.

[350] Wills RW, Zimmerman JJ, Yoon KJ, et al. Porcine reproductive and respiratory syndrome virus:routes of excretion[J]. Vet Microbiol 1997a, 57(1):69-81.

[351] Wootton S. K. ,Yoo D. Homo-oligomerization of the porcine reproductive and respiratory syndrome virus nucleocapsid protein and the role of disulfide linkages[J]. J Virol 2003, 77(8):4546-4557.

[352] Wu WH, Fang Y, Farwell R,et al. 10-ku structural protein of porcine reproductive and respiratory syndrome virus encoded by *ORF*2b[J]. J Virol 2001, 287(1):183-191.

[353] Wu WH, Fang Y, Rowland RR, et al. The 2b protein as a minor structural component of PRRSV[J]. Virus Res 2005, 114(1-2):177-181.

[354] Xiao XL, Wu H, Yu YG, et al. Rapid detection of a highly virulent Chinese-type isolate of porcine reproductive and respiratory syndrome Virus by real-time reverse transcriptase PCR[J]. J Virol Methods 2008, 149(1):49-55.

[355] Xiong Z, Niu X, Song Y, et al. Evolution of porcine reproductive and respiratory syndrome virus GP5 and GP3 genes under seIFN-β immune pressure and interferon regulatoryfactor-3 activation suppressed by GP5[J]. Res Vet Sci 2015, 101:175-179.

[356] Yan YL, Guo X, Ge XN, et al. Mono-clonal antibody and porcine antisera recognized B-cell epitopes of NSP2 protein of a Chinese strain of porcine reproductive and respiratory syndrome virus[J]. Virus Res 2007, 126:207-215.

[357] Yi Fu, Rong Quan, Hexiao Zhang, et al. Porcine Reproductive and Respiratory Syndrome Virus(PRRSV) Induces Interleukin-15 through the NF-κB Signaling Pathway [J]. Journal of Virology 2012, 80, 18:1128.

[358] Yoon IJ, Joo HS, Chrisrianson W T. An indirect fluorescent antibody test for the detection of antibody to swine infertility and respiratory syndrome virus in swine sera [J]. J Vet Diagn Invest 1992, 4:144-147.

[359] Yoon IJ, Joo HS, Goyal SM, et al. A modified serum neutralization test for the detection of antibody to porcine reproductive and respiratory syndrome virus in swine sera [J]. Vet Diagn 1994(6):289-292.

[360] Yoon KJ, Wu LL, Zimmerman JJ, et al. Characterization of the humoral immune response to porcine reproductive and respiratory syndrome virus (PRRSV) infection [J]. J Vet Diagn Invest 1995, 7:305-312.

[361] Yoon KJ, Wu LL, Zimmerman JJ, et al. Antibody-dependent enhancement(ADE) of porcine reproductive and respiratory syndrome virus(PRRSV) infection in pigs[J]. Viral Immunol 1996, 9(1):51-63.

[362] Yoon KJ, Wu LL, Zimmerman JJ, et al. Field isolates of porcine reproductive and respiratory syndrome virus(PRRSV) vary in their susceptibility to antibody dependent enhancement(ADE) of infection[J]. Vet Microbiol 1997, 55(1-4):277-287.

[363] Yoon SH, Kim H, Kim J, et al. Complete genome sequences of porcine reproductive and respiratory syndrome viruses: perspectives on their temporal and spatial dynamics [J]. Mol Biol Rep 2013, 40(12):6843-6853.

[364] Yuan SS, Mickelson D, Murtaugh MP, et al. Complete genome comparison of porcine reproductive and respiratory syndrome virus parental and attenuated strains[J]. Virus Research 2001, 74(189), 99-110.

[365] Zhang Y, Sharma RD, Paul PS. Monoclonal antibodies against conformationally dependent epitopes on porcine reproductive and respiratory syndrome virus[J]. Vet Mi-

crobiol 1998, 63(2-4):125-136.

[366] Zhao K, Ye C, Chang XB, et al. Importation and Recombinationare Responsible for the Latest Emergence of highly pathogenic porcine reproductive and respiratory syndrome virus in China[J]. Journal of Virology 2015, 89(20):10712-10716.

[367] Zhou L, Chen S, Zhang J, et al. Molecular variation analysis of porcine reproductive and respiratory syndrome virus in China [J]. Virus research 2009, 145(1):97-105.

[368] Zhou Z, Ni JQ, Cao Z, et al. The epidemic status and genetic diversity of 14 highly pathogenic porcine reproductive and respiratory syndrome virus(HP-PRRSV) isolatesfrom China in 2009[J]. Vet Microbiol 2011,150:257-269.

[369] Zhou L, Zhang JL, Zeng JW, et al. The 30-Amino-Acid Deletion in the NSP2 of Highly Pathogenic Porcine Reproductive and Respiratory Syndrome Virus Emerging in China Is Not Related to Its Virulence[J]. Journal of Virology 2009, 83(10):5156-5167.

[370] Zhou YJ,Hao XF,Tian ZJ,et al. Highly virulent porcine reproductive and respiratory syndrome virus emerged in China [J]. Trand Emerg Dis 2008,55(3/4):152-164.

[371] Zhu L, Zhou Y, Tong G. Mechanisms of suppression of interferon production by porcine reproductive and respiratory syndrome virus[J]. ActaVirol 2012, 56(1):3-9.

[372] Zimmerman JJ. Pathogenesis of porcine reproductive and respiratory syndrome virus infection in gnotobiotic pigs[J]. Vet Microbiol 1997, 55:329-336.

[373] Zimmerman JJ, Yoon KJ, Wills RW, et al. General overview of PRRS virus:a perspectivefrom the United States[J]. Vet Microbiol, 1997,55(1-4):187-196.

责任编辑：田树君　许晓婧
封面设计：郑　川

高致病性猪繁殖与呼吸综合征的诊断与防治技术研究

Gaozhibingxing Zhufanzhi Yu Huxi
Zonghezheng De Zhenduan Yu Fangzhi Jishu Yanjiu

ISBN 978-7-5655-2469-1
9 787565 524691 >
定价：39.00元